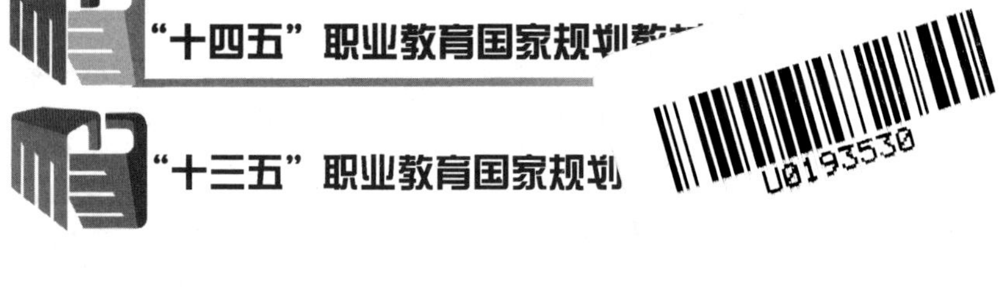

“十四五”职业教育国家规划教

“十三五”职业教育国家规划

电气控制技术实训

第3版

主　编　赵红顺　马仕麟

副主编　王　青　马　剑

参　编　庞宇峰　杜　波

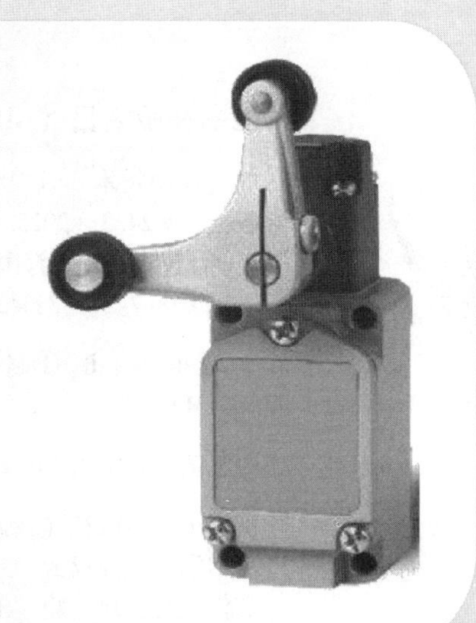

机械工业出版社

本书是作者团队从事电气控制技术实训指导工作多年来的经验总结和积累。本书从实际应用出发，以常用电气控制电路的设计、安装与调试为实训任务，并以任务驱动方式组织实训内容。每个项目包含若干个实训任务，以实训内容为中心，从实训目标、实训内容、实训指导到技能训练与成绩评定等环节展开，充分体现高等职业教育实训课程的特色。本书由一线教师与企业合作开发，实践案例大多源自企业真实产品，实训内容贴近生产实际，具有可操作性和实用性。本书适合作为职业院校智能控制技术、电气自动化技术、机电一体化技术、机电设备维修与管理、数控设备应用与维护等专业学生的电气实训教材，同时也可作为电工培训的教材和参考用书。

全书内容分为 5 个项目，项目 1 介绍了常用低压电器的拆装、检测与维修；项目 2 详细讲解了电力拖动基本电气控制电路的安装、接线与调试；项目 3 详细讲解了典型机床电气电路的故障检修；项目 4 通过实例讲解了电气控制电路的设计、安装与调试；项目 5 通过 3 个递进式实训任务讲解了基于 S7－12000 PLC 控制的电气控制电路设计、安装与调试。

为方便教学，书中附有教学动画、视频及素养园地等教学资源，读者可扫描书中二维码查看相应资源，随扫随学，激发自主学习，实现高效课堂。

凡选用本书作为授课教材的教师，均可登录机械工业出版社教育服务网 www. cmpedu. com 免费下载电子课件等配套资源。咨询电话：010-88379375。

图书在版编目（CIP）数据

电气控制技术实训/赵红顺，马仕麟主编．— 3 版．—北京：机械工业出版社，2024. 3（2025. 1 重印）

“十四五”职业教育国家规划教材：修订版

ISBN 978-7-111-75342-1

Ⅰ. ①电…　Ⅱ. ①赵…　②马…　Ⅲ. ①电气控制－职业教育－教材　Ⅳ. ①TM921. 5

中国国家版本馆 CIP 数据核字（2024）第 054334 号

机械工业出版社（北京市百万庄大街 22 号　邮政编码 100037）

策划编辑：高亚云　　责任编辑：高亚云

责任校对：郑　婕　王　延　　封面设计：鞠　杨

责任印制：刘　媛

涿州市京南印刷厂印刷

2025 年 1 月第 3 版第 4 次印刷

184mm × 260mm · 12. 5 印张 · 309 千字

标准书号：ISBN 978-7-111-75342-1

定价：49. 00 元

电话服务　　网络服务

客服电话：010-88361066　机　工　官　网：www. cmpbook. com

010-88379833　机　工　官　博：weibo. com/cmp1952

010-68326294　金　　书　　网：www. golden-book. com

封底无防伪标均为盗版　机工教育服务网：www. cmpedu. com

关于“十四五”职业教育国家规划教材的出版说明

为贯彻落实《中共中央关于认真学习宣传贯彻党的二十大精神的决定》《习近平新时代中国特色社会主义思想进课程教材指南》《职业院校教材管理办法》等文件精神，机械工业出版社与教材编写团队一道，认真执行思政内容进教材、进课堂、进头脑要求，尊重教育规律，遵循学科特点，对教材内容进行了更新，着力落实以下要求：

1. 提升教材铸魂育人功能，培育、践行社会主义核心价值观，教育引导学生树立共产主义远大理想和中国特色社会主义共同理想，坚定“四个自信”，厚植爱国主义情怀，把爱国情、强国志、报国行自觉融入建设社会主义现代化强国、实现中华民族伟大复兴的奋斗之中。同时，弘扬中华优秀传统文化，深入开展宪法法治教育。

2. 注重科学思维方法训练和科学伦理教育，培养学生探索未知、追求真理、勇攀科学高峰的责任感和使命感；强化学生工程伦理教育，培养学生精益求精的大国工匠精神，激发学生科技报国的家国情怀和使命担当。加快构建中国特色哲学社会科学学科体系、学术体系、话语体系。帮助学生了解相关专业和行业领域的国家战略、法律法规和相关政策，引导学生深入社会实践、关注现实问题，培育学生经世济民、诚信服务、德法兼修的职业素养。

3. 教育引导学生深刻理解并自觉实践各行业的职业精神、职业规范，增强职业责任感，培养遵纪守法、爱岗敬业、无私奉献、诚实守信、公道办事、开拓创新的职业品格和行为习惯。

在此基础上，及时更新教材知识内容，体现产业发展的新技术、新工艺、新规范、新标准。加强教材数字化建设，丰富配套资源，形成可听、可视、可练、可互动的融媒体教材。

教材建设需要各方的共同努力，也欢迎相关教材使用院校的师生及时反馈意见和建议，我们将认真组织力量进行研究，在后续重印及再版时吸纳改进，不断推动高质量教材出版。

机械工业出版社

第3版　前言

《电气控制技术实训》自2011年出版以来，作为高职高专智能控制技术、电气自动化技术、机电一体化技术专业及相关专业“电气控制技术”课程的电气控制技能实训教材，受到了高等职业院校同行们的认可，以工作任务展开实训过程，强调学生主动参与、教师指导引领，实现教、学、做一体化的教学模式，实训内容的设计注重学生应用能力和实践能力的培养，体现了高等职业教育实训课程的特色。

本书在第2版的基础上进行修订，对部分内容进行细化和完善，在各项目教学目标中加入素质目标描述，强化育人功能和价值导向；增加PLC控制的电气控制电路设计、安装与调试项目，可根据实训学时数选做或作为提升任务。

修订后的教材延续了第2版理实一体化、活页式的风格，每个实训项目中包含若干个实训任务，从实训目标、实训内容、实训指导到技能训练与成绩评定等环节展开，在完成工作的过程中学习专业技能，实训内容和考核标准与电工职业技能鉴定接轨，符合课证融通式评价体系。实训任务结束后还安排了一些思考题，每个项目后链接实训相关知识点，便于学生理论联系实践，更好地掌握电气专业知识。

修订后的实训教材更新完善了动画和视频等教学资源，实现纸质教材+数字资源的完美结合。学生通过扫描书中二维码可观看相应资源，随扫随学，激发学生自主学习，实现高效课堂。

参加本书修订工作的有常州机电职业技术学院的赵红顺、马仕麟、王青、马剑、庞宇峰老师及常州基腾电气有限公司杜波工程师，其中项目1和项目2由赵红顺和马仕麟编写；项目3由庞宇峰编写；项目4由王青编写，项目5由马仕麟、王青和马剑编写。杜波参与各实训任务考核评价指标的细化完善，引入行业、企业标准。全书由赵红顺负责统稿工作。参与本书教学资源制作工作的有赵红顺、王青、白颖、庞宇峰、马仕麟和马剑等老师。

编写本书时，编者查阅和参考了众多文献资料，在此向参考文献的作者致以诚挚的谢意。同时向多年来使用本书的同行与读者表示真诚的谢意，感谢同行们的支持以及读者的厚爱。书中不妥之处请读者继续批评指正。

编　者

第2版 前言

《电气控制技术实训》（ISBN：978-7-111-32537-6）自2011年出版以来，作为高职高专智能控制技术、电气自动化技术、机电一体化技术及相关专业“电气控制技术”课程的电气控制技能实训教材，受到了高职院校同行们的认可，以工作任务展开实训过程，强调学生主动参与、教师指导引领，实现教、学、做一体化的教学模式，实训内容的设计注重学生应用能力和实践能力的培养，体现了高职高专实训课程的特色。

本书在第1版的基础上进行修订，对部分内容进行了改写，细化和完善了各个任务的考核量化指标，使教材内容叙述清楚，通俗易懂，更加贴近生产实践。

修订后的教材延续了第1版理实一体化的风格，每个实训项目中包含若干个实训任务，以实训内容为中心，从实训目标、实训内容、实训指导到技能训练与成绩评定等环节展开，在完成工作的过程中学习专业技能。实训内容和考核标准与电工职业技能鉴定接轨，符合1+X精神的课证融通式评价体系。实训任务结束后还安排了一些思考题，便于学生理论联系实践，更好地掌握电气专业知识。

修订后的实训教材增加了动画和视频等教学资源，实现纸质教材+数字资源的完美结合，体现“互联网+”新形态一体化教材理念。学生通过扫描书中二维码可观看相应资源，随扫随学，激发学生自主学习，实现高效课堂。

本书将培养学生职业岗位能力和职业素养有机结合起来，将电气安全操作规范、诚实守信、团队合作、精益求精、劳动教育和7S管理等理念贯穿其中，引导学生树立互帮互助、团队协作、乐业敬业的工作作风，在巩固和加深专业知识的同时，培养学生敬业、精益、专注、创新的工匠精神和正确的劳动观，将职业素养和职业态度融入教材，使课程思政落到实处。

参加本书修订工作的有常州机电职业技术学院的赵红顺、王青和庞宇峰。其中项目1、项目2和附录由赵红顺编写；项目3由庞宇峰编写；项目4由王青编写。全书由赵红顺负责统稿工作。参与本书教学资源制作工作的有赵红顺、王青、白颖、庞宇峰和马剑等。

编写本书时，编者查阅和参考了众多文献资料，在此向参考文献的作者致以诚挚的谢意。同时向多年来使用本书的同行与读者表示真诚的谢意，感谢同行们的支持以及读者的厚爱。书中不妥之处读者继续批评指正。

编　者

第1版 前言

本书是高职高专电气自动化技术及相关专业的电气控制技能实训教材，由一批长期从事电气自动化技术专业课程教学和技能实训指导的经验丰富的一线教师编写而成。本书的实训内容贴近生产实际，具有可操作性，可作为高职高专电气自动化技术及相关专业的电气实训教程使用，也可作为中、高级维修电工考证前的培训教材。

全书内容分为4个项目，项目1为常用低压电器的拆装、检测与维修；项目2为电力拖动基本电气控制电路的安装、接线与调试；项目3为典型机床电气电路的故障检修；项目4为电气控制电路系统的设计、安装与调试。

本书在内容的组织与安排上有以下特点：

1. 以基于工作过程的思路编排实训项目，实训内容强调实践性。

每个项目中包含若干个实训任务，以实训内容为中心，从实训目标、实训内容、实训指导到技能训练与成绩评定等环节展开，在完成工作的过程中学习专业技能。实训任务结束后还安排了一些思考题，便于学生理论联系实际，更好地掌握电气专业知识。

每个项目后还提供了本项目相关的知识点，便于学生在实训任务开展前进行自主学习。

2. 基于“双证制”的实训成绩评价体系。

每个实训任务都有相应的考核要求和评分标准，并将实训效果进行量化，在考核评分标准中对训练过程进行记录，给出了可操作的量化考核标准。实训内容和考核标准与国家维修电工职业技能鉴定全面接轨，构建职业资格证书“直通车”，实现高职高专技能型人才的培养目标。

本书由赵红顺担任主编，并编写了项目2、项目3（实训任务3-1、3-3和相关知识点）及附录；项目1由王纳林编写；项目3（实训任务3-2、3-4、3-5）由庞宇峰编写；项目4由葛朝阳编写。全书由赵红顺负责统稿。

编写本书时，编者查阅和参考了众多文献资料，从中得到了许多教益和启发，在此向参考文献的作者致以诚挚的谢意。统稿过程中，庞宇峰和杨平华老师绘制了部分电路图。编者所在单位有关领导和同事也给予了很多支持和帮助，在此一并表示衷心的感谢。

限于编者水平，书中难免存在不妥之处，恳请读者提出宝贵意见，以便今后修订和完善。

编　者

资 源 清 单

名称	图形	页码	名称	图形	页码
素养园地：电气实训室安全管理规定		2	NR4－63 型热继电器结构拆分		10
低压断路器的电气符号		3	JR36－20 型热继电器检测		10
DZ47－60 型低压断路器结构拆分		3	NR4－63 型热继电器检测		10
DZ47－60 型低压断路器检测		4	JS7－2A 型空气阻尼式时间继电器结构		12
素养园地：我的区，我负责——7S 管理		4	JS7－2A 型空气阻尼式时间继电器检测		13
熔断器的电气符号		6	LA39 系列按钮结构		15
RT 系列熔断器结构拆分		6	LX19－111 型行程开关检测		17
CJX1 系列交流接触器结构拆分		7	OBM－D04NK 型接近开关检测		17
CJX2－09 型交流接触器检测		8	RL 系列熔断器更换熔体		25

（续）

名称	图形	页码	名称	图形	页码
RT 系列熔断器更换熔体		25	素养园地：电气实训室安全管理规定		51
素养园地：电气技术人员的职业素养		38	星-三角减压起动控制电路工作原理		56
元器件检查		38	电子式时间继电器的正确接线		57
三相笼型异步电动机单向起动电路		39	素养园地：珍爱生命		59
电气接线工艺		39	两台三相笼型异步电动机顺序控制电路		65
工艺示范图		39	能耗制动控制电路		69
素养园地：传承工匠精神，一丝不苟，铸就不凡		43	素养园地：团结协作		78
三相笼型异步电动机电气互锁正反转控制电路		44	X62W 型万能卧式铣床常见电气故障检修		101
三相笼型异步电动机按钮互锁正反转控制电路		48	素养园地：工作细致有担当		104
三相笼型异步电动机双重互锁正反转控制电路		48	素养园地：劳动最光荣		132

目　录

项目1

常用低压电器的拆装、检测与维修

项目目标

1）能识别常用低压电器的外形和基本结构，了解其主要参数的选择。

2）能对低压电器进行简单的检测。

3）能正确拆卸、组装常用低压电器，并能排除常见故障。

4）遵守实训场所的安全操作规程和规章制度，形成较强的安全、节约、规范和环保意识。

5）激发努力学习新技术、新工艺的兴趣，树立学无止境、终身学习的理念。

6）加强职业素质培养，养成规范、认真负责、一丝不苟、严谨细致的工作作风。

项目任务

对低压电器进行拆装、检测与维修。

实训任务1.1 低压断路器的拆装与检修

1.1.1 实训目标

1）熟悉常用低压断路器的外形和基本结构。
2）能正确拆装常用低压断路器，并检测其好坏。
3）掌握低压断路器的安装方法及常见故障的排除方法。

1.1.2 实训内容

对几种常用低压断路器进行拆装与检测。

1.1.3 实训工具、仪表和器材

1）工具：常用电工工具一套（螺钉旋具、镊子、钢丝钳、尖嘴钳等）。
2）仪表：万用表、绝缘电阻表。
3）器材：低压断路器若干，根据实际情况准备。

1.1.4 实训指导

1. 低压断路器的主要结构

DZ5 系列低压断路器外形如图 1-1 所示，共有三对主触点，按下绿色“合”按钮时接通电路，按下红色“分”按钮时切断电路。当电路出现短路、过载等故障时，断路器会自动跳闸切断电路。

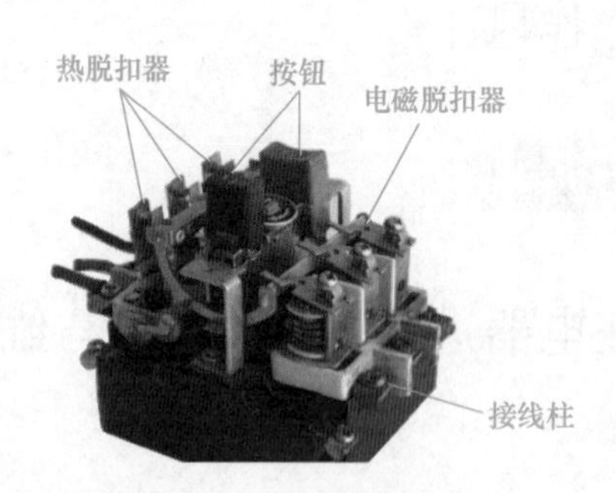

图 1-1 DZ5 系列低压断路器

DZ47 系列低压断路器外形如图 1-2a 所示，图中三对主触点处于合闸位置。DZ47LE 系列低压断路器是带剩余电流保护装置的，当电路有漏电故障时，断路器会自动断开，面板上的蓝色钮会跳出，当漏电故障解除后，方可重新送电，其外形如图 1-2b 所示。

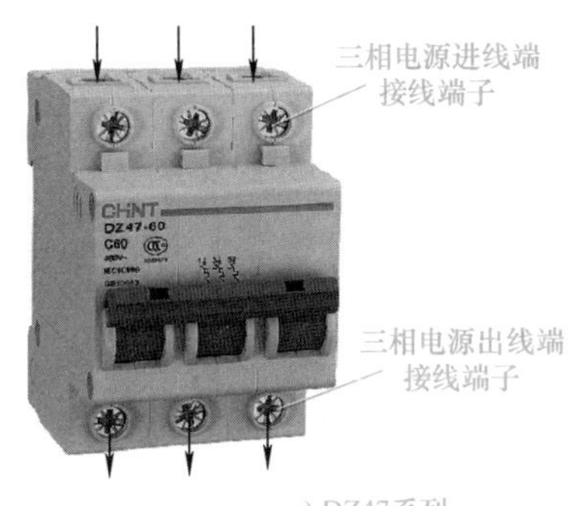

a) DZ47系列

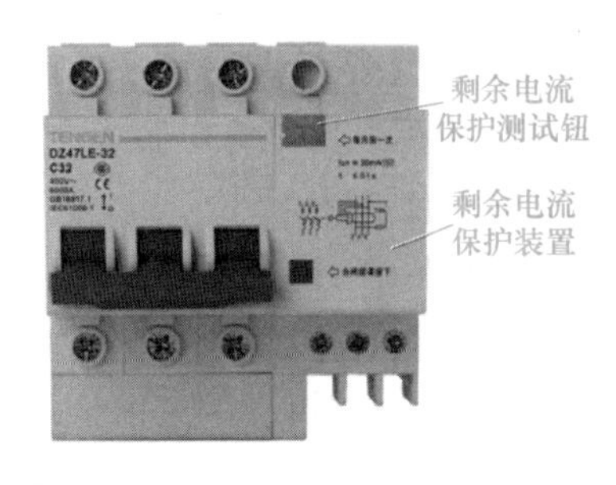

b) DZ47LE系列

图 1-2　DZ47、DZ47LE 系列低压断路器

2. 低压断路器的检测

首先进行外观检测，检查接线螺钉是否齐全，操作机构应灵活无阻滞，动、静触点应分、合迅速，松紧一致。

然后用万用表电阻档测试各组触点是否全部接通，若不是，则说明断路器已坏。

当低压断路器闭合时，各触点应全部接通，测量的电阻值应该显示接近零；当低压断路器断开时，各触点应全部断开，测量的电阻值应该显示无穷大。

1.1.5　技能训练与成绩评定

1. 技能训练

1）拆卸和组装废旧低压断路器。

2）用万用表检测低压断路器的好坏，修复更换故障部件。

3）遵守安全规程，做到文明操作，避免损坏元件。

2. 成绩评定

（1）低压断路器的拆卸和组装（80 分）

1）记录所拆卸低压断路器的型号，记入表 1-1 中。(5 分)

表 1-1　低压断路器的基本结构与测量记录

<table>
<tr><td colspan="2">型　号</td><td colspan="4"></td></tr>
<tr><td colspan="3">分闸时触点接触电阻</td><td colspan="3">合闸时触点接触电阻</td></tr>
<tr><td>L1 相</td><td>L2 相</td><td>L3 相</td><td>L1 相</td><td>L2 相</td><td>L3 相</td></tr>
<tr><td></td><td></td><td></td><td></td><td></td><td></td></tr>
<tr><td colspan="6">相间绝缘电阻</td></tr>
<tr><td colspan="2">L1—L2</td><td colspan="2">L2—L3</td><td colspan="2">L3—L1</td></tr>
<tr><td colspan="2"></td><td colspan="2"></td><td colspan="2"></td></tr>
<tr><td colspan="6">主要零部件</td></tr>
<tr><td colspan="2">名称</td><td colspan="4">作用</td></tr>
<tr><td colspan="2"></td><td colspan="4"></td></tr>
</table>

2）操作和测量。（45 分，每错一处扣 5 分）操作低压断路器，用万用表电阻档测量各对触点之间的接触电阻，用绝缘电阻表测量每两相触点之间的绝缘电阻，将各相触点间的接触电阻测量值记入表 1-1 中。

3）拆卸。（10 分，写错或漏写一处扣 5 分，写得不完整酌情扣分，扣完为止）拆卸一只废旧低压断路器，将其主要零部件名称和作用记入表 1-1 中。

4）组装。（20 分）将拆卸的废旧低压断路器重新组装，完成并且功能完好，得 20 分，根据完成情况酌情扣分。

（2）低压断路器的检修（20 分）

根据修复情况酌情扣分。低压断路器的检修参照表 1-17 低压断路器常见故障与处理方法。

DZ47-60型低压断路器检测

1.1.6　思考题

1）简述低压断路器的主要结构和各部件作用。

2）本次任务所用低压断路器有哪些保护功能？

实训任务 1.2　熔断器的拆装、检测与选择

1.2.1　实训目标

了解常用熔断器的基本结构，并会拆装、检测及进行简单选择。

1.2.2　实训内容

对几种常用熔断器进行拆装、检测与参数选择。

1.2.3　实训工具、仪表和器材

1）工具：常用电工工具一套（螺钉旋具、镊子、钢丝钳、尖嘴钳等）。

2）仪表：万用表，绝缘电阻表。

3）器材：根据实际情况准备插入式熔断器、螺旋式熔断器等。

1.2.4　实训指导

1. 插入式熔断器的检测

（1）功能检测

打开瓷盖，观察动、静触点螺钉是否齐全、牢固，熔体选择是否合适；合上瓷盖，用万用表电阻档测试输入端和输出端是否接通，若否，则说明熔断器已坏。

合上瓷盖，输入端和输出端应接通；打开瓷盖，输入端和输出端应断开。

（2）外观检测

动、静触点的螺钉应齐全、牢固，熔体选择合适，瓷盖闭合后应牢固，不易脱落。

2. 螺旋式熔断器的检测

旋开瓷帽，观察熔体、进线端、出线端螺钉是否齐全、牢固；而后旋上瓷帽，用万用表电阻档测量输入端和输出端是否接通，若否，则说明熔断器已坏。

旋上瓷帽，输入端和输出端应接通；旋开瓷帽，输入端和输出端应断开。瓷帽旋紧后牢固，不易脱落。

3. 有填料封闭管式熔断器的检测

（1）功能检测

打开瓷盖，观察动、静触点的螺钉是否齐全、牢固；而后合上瓷盖，装入熔体，用万用表电阻档测试输入端和输出端是否全部接通，若否，则说明熔断器已坏。

合上瓷盖，输入端和输出端应接通；打开瓷盖，输入端和输出端应断开。

（2）外观检测

动、静触点螺钉应齐全、牢固，瓷盖闭合后应牢固，不易脱落。

1.2.5　技能训练与成绩评定

1. 技能训练

1）拆卸和组装三种常用类型的废旧熔断器。

2）用万用表检测熔断器的好坏，修复更换故障部件。

3）遵守安全规程，做到文明操作，避免损坏元件。

2. 成绩评定

（1）熔断器的拆卸和组装（70分）

1）记录所拆卸熔断器的型号，记入表1-2中。（15分）

2）操作和测量。（30分，每错一处扣5分）操作熔断器，用万用表电阻档测量输入端和输出端之间的接触电阻，将测量结果一并记入表1-2中。

表1-2　熔断器拆卸、装配和测量记录

<table>
<tr><td>插入式</td><td>螺旋式</td><td>有填料封闭管式</td><td rowspan="3">拆卸步骤
（螺旋式熔断器）</td><td colspan="2" rowspan="2">主要零部件
（螺旋式熔断器）</td></tr>
<tr><td colspan="3">型号</td></tr>
<tr><td></td><td></td><td></td><td>名称</td><td>作用</td></tr>
<tr><td colspan="3">取下瓷盖（不装熔体）
测量输入端和输出端接触电阻</td><td rowspan="4"></td><td colspan="2" rowspan="4"></td></tr>
<tr><td></td><td></td><td></td></tr>
<tr><td colspan="3">合上瓷盖（装入熔体）
测量输入端和输出端接触电阻</td></tr>
<tr><td></td><td></td><td></td></tr>
</table>

3）拆卸。（20 分，写错或漏写一处扣 5 分，写得不完整酌情扣分，扣完为止）拆开螺旋式熔断器，将其内部主要零部件名称、作用记入表 1-2 中。

4）组装。（5 分）将拆卸的废旧螺旋式熔断器重新组装，完成并且功能完好，得 5 分。

（2）熔断器的选择（30 分）

有一台三相异步电动机，额定功率为 14kW，额定电压为 380V，功率因数为 0.85，效率为 0.9，若采用螺旋式熔断器，试选择熔断器型号。熔断器的选择参见项目 1 相关知识点。

计算电动机额定电流得 10 分，选择熔体电流得 10 分，选择熔断器额定电流得 5 分，确定型号得 5 分。

熔断器的电气符号

1.2.6　思考题

1）常用的熔断器有哪些类型？写出它们的常用型号。

2）在安装和使用螺旋式熔断器时，应注意哪些问题？

3）熔断器的额定电流和熔体的额定电流有什么区别？

4）熔断器型号 RT18－32/25 中的 RT、18、32、25 的含义是什么？

RT系列熔断器结构拆分

实训任务 1.3　交流接触器的拆装、检测与维修

1.3.1　实训目标

了解交流接触器的基本结构，并会拆装、检测及简单维修。

1.3.2　实训内容

对交流接触器进行拆装、检测及简单维修。

1.3.3　实训工具、仪表和器材

1）工具：常用电工工具一套（螺钉旋具、镊子、钢丝钳、尖嘴钳等）。

2）仪表：万用表，绝缘电阻表。

3）器材：各类交流接触器，根据实际情况准备。

1.3.4　实训指导

1. 交流接触器的主要结构

交流接触器主要由电磁机构、触点系统、灭弧装置及辅助部件等组成。CJ20 系列交流接触器为直动式，主触点为双断点，CJ20－40A 以下辅助触点与主触点安装在一起，有辅助常开触点和辅助常闭触点各两对，其中外侧两对（13—14）和（23—24）是辅助常开触点，内侧两对（11—12）和（21—22）是辅助常闭触点，如图 1-3a 所示。CJ20－40A 及以上辅助触点作为独立组件安装在主触点的两侧，有辅助常开触点和辅助常闭触点各两对，线圈额定电压 380V，如图 1-3b 所示。

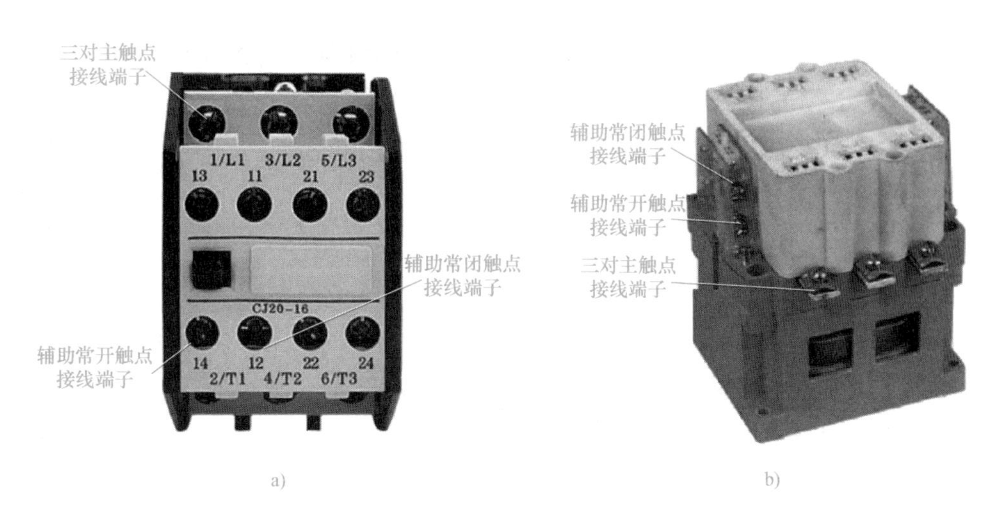

图 1-3　CJ20 系列交流接触器

CJX1－09 型交流接触器线圈额定电压为 220V，A1、A2 为线圈接线端子，呈对角线连接状态。该交流接触器共有三对主触点、四对辅助触点（NO 为常开触点，NC 为常闭触点），呈上下侧排列，如图 1-4 所示。

CJT1－10 型交流接触器线圈额定电压为 380V，A1、A2 为线圈接线端子，呈对角线连接状态。该交流接触器共有三对主触点、四对辅助触点（两对辅助常开触点和两对辅助常闭触点），如图 1-5 所示。

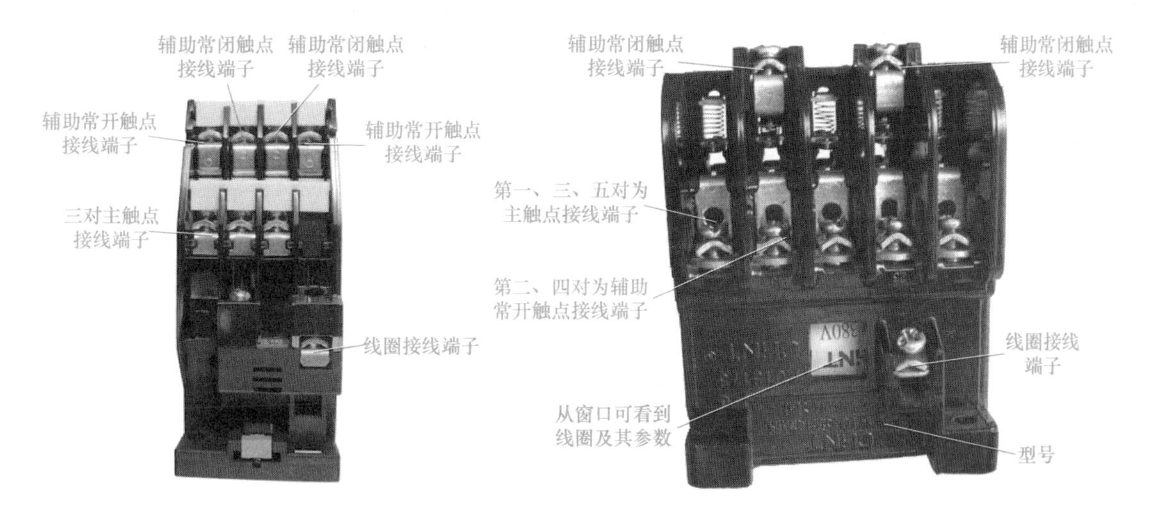

图 1-4　CJX1－09 型交流接触器

图 1-5　CJT1－10 型交流接触器

2. 功能检测

观察交流接触器动、静触点螺钉是否齐全、牢固，动、静触点是否活动灵活。用万用表电阻档测试动断（常闭）触点输入端和输出端是否全部接通，动合（常开）触点输入端和输出端是否全部断开。用手按下衔铁（动铁心），动断（常闭）触点应断开，动合（常开）触点应闭合，若不是，则说明接触器相应触点已坏。

交流接触器不动作时动断（常闭）触点输入端和输出端应全部接通，显示电阻值接近零；动合（常开）触点输入端和输出端应全部断开，显示电阻值为无穷大。

3. 外观检测

动、静触点的螺钉应齐全、牢固，活动灵活，外壳无损伤等。

1.3.5　技能训练与成绩评定

1. 技能训练

1）拆卸和组装常用类型的交流接触器。

2）用万用表检测交流接触器的好坏，修复更换故障部件。

3）遵守安全规程，做到文明操作，避免损坏元件。

2. 成绩评定

（1）交流接触器的拆卸和组装（90 分）

1）记录所拆卸交流接触器的型号和主要参数（额定电压、额定电流、线圈额定电压）记入表 1-3 中，（20 分）。

2）操作和测量。（45 分，每错一处扣 5 分）用万用表电阻档测试各对触点动作前后的电阻值及各类触点数量、线圈电阻值，将测量结果一并记入表 1-3 中。

3）拆卸。（15 分，写错或漏写一处扣 5 分，写得不完整酌情扣分，扣完为止）拆卸一只废旧交流接触器，将主要零部件名称和作用记入表 1-3 中。

表 1-3　交流接触器的拆卸与测量记录

<table>
<tr><td colspan="2">型　号</td><td colspan="3">额定电压</td><td colspan="2">额定电流</td><td rowspan="2">拆卸步骤</td><td colspan="2">主要零部件</td></tr>
<tr><td colspan="2"></td><td colspan="3"></td><td colspan="2"></td><td>名称</td><td>作用</td></tr>
<tr><td colspan="7">触点数量</td><td rowspan="10"></td><td rowspan="10"></td><td rowspan="10"></td></tr>
<tr><td>主触点</td><td colspan="2">辅助触点</td><td colspan="3">辅助常开触点</td><td>辅助常闭触点</td></tr>
<tr><td></td><td colspan="2"></td><td colspan="3"></td><td></td></tr>
<tr><td colspan="7">触点电阻</td></tr>
<tr><td colspan="3">常开触点</td><td colspan="4">常闭触点</td></tr>
<tr><td>动作前</td><td colspan="2">动作后</td><td colspan="3">动作前</td><td>动作后</td></tr>
<tr><td></td><td colspan="2"></td><td colspan="3"></td><td></td></tr>
<tr><td colspan="7">线圈</td></tr>
<tr><td colspan="4">额定电压</td><td colspan="3">电阻值</td></tr>
<tr><td colspan="4"></td><td colspan="3"></td></tr>
</table>

4）组装。（10 分）将拆卸的废旧交流接触器重新组装，完成并且功能完好，得 10 分。根据完成情况酌情扣分。

(2) 交流接触器的检修 (10 分)

根据修复情况酌情扣分。交流接触器的检修参照表 1-15 接触器常见故障与处理方法。

1.3.6 思考题

1) 交流接触器在动作时，动合（常开）触点和动断（常闭）触点的动作顺序是怎样的?

2) 交流接触器和直流接触器的铁心结构有什么区别?

3) 接触器型号 CJ20－40 中的 CJ、20、40 的含义是什么?

实训任务 1.4 热继电器的拆装、检测与参数选择

1.4.1 实训目标

了解热继电器主要结构，并会拆装、检测及进行参数选择和调节。

1.4.2 实训内容

对几种常用热继电器进行拆装、检测与参数选择。

1.4.3 实训工具、仪表和器材

1) 工具：常用电工工具一套（螺钉旋具、镊子、钢丝钳、尖嘴钳等)。

2) 仪表：万能表，绝缘电阻表。

3) 器材：热继电器，根据实际情况准备。

1.4.4 实训指导

1. 热继电器的主要结构

热继电器主要由热元件和触点系统两部分组成。常用的热继电器型号有 JR16、JR20、JR36 等系列，JR36 系列热继电器外形如图 1-6 所示。

三相热元件
进线端接线端子
95、96为一对
常闭触点
接线端子
三相热元件
出线端接线端子
97、98为一对
常开触点
接线端子

图 1-6 JR36 系列热继电器

正泰 NR3、NR4（JRS2）系列热继电器适用于交流 50Hz、额定电压 690V 或 1000V、电流为 0.1～180A 的长期工作的交流电动机的过载与断相保护，具有断相保护、温度补偿、动作指示、自动与手动复位功能，产品动作可靠。NR4 系列热继电器外形如图 1-7 所示。

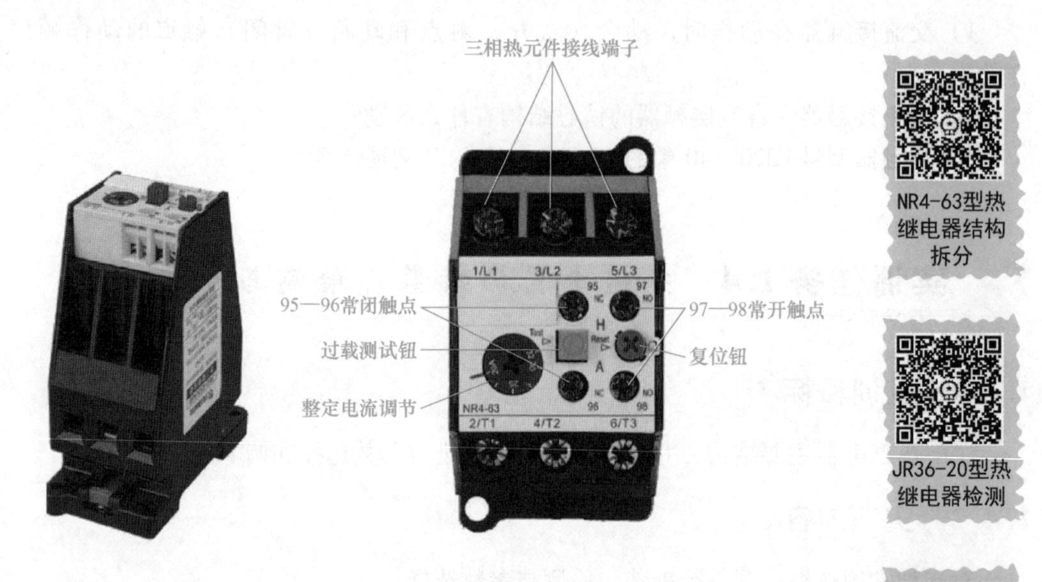

图 1-7　NR4 系列热继电器

NR4-63型热继电器检测

2. 热继电器的检测

首先进行外观检测，观察热继电器热元件及动/静触点、螺钉是否齐全牢固，动/静触点是否活动灵活，外壳有无损伤等。

然后用万用表电阻档检查热元件及常闭触点输入端和输出端是否全部接通，常开触点输入端和输出端是否不通，若否，则说明热继电器已坏。

当热继电器不动作时，常闭触点输入端和输出端接通，显示电阻值约为 0；常开触点输入端和输出端不通，显示电阻值为无穷大。

当热继电器动作时（按住过载测试钮），常闭触点输入端和输出端断开，显示电阻值约为无穷大；常开触点输入端和输出端接通，显示电阻值约为 0。

3. 热继电器的参数选择和调节

热继电器本身的额定电流等级并不多，但其发热元件编号很多。每种编号都对应一定的电流整定范围，故在使用时先应使发热元件的电流与电动机的电流相适应，然后根据电动机实际运行情况再做上下范围的适当调节。

热元件的额定电流等级一般大于电动机的额定电流。热元件选定后，再根据电动机的额定电流调整热继电器的整定电流，使整定电流与电动机的额定电流基本相等。

热继电器的整定电流是指热继电器长期运行而不动作的最大电流。通常只要负载电流超过整定电流 1.2 倍，热继电器就必须动作。整定电流的调整可通过旋转外壳上方的旋钮完成，旋钮上刻有整定电流标尺，作为调整时的依据。

1.4.5 技能训练与成绩评定

1. 技能训练

1）拆卸和组装常用类型的热继电器。

2）用万用表检测热继电器的好坏，修复更换故障部件。

3）根据要求，调整热继电器的整定电流。

4）遵守安全规程，做到文明操作，避免损坏元件。

2. 成绩评定

（1）热继电器的拆卸和组装（55 分）

1）记录所拆卸热继电器的型号、额定电流和整定电流值记入表 1-4 中。（15 分）

2）操作和测量。（15 分，每错一处扣 5 分）检测各相热元件电阻值，记入表 1-4 中。

3）拆卸。（15 分，写错或漏写一处扣 5 分，写得不完整酌情扣分，扣完为止）。打开热继电器外盖，观察热继电器内部结构，将主要零部件名称和作用记入表 1-4 中。

表 1-4 热继电器基本结构及热元件电阻的检测记录

<table>
<tr><td colspan="4">型 号</td><td colspan="2">主要零部件</td></tr>
<tr><td colspan="4"></td><td>名称</td><td>作用</td></tr>
<tr><td colspan="4">热元件电阻值</td><td rowspan="5"></td><td rowspan="5"></td></tr>
<tr><td>L1 相</td><td colspan="2">L2 相</td><td>L3 相</td></tr>
<tr><td></td><td colspan="2"></td><td></td></tr>
<tr><td colspan="2">额定电流</td><td colspan="2">整定电流值</td></tr>
<tr><td colspan="2"></td><td colspan="2"></td></tr>
</table>

4）组装。（10 分）将拆卸的废旧热继电器重新组装，组装完成并且功能完好，得 10 分。根据完成情况酌情扣分。

（2）热继电器的触点检测（30 分）

用万用表电阻档测量热继电器初始状态下常闭触点（95—96）和常开触点（97—98）的电阻值，按下过载测试钮，再次测量热继电器的常闭触点（95—96）和常开触点（97—98）的电阻值。有关电阻值记入表 1-5 中，识别初始状态下热继电器的常开触点和常闭触点，在表 1-5 相应选项中打上√。

表 1-5 热继电器的触点好坏检测记录

<table>
<tr><td colspan="2">型 号</td><td colspan="2"></td></tr>
<tr><td colspan="4">触点检测</td></tr>
<tr><td>初始状态</td><td colspan="2">95—96 电阻值</td><td>97—98 电阻值</td></tr>
<tr><td>按下过载测试钮</td><td colspan="2"></td><td></td></tr>
<tr><td rowspan="2">判断</td><td colspan="2">95—96</td><td>常开触点（） 常闭触点（）</td></tr>
<tr><td colspan="2">97—98</td><td>常开触点（） 常闭触点（）</td></tr>
</table>

(3) 调整热继电器的整定电流值 (15 分)

根据要求，将热继电器的整定电流值设定成最大值、最小值和中间值。

1.4.6　思考题

1) 简述热继电器的主要结构。
2) 热继电器的额定电流如何选择?
3) 热继电器的手动复位与自动复位钮有什么不同?

实训任务 1.5　时间继电器的拆装与检测

1.5.1　实训目标

了解时间继电器主要结构，并会拆装及检测。

1.5.2　实训内容

对时间继电器进行拆装、检测与时间调节。

1.5.3　实训工具、仪表与器材

1) 工具：常用电工工具一套（螺钉旋具、镊子、钢丝钳、尖嘴钳等)。
2) 仪表：万能表，绝缘电阻表。
3) 器材：各种时间继电器，根据实际情况准备。

1.5.4　实训指导

1. 空气阻尼式时间继电器的主要结构

空气阻尼式时间继电器产品有 JS7、JS23 系列等，主要由电磁机构、触点系统、延时机构、气室及传动机构等部分组成。根据触点延时特点，分为通电延时（JS7 - 1A 和 JS7 - 2A）与断电延时（JS7 - 3A 和 JS7 - 4A）两种。JS7 - 2A 型空气阻尼式时间继电器，具有两对延时动作的触点和两对瞬时动作的触点，如图 1-8 所示，线圈的额定电压为交流 127V，其延时范围为 0.4 ~ 60s，用螺钉旋具可在该范围内进行调节。

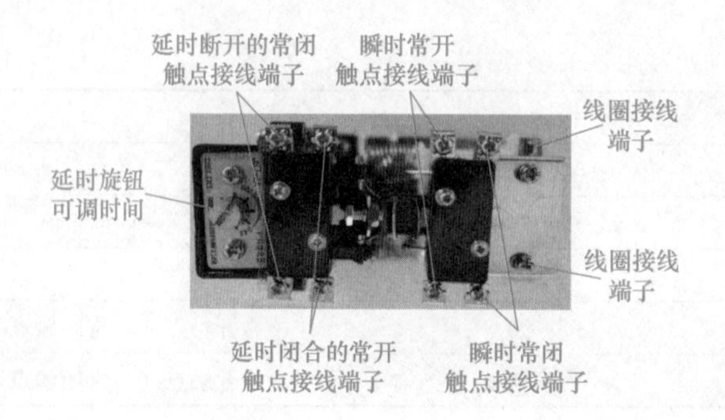

图 1-8　JS7 - 2A 型空气阻尼式时间继电器

2. 电子式时间继电器的主要结构

电子式时间继电器产品有 JS13、JS14、JS15、JSZ3 及 JS20 系列等，全部元件装在印制电路板上，它有装置式和面板式两种类型，装置式具有带接线端子的胶木底座，它与继电器本体部分采用插座连接，然后用底座上的两只尼龙锁扣锚紧。面板式采用的是通用的八个引脚的插针，可直接安装在控制台的面板上。JSZ3 电子式时间继电器如图 1-9 所示。

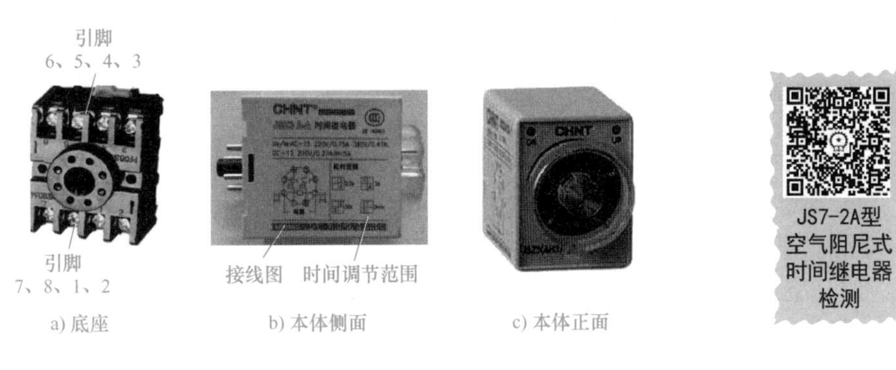

a) 底座　　b) 本体侧面　　c) 本体正面

图 1-9　JSZ3 电子式时间继电器

3. 时间继电器的检测

观察空气阻尼式时间继电器动、静触点，螺钉是否齐全牢固，动、静触点机械部位是否活动灵活。用万用表电阻档测试线圈、常闭触点输入端和输出端是否全部接通，常开触点输入端和输出端是否全部不通，用一字螺钉旋具顺时针方向旋转调节杆看时间继电器人为动作后有无延时作用，若否，则说明时间继电器已坏。

时间继电器不动作时线圈及常闭触点输入端和输出端全部接通，常开触点输入端和输出端全部不通。

1.5.5　技能训练与成绩评定

1. 技能训练

1）拆卸和组装空气阻尼式时间继电器。

2）用万用表检测空气阻尼式时间继电器的好坏，修复更换故障部件。

3）根据要求，调节时间继电器的设定时间。

4）遵守安全规程，做到文明操作，避免损坏元件。

2. 成绩评定

（1）空气阻尼式时间继电器的拆卸和组装（48 分）

1）记录所拆卸空气阻尼式时间继电器的型号和线圈额定电压记入表 1-6 中。（10 分）

2）操作和测量。（18 分，每错一处扣 3 分）观察空气阻尼式时间继电器结构，用万用表电阻档测试各对触点初始状态，记录触点类型和数量，记入表 1-6 中。

3）拆卸。（10 分，写错或漏写一处扣 2 分，写得不完整酌情扣分，扣完为止）拆卸一只废旧空气阻尼式时间继电器，将主要零部件名称、作用记入表 1-6 中。

表 1-6　空气阻尼式时间继电器结构检测记录

型　号	线圈额定电压	主要零部件	
		名称	作用
常开触点数（副）	常闭触点数（副）		
延时触点数（副）	瞬时触点数（副）		
延时分断触点数	延时闭合触点数		

4）组装。（10 分）将拆卸的废旧空气阻尼式时间继电器重新组装，完成并且功能完好，得 10 分。根据完成情况酌情扣分。

（2）空气阻尼式时间继电器的触点检测（36 分，每错一处扣 3 分）

用万用表电阻档测量空气阻尼式时间继电器初始状态下线圈、延时触点和瞬时触点的电阻值；先用一字螺钉旋具调节延时时间 3s，再用手按住衔铁，再次测量时间继电器的延时常开触点和延时常闭触点、瞬时常开触点和常闭触点的电阻值。观察各触点在刚按住衔铁时和按住衔铁 3s 后电阻值变化情况，有关电阻值记入表 1-7 中。

表 1-7　空气阻尼式时间继电器的触点检测记录

型　号	电阻值			
	延时触点		瞬时触点	
	常开触点	常闭触点	常开触点	常闭触点
初始状态				
按住衔铁时				
按住衔铁 3s 后				

（3）时间继电器的时间调节（16 分）

1）空气阻尼式时间继电器定时准确度不高，时间调节直接用一字螺钉旋具转动调节旋钮，最长延时时间为 180s。根据要求，利用万用表测量延时触点的动作情况，能将空气阻尼式时间继电器设定一个时间值。（10 分）

2）电子式时间继电器定时准确度高，延时时间长，时间调节直接转动时间调节盘面，使指针指向设定的时间刻度即可。根据要求，能将电子式时间继电器设定一个时间值。（6 分）

1.5.6　思考题

1）空气阻尼式时间继电器 JS7－1A 和 JS7－2A 结构上有什么不同？JS7－2A 和 JS7－4A 结构上又有什么不同？

2）查阅相关资料，电子式时间继电器最长延时时间可达多少？

3）电子式时间继电器在没有通电的情况下，如何测量触点通断情况？

实训任务 1.6 控制按钮的拆装与检测

1.6.1 实训目标

了解控制按钮的基本结构，并会拆装、检测及进行简单检修。

1.6.2 实训内容

对几种控制按钮进行拆装与检测。

1.6.3 实训工具、仪表与器材

1）工具：常用电工工具一套（螺钉旋具、镊子、钢丝钳、尖嘴钳等）。
2）仪表：万能表，绝缘电阻表。
3）器材：各类按钮，根据实际情况准备。

1.6.4 实训指导

1. 按钮的主要结构

按钮一般由按钮帽、复位弹簧、桥式动触点、静触点和外壳等组成。当按钮未被按下时，其常开触点处于断开状态，常闭触点处于闭合状态；当按钮被按下时，其常开触点闭合，常闭触点断开。常用的按钮有 LA18、LA19 、LA20 及 LAY39 等系列，按钮帽的颜色有红、黄、绿和白等颜色，一般绿色为起动按钮，红色为停止按钮。图 1-10 所示为 LA39 系列按钮，有两对触点，其中 11—12 是常闭触点接线端子，23—24 是常开触点接线端子。

图 1-10 LA39 系列按钮

LA4 - 3H 型组合按钮共三个钮，每个钮都对应一对常开触点和一对常闭触点，每对触点的两个接线端子呈现对角线布置，如图 1-11 所示。

2. 按钮的检测

观察按钮的动、静触点、螺钉是否齐全牢固，动、静触点是否活动灵活。用万用表电阻档测试常闭触点输入端和输出端是否全部接通，常开触点输入端和输出端是否全部不通，若

a) 外形

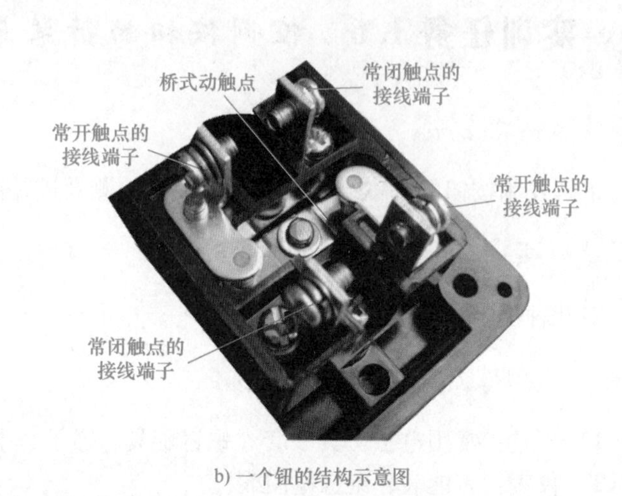

b) 一个钮的结构示意图

图 1-11 LA4－3H 型组合按钮

否，则说明按钮相应触点已坏。

按钮不动作时，常闭触点输入端和输出端全部接通，常开触点输入端和输出端全部不通。

1.6.5 技能训练与成绩评定

1. 技能训练

1）拆卸和组装不同类型的按钮。

2）用万用表检测按钮的好坏，修复更换故障部件。

3）遵守安全规程，做到文明操作，避免损坏元件。

2. 成绩评定

1）记录所拆卸按钮的型号。（10 分）

2）操作和测量。（60 分，每错一处扣 10 分）操作按钮，用万用表电阻档测量各对触点之间的接触电阻，将各相触点间的接触电阻和各类触点数量记入表 1-8 中。

表 1-8 按钮的拆卸与测量记录

<table>
<tr><td colspan="4">型 号</td><td rowspan="2">拆卸步骤</td><td colspan="2">主要零部件</td></tr>
<tr><td colspan="4"></td><td>名称</td><td>作用</td></tr>
<tr><td colspan="4">触点数</td><td rowspan="7"></td><td rowspan="7"></td><td rowspan="7"></td></tr>
<tr><td colspan="2">常开触点</td><td colspan="2">常闭触点</td></tr>
<tr><td colspan="2"></td><td colspan="2"></td></tr>
<tr><td colspan="4">触点电阻</td></tr>
<tr><td colspan="2">常开触点</td><td colspan="2">常闭触点</td></tr>
<tr><td>动作前</td><td>动作后</td><td>动作前</td><td>动作后</td></tr>
<tr><td></td><td></td><td></td><td></td></tr>
</table>

3）拆卸。（15 分，写错或漏写一处扣 5 分，写得不完整酌情扣分，扣完为止）拆卸一只废旧按钮，将其主要零部件名称和作用记入表 1-8 中。

4）组装。（15 分）将拆卸的按钮重新组装，完成并且功能完好，得 15 分，根据完成情况酌情扣分。

1.6.6　思考题

1）按钮的常开触点和常闭触点在按钮按下时，动作顺序是怎样的?

2）查阅带指示灯的按钮结构组成和工作原理。

实训任务 1.7　行程开关和接近开关的拆装与检测

1.7.1　实训目标

了解行程开关和接近开关的基本结构，并会拆装、检测及进行简单检修。

1.7.2　实训内容

对几种行程开关和接近开关进行拆装与检测。

1.7.3　实训工具、仪表和器材

1）工具：常用电工工具一套（螺钉旋具、镊子、钢丝钳、尖嘴钳等）。

2）仪表：万能表，绝缘电阻表。

3）器材：各类行程开关和接近开关，根据实际情况准备。

1.7.4　实训指导

1. 行程开关的主要结构

常用行程开关有 LX19 、LXK3 和 JLXK1 等系列，行程开关按其操作方式可分为直动式、滚轮式、微动式和组合式，常见行程开关外形如图 1-12 所示。

行程开关的主要结构由操作机构和触点系统两部分组成，通常有一对常开触点和一对常闭触点，JLXK1 - 111 行程开关如图 1-13 所示。

2. 行程开关的检测

观察行程开关动、静触点、螺钉是否齐全牢固，动、静触点机械部位是否活动灵活。用万用表电阻档测试常闭触点输入端和输出端是否全部接通，常开触点输入端和输出端是否全部不通，若否，则说明行程开关相应触点已坏。

行程开关不动作时常闭触点输入端和输出端全部接通，常开触点输入端和输出端全部不通。

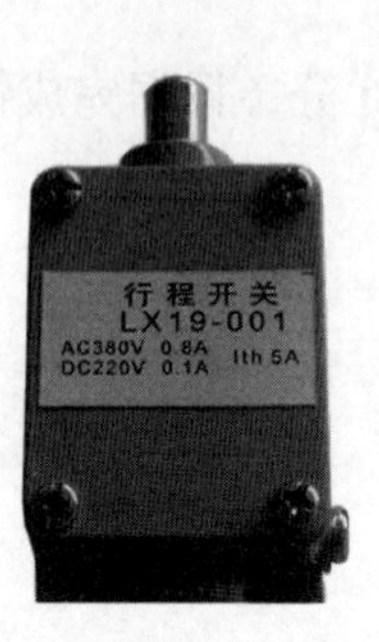

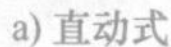

a) 直动式

b) 单滚轮式

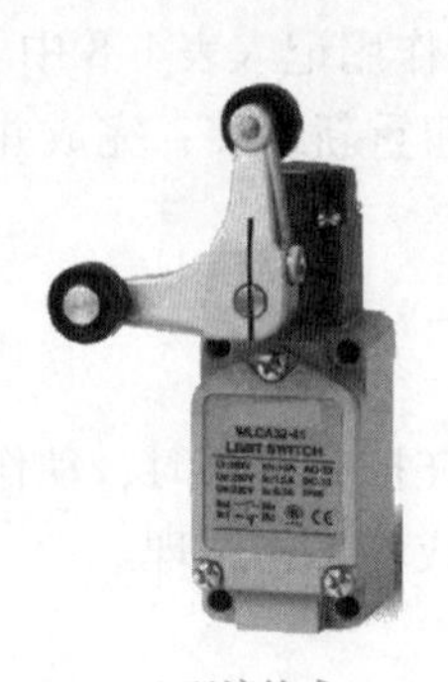

c) 双滚轮式

图1-12　常见行程开关外形

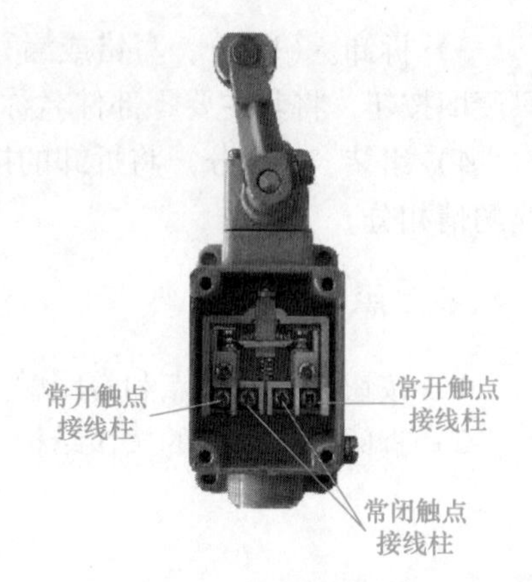

图1-13　JLXK1－111行程开关

3. 接近开关的结构与检测

接近开关主要有电感式、电容式、霍尔式、遥测遥感式、红外线感测式、交直流探测式等类型。接近开关由工作电源、信号发生器（感测机构）、振荡器、检波器、鉴幅器和输出电路等基本部分组成。

接近开关是与（机器的）运动部件无机械接触而能操作的位置开关。当运动的物体靠近开关到一定位置时，接近开关发出信号，实现行程控制及计数自动控制。接近开关通常用于工业自动化控制系统中，实现检测和控制，是一种非接触型的检测装置。

接近开关的种类非常多，如用于检测金属和（或）非金属的物体存在与否的电感式和电容式接近开关、能检测反射声音物体存在与否的超声波式接近开关、能检测物体存在与否的光电式接近开关和能检测磁性物体存在与否的非机械磁性接近开关。

OBM－D04NK型接近开关如图1-14所示，观察OBM－D04NK型接近开关的外观结构，该接近开关有3根引线，分别为棕色、黑色、蓝色，通电检测时，需要接直流24V电源检测，要求棕色线接+24V，蓝色线接0V，黑色线作为信号线，可以作为控制器的输入端。

初始状态下，将万用表调至直流电压200V档（表头示数为0时，表示无信号输出状态，是断路；表头示数为24V左右时，表示有信号输出，是通路状态）。对引线棕、黑两端进行测试，观察万用表的示数，显示值为0，判断此时黑色信号线无信号。将金属部件靠近金属探头，测试黑色信号线的输出情况。对引线棕、黑两端测试，观察万用表的示数，显示值约为24V，判断此时黑色信号线有信号输出。

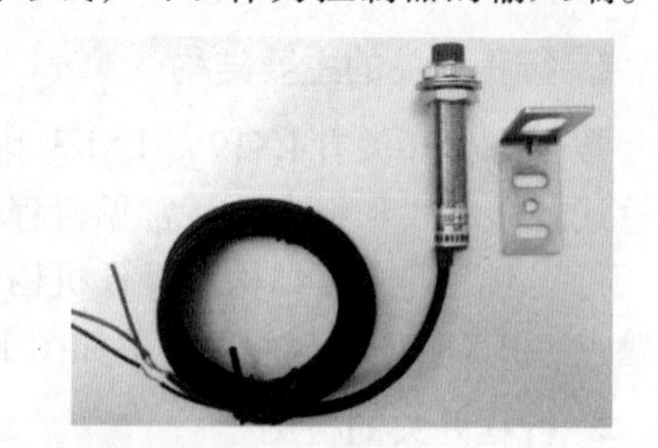

图1-14　OBM－D04NK型接近开关

1.7.5　技能训练与成绩评定

1. 技能训练

1）拆卸和组装行程开关和接近开关。

2）用万用表检测行程开关和接近开关的好坏，修复更换故障部件。

3）遵守安全规程，做到文明操作，避免损坏元件。

2. 成绩评定

（1）拆卸一只行程开关（55分）

1）记录所拆卸行程开关的型号，记入表1-9中。（5分）

2）操作和测量。（30分，每错一处扣5分）操作行程开关，用万用表电阻档测量各对触点之间的接触电阻，将各相触点间的接触电阻和各类触点数量记入表1-9中。

3）拆卸。（10分，写错或漏写一处扣5分，写得不完整酌情扣分，扣完为止）拆卸一只废旧行程开关，将其主要零部件名称和作用记入表1-9中。

表1-9 行程开关的拆卸与测量记录

<table>
<tr><td colspan="4">型 号</td><td rowspan="2">拆卸步骤</td><td colspan="2">主要零部件</td></tr>
<tr><td colspan="4"></td><td>名称</td><td>作用</td></tr>
<tr><td colspan="4">触点数</td><td rowspan="7"></td><td rowspan="7"></td><td rowspan="7"></td></tr>
<tr><td colspan="2">常开触点</td><td colspan="2">常闭触点</td></tr>
<tr><td colspan="2"></td><td colspan="2"></td></tr>
<tr><td colspan="4">触点电阻</td></tr>
<tr><td colspan="2">常开触点</td><td colspan="2">常闭触点</td></tr>
<tr><td>动作前</td><td>动作后</td><td>动作前</td><td>动作后</td></tr>
<tr><td></td><td></td><td></td><td></td></tr>
</table>

4）组装。（10分）将拆卸的行程开关重新组装，完成并且功能完好，得10分，根据完成情况酌情扣分。

（2）拆卸一只接近开关（45分）

1）记录所拆卸接近开关的型号，记入表1-10中。（5分）

2）操作和测量。（30分，每错一处扣10分）操作接近开关，断电时用万用表电阻档测量输出端电阻，通电后再用万用表电压档测量遇障碍物前后输出端电压，记入表1-10中。

3）拆卸。（5分，写得不完整酌情扣分，扣完为止）拆卸一只废旧接近开关，将其主要零部件名称和作用记入表1-10中。

表1-10 接近开关的检测记录

<table>
<tr><td colspan="3">型 号</td><td rowspan="2">拆卸步骤</td><td colspan="2">主要零部件</td></tr>
<tr><td colspan="3"></td><td>名称</td><td>作用</td></tr>
<tr><td>初始状态
（不通电）</td><td colspan="2">通电后</td><td rowspan="3"></td><td rowspan="3"></td><td rowspan="3"></td></tr>
<tr><td>输出端电阻</td><td>遇障碍物前
输出端电压</td><td>遇障碍物后
输出端电压</td></tr>
<tr><td></td><td></td><td></td></tr>
</table>

4）组装。（5分）将拆卸的行程开关重新组装，完成并且功能完好，得5分，根据完成情况酌情扣分。

1.7.6 思考题

1）比较单滚轮式和双滚轮式行程开关的触点动作的不同。

2）查阅接近开关的资料，说明二线制和三线制接近开关接线的不同。

项目 1 的操作考核评定见表 1-11。

表 1-11 项目 1 的操作考核评定

<table>
<tr><th rowspan="2">序号</th><th rowspan="2">考核（选项）内容</th><th colspan="4">时间/min</th><th rowspan="2">成绩</th><th rowspan="2">备注</th></tr>
<tr><th>起时</th><th>终时</th><th>用时</th><th>规定时间</th></tr>
<tr><td>1</td><td>低压断路器的拆装与检测</td><td></td><td></td><td></td><td>20</td><td></td><td rowspan="5"></td></tr>
<tr><td>2</td><td>交流接触器的拆装与检测</td><td></td><td></td><td></td><td>20</td><td></td></tr>
<tr><td>3</td><td>按钮的拆装与检测</td><td></td><td></td><td></td><td>15</td><td></td></tr>
<tr><td>4</td><td>热继电器的检测与电流整定</td><td></td><td></td><td></td><td>10</td><td></td></tr>
<tr><td>5</td><td>时间继电器的检测与延时值调整</td><td></td><td></td><td></td><td>10</td><td></td></tr>
<tr><td>说明</td><td colspan="7">1. 以上内容通过抽签确定，要求独立完成
2. 在规定时间内完成为合格
3. 成绩以优、良、中、及格、不及格评定，优秀以完成考核内容所需时间最短选定 2～3 名，其余成绩按 3 分为一个档次递减</td></tr>
</table>

实训成绩由平时考核、操作考核（见表 1-11）、实习报告组成，建议各占 30%、50% 和 20%。

注意：

1）实训所使用的元件是日常废、旧元件，将其拆装或修复。

2）绝对避免将元件损坏，注意安全文明操作。

项目 1 相关知识点

知识点 1 常用低压电器的认识

低压电器是指工作电压在交流 1200V、直流 1500V 及以下的电器。按其控制对象不同，低压电器分为低压配电电器和低压控制电器两大类。低压配电电器主要用于低压配电系统和动力回路，它具有工作可靠、热稳定性和电动力稳定性好等优点。低压控制电器主要用于电力传输系统中，它具有工作准确可靠、操作效率高、寿命长、体积小等优点。下面将简述常用低压电器的用途、结构、工作原理，及选用、安装要求。

1. 开启式负荷开关

开启式负荷开关俗称胶盖刀开关，这种开关结构简单、价格低廉、安装和使用维护方便，广泛用作照明电路和小容量（5.5kW 以下）动力电路不频繁起动的控制开关。开启式负荷开关的外形、结构和图形符号如图 1-15 所示。

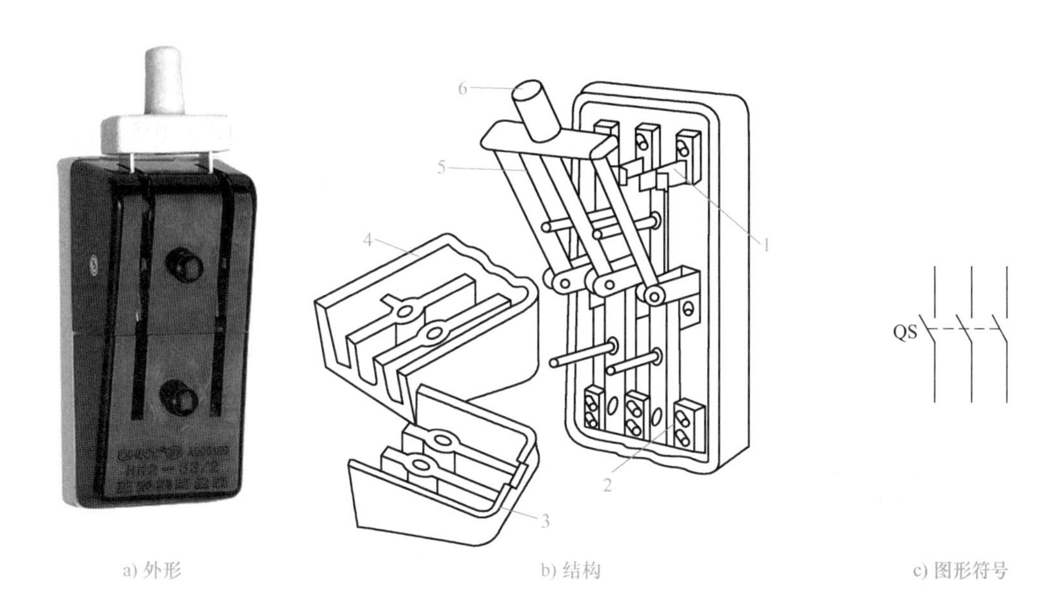

a) 外形　　b) 结构　　c) 图形符号

图 1-15　开启式负荷开关的外形、结构和图形符号

1—静触座　2—接装熔丝的接头　3—下胶盖　4—上胶盖　5—触刀　6—瓷质手柄

安装开启式负荷开关时，瓷底应与地面垂直，手柄向上为合闸，不得倒装和平装。处于倒装和平装状态的刀开关分闸后，由于刀片自重或振动，可能导致误合闸，会危及人身安全。

接线时，电源进线必须接刀片上方的静触点接线桩，通往负载的线接下方的接线桩。接线时必须拧紧螺钉，保证接线桩与导线良好接触。

选用开启式负荷开关时应注意以下两点。

（1）电压和极数的选择

开启式负荷开关额定电压应大于或等于电路的额定电压。极数的选择原则是：用于控制单相负载时，选用 220V 或 250V 的两极开关；用于控制三相负载时，选用 380V 的三极开关。

（2）额定电流的选择

开启式负荷开关的额定电流应大于或等于电路的工作电流。一般负载时开关额定电流可取工作电流的 1.15 倍；用于控制电动机或其他电感性负载时，开关额定电流应是电动机额定电流的 3 倍。

另外选择开关时，应注意检查各刀片与对应夹座是否直线接触，有无歪扭，各刀片与夹座开合有无不同步的现象，夹座对刀片接触压力是否足够。如有问题，应修理或更换。

2. 组合开关

组合开关又称转换开关，与开启式负荷开关一样，同属于手动电器，可作为电源引入开关，或用于 5.5kW 以下电动机的直接起动、停止、反转和调速等。其优点是体积小、寿命长、结构简单、操作方便。组合开关多用于机床控制电路，其额定电压为 380V，额定电流有6A、10A、15A、25A、60A、100A等多种。

三极组合开关的外形、结构示意图和图形符号如图1-16所示。内部有三对静触点分别用三层绝缘板相隔，各自附有连接电路的接线柱。三个动触点互相绝缘，与各自的静触点对应，套在共同的绝缘杆上。绝缘杆的一端装有操作手柄，转动手柄，即可完成三组触点之间的开合或切换。开关内装有速断弹簧，用以加速开关的分断速度。

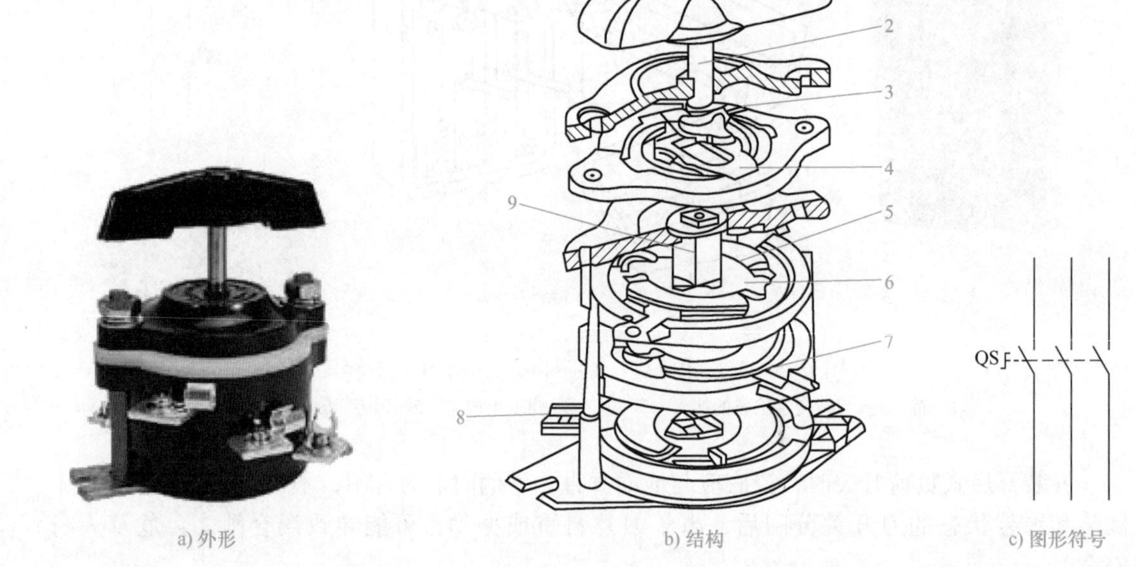

a) 外形　b) 结构　c) 图形符号

图1-16　三极组合开关的外形、结构示意图和图形符号

1—手柄　2—转轴　3—弹簧　4—凸轮　5—绝缘垫板　6—动触片　7—静触片　8—接线柱　9—绝缘杆

选用组合开关时，应根据用电设备的耐压等级、容量和极数等综合考虑。用于控制照明或电热设备时，其额定电流应等于或大于被控制电路中各负载电流之和；用于控制小型电动机不频繁的全压起动时，其容量应大于电动机额定电流的1.5倍，每小时切换次数不宜超过15~20次。

3. 低压断路器

低压断路器又称自动空气开关，它既能带负载通断电路，又能在失电压、短路和过载时自动跳闸，保护电路和电气设备，是低压配电网络和电力拖动系统中常用的开关电器。

低压断路器按结构形式可分为万能式（又称框架式）、塑料外壳式（又称模压外壳式）两大类。万能式断路器主要用作配电网络的保护开关，而塑料外壳式断路器除用作配电网络的保护开关外，还可用作电动机、照明电路的控制开关。

（1）万能式断路器

万能式断路器的特点是所有部件都装在一个钢制框架（小容量的也有用塑料底板）内，导电部件需加绝缘，部件敞开，大都是可拆卸的，便于装配和调整。万能式断路器一般具有可维修的特点。它可装设较多附件，有较高的短路分断能力，同时又可实现短延时的短路分断，使电路能选择性断开。

万能式断路器有 DW15、DW15C、DWX15 和 DWX15C 等系列。从国外引进的 ME（DW17）、AE－S（DW18）、3WE、AH（DW914）、M 及 F 系列万能式断路器应用也日渐增多。

（2）塑料外壳式断路器

塑料外壳式断路器把所有的部件都装在一个塑料外壳里，结构紧凑、安全可靠、轻巧美观，可以独立安装。常用型号有 DZ10、DZ15、DZ20 等系列。

DZ20 系列断路器的过电流脱扣器分为瞬时脱扣器和复式脱扣器（即瞬时脱扣器和过载脱扣器），断路器可加装分励脱扣器、欠电压脱扣器、辅助触点及报警触点等附件。DZ20 系列断路器按分断能力不同分为 Y 型（一般型）、J 型（较高型）、C 型（经济型）、G 型（最高型）和 H 型（高级型）。

低压断路器由触点系统、各种脱扣器、自由脱扣机构和操作机构等部分组成。触点系统是断路器的执行元件，用来接通和分断电路，主触点上装有灭弧装置；各种脱扣器是断路器的感受元件，当电路出现故障时，脱扣器感测到故障信号后，经自由脱扣机构使断路器主触点断开，从而起到保护作用；自由脱扣机构是用来联系操作机构和主触点的机构；操作机构是实现闭合、断开的机构，通常电力拖动控制系统中的断路器是手动操作机构。

图 1-17 是塑料外壳式低压断路器的外形、结构和图形符号。

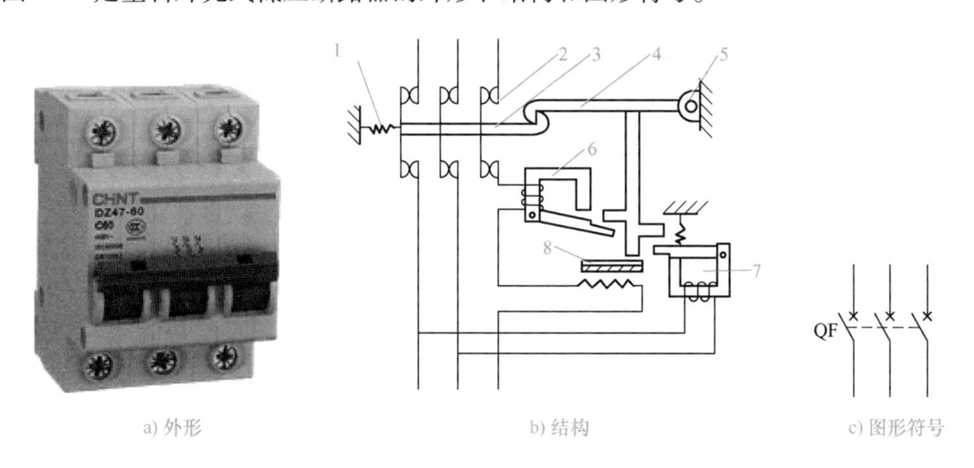

a) 外形　　b) 结构　　c) 图形符号

图 1-17　塑料外壳式低压断路器的外形、结构和图形符号

1—分闸弹簧　2—主触点　3—传动杆　4—锁扣　5—轴　6—过电流脱扣器　7—欠电压、失电压脱扣器　8—热脱扣器

低压断路器型号含义如下。

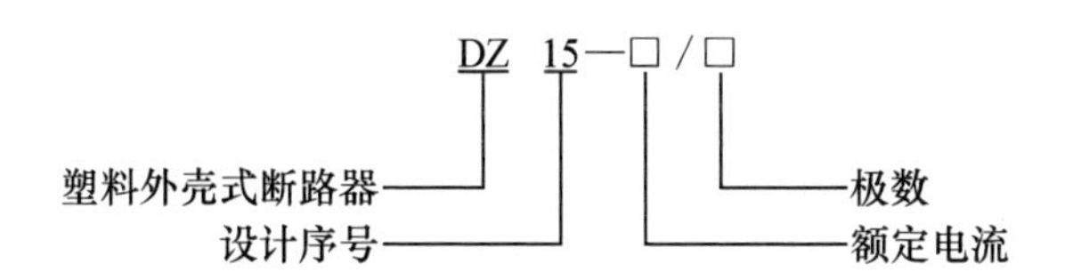

DZ15 系列塑料外壳式断路器的技术指标见表 1-12。

表 1-12 DZ15 系列塑料外壳式断路器的技术指标

型号	极数	额定电流/A	额定电压/V	额定短路分断能力/kA	机械寿命/万次	电寿命/万次
DZ15－40	1	6、10、16、20、25、32、40	AC220	3	1.5	1.0
	2、3		AC380			
DZ15－63	1	10、16、20、25、32、40、50、63	AC220	5	1.0	0.6
	2、3、4		AC380			

低压断路器的选用原则：

1）低压断路器的额定电压和额定电流应不小于电路的额定电压和最大工作电流。

2）热脱扣器的整定电流应与所控制负载的额定工作电流一致。

3）欠电压脱扣器额定电压应等于电路额定电压。

4）过电流脱扣器的瞬时脱扣整定电流应大于负载正常工作时的最大电流。

对于单台电动机，DZ 系列过电流脱扣器的瞬时脱扣整定电流 I_z 为

$$I_z \geqslant (1.5 \sim 1.7) I_q$$

式中，I_q 为电动机的起动电流（A）。

对于多台电动机，DZ 系列过电流脱扣器的瞬时脱扣整定电流 I_z 为

$$I_z \geqslant (1.5 \sim 1.7) I_{qmax} + \sum I_N$$

式中，I_{qmax} 为最大一台电动机的起动电流（A）；$\sum I_N$ 为其他电动机额定电流之和（A）。

4. 熔断器

熔断器是低压电路和电动机控制电路中最简单最常用的短路保护电器。它的主要工作部分是熔体，串联在被保护电器或电路的前端，当电路或设备短路时，大电流将熔体熔化，分断电路而起保护作用。

熔体的材料有两种，在小容量电路中，多用分断力不高的低熔点材料，如铅-锡合金、铅等；在大容量电路中，多用分断力高的高熔点材料，如铜、银等。熔断器种类很多，常用熔断器有插入式、螺旋式、无填料封闭管式、有填料封闭管式等几种。熔断器的主要结构和图形符号如图 1-18 所示。

（1）插入式熔断器

插入式熔断器主要用于 380V 三相交流电路和 220V 单相电路作保护电器，具有结构简单、价格低廉、更换熔体方便等优点。它主要由瓷座、瓷盖、静触点和熔体等组成，如图 1-18a 所示。瓷座中部有一空腔，与瓷盖的凸出部分组成灭弧室。60A 以上的插入式熔断器空腔中还垫有编织石棉层，用以加强灭弧功能。

（2）螺旋式熔断器

螺旋式熔断器用于交流 380V 以下、电流 200A 以内的电路和用电设备的短路保护。它主要由瓷帽、熔体、瓷套、上下接线桩及底座等组成，如图 1-18b 所示。熔管内除装有熔体外，还填满起灭弧作用的石英砂。熔管的上盖中心装有红色熔断指示器，熔断时能从熔管上盖中脱出，并可从瓷帽上的玻璃口直接发现，以便更换熔体。图形符号如图 1-18c 所示。

螺旋式熔断器接线时，电源进线必须与熔断器中心触片下相连的接线桩相连，与负载的连线应接在与螺口相连的上接线桩上，这样在旋出瓷帽更换熔体时，金属螺口不带电，有利于操作人员的安全。

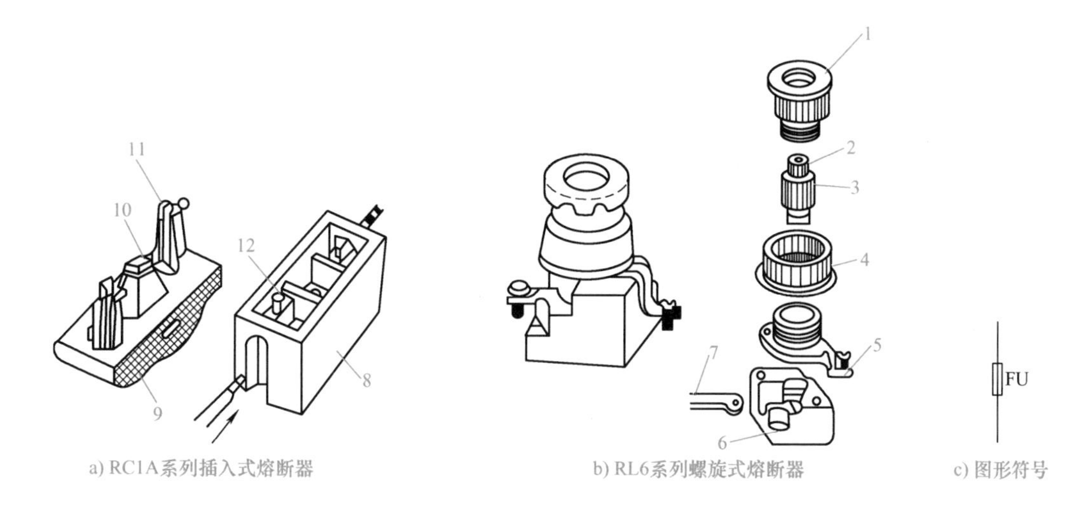

图1-18　熔断器的主要结构和图形符号

1—瓷帽　2—指示器　3—熔管　4—瓷套　5—上接线　6—底座　7—下接线
8—瓷底　9—瓷盖　10—熔体　11—动触点　12—静触点

熔断器的主要技术参数有额定电压、额定电流和极限分断能力。

1）额定电压。熔断器的额定电压是指能保证熔断器长期正常工作的电压。若熔断器的实际工作电压大于其额定电压，熔体熔断时可能会发生电弧不能熄灭的危险。

2）额定电流。熔断器的额定电流是指能保证熔断器长期正常工作的电流，是由熔断器各部分长期工作时的允许温升决定的。它与熔体的额定电流是两个不同的概念。熔体的额定电流是指在规定的工作条件下，长时间通过熔体而熔体不熔断的最大电流值。通常，一个额定电流等级的熔断器可以配用若干个额定电流等级的熔体，但熔体的额定电流不能大于熔断器的额定电流值。

3）极限分断能力。极限分断能力是指熔断器在额定电压下所能断开的最大短路电流。它代表熔断器的灭弧能力，而与熔体的额定电流大小无关。表1-13是几种常用熔断器的主要技术参数。

熔断器可用于保护照明电路及其他非电感用电设备、单台电动机、多台电动机、配电变压器低压侧等。对熔断器的选择也因保护对象不同而有所区别。

对保护照明电路和其他非电感设备的熔断器，其熔体额定电流应大于电路工作电流。如果熔体装在电能表出线端熔断器上时，则熔体的额定电流应按0.9～1倍电能表额定电流选用。

保护单台电动机的熔断器，熔体额定电流可按1.5～2.5倍电动机额定电流来选择。对轻载电动机取较小值，重载电动机取较大值。

表 1-13 常用熔断器的主要技术参数

类别	型号	额定电压/V	额定电流/A	熔体额定电流/A	极限分断能力/kA
插入式熔断器	RC1A	380	5	2、5	0.25
			10	2、4、6、10	0.5
			15	6、10、15	
			30	20、25、30	1.5
			60	40、50、60	3
			100	80、100	
			200	120、150、200	
螺旋式熔断器	RL1	380	15	2、4、5、6、10、15	25
			60	20、25、30、35、40、50、60	
			100	60、80、100	50
			200	120、150、200	
	RL6	500	25	2、4、6、10、16、20、25	50
			63	35、50、63	
	RL7	660	25	2、4、6、10、16、20、25	50
			63	35、50、63	
			100	80、100	
有填料封闭管式熔断器	RT14	380	20	2、4、6、8、10、12、16、20	100
			32	2、4、6、8、10、12、16、20、25、32	
			63	10、16、20、25、32、40、50、63	
	RT18	380	32	2、4、6、8、10、12、16、20、25、32	100
			63	2、4、6、8、10、12、16、20、25、32、40、50、63	
无填料封闭管式熔断器	RM10	380	15	6、10、15	1.2
			60	15、20、25、35、45、60	3.5
			100	60、80、100	10
			200	100、125、160、200	
			350	200、225、260、300、350	
			600	350、430、500、600	
快速熔断器	RLS2	500	30	16、20、25、30	50
			63	35、45、50、63	
			100	75、80、90、100	

保护多台电动机的熔断器，熔体额定电流可根据最大一台电动机额定电流的 1.5～2.5 倍加上其余电动机额定电流之和来考虑。

保护配电变压器低压侧的熔断器，熔体额定电流可根据变压器低压侧输出额定电流的 1～1.2 倍选择。

5. 接触器

接触器主要用于控制电动机、电热设备、电焊机、电容器组等，能频繁地接通或断开交直流主电路，实现远距离自动控制。它具有低电压释放保护功能，在电力拖动自动控制电路中被广泛应用。

接触器有交流接触器和直流接触器两大类型。下面介绍交流接触器。

图 1-19 所示为交流接触器的结构示意图及图形符号。

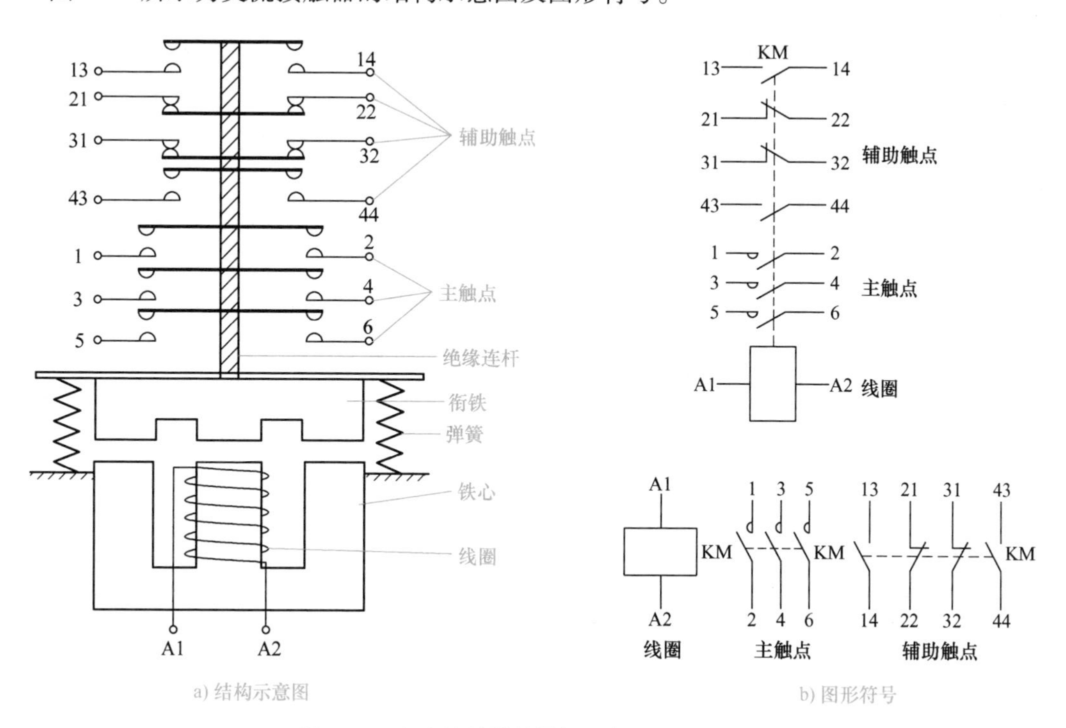

a) 结构示意图　　b) 图形符号

图 1-19　交流接触器的结构示意图和图形符号

（1）交流接触器的主要结构和工作原理

1）电磁机构：主要由线圈、铁心和衔铁三部分组成。

2）触点系统：包括主触点和辅助触点。主触点用于通断主电路，有三对或四对动合（常开）触点；辅助触点用于控制电路，起电气联锁或控制作用，通常有两对动合（常开）触点和两对动断（常闭）触点。

3）灭弧装置：容量在 10A 以上的接触器都有灭弧装置。对于小容量的接触器，常采用双断口桥式触点以利于灭弧；对于大容量的接触器，常采用纵缝灭弧罩及栅片灭弧结构。

4）其他部件：包括反作用弹簧、缓冲弹簧、触点压力弹簧、传动机构及外壳等。

如图 1-19 所示，接触器上标有端子标号，线圈为 A1、A2；主触点 1、3、5 接电源侧，2、4、6 接负载侧。辅助触点用两位数表示，前一位为辅助触点顺序号，后一位的 3、4 表示动合（常开）触点，1、2 表示动断（常闭）触点。

接触器的工作控制原理很简单，当线圈接通额定电压时，产生电磁力，克服弹簧反力，吸引衔铁向下运动，衔铁带动绝缘连杆和动触点向下运动使动合（常开）触点闭合，动断

（常闭）触点断开。当线圈失电或电压低于释放电压时，电磁力小于弹簧反力，动合（常开）触点断开，动断（常闭）触点闭合，即所有触点恢复到初始状态。

（2）接触器的主要技术参数和类型

1）额定电压。接触器的额定电压是指主触点的额定电压。交流有 220V、380V 和 660V，在特殊场合应用的额定电压高达 1140V；直流主要有 110V、220V 和 440V。

2）额定电流。接触器的额定电流是指主触点的额定工作电流。它是在一定的条件（额定电压、使用类别和操作频率等）下规定的。

3）吸引线圈的额定电压。交流有 36V、127V、220V 和 380V；直流有 24V、48V、220V 和 440V。

4）机械寿命和电气寿命。接触器是频繁操作电器，应有较高的机械和电气寿命，该指标是产品质量的重要指标之一。

5）额定操作频率。接触器的额定操作频率是指每小时允许的操作次数，一般为 300 次/h、600 次/h 和 1200 次/h。

6）动作值。动作值是指接触器的吸合电压和释放电压。规定接触器的吸合电压大于线圈额定电压的 85% 时应可靠吸合，释放电压不高于线圈额定电压的 70%。

常用的交流接触器有 CJ10、CJ12、CJ20、CJX1、CJX2、CJX8、3TB 和 3TD 等系列，直流接触器有 CZ18、CZ21、CZ22、CZ10 和 CZ2 等系列。其型号含义如下：

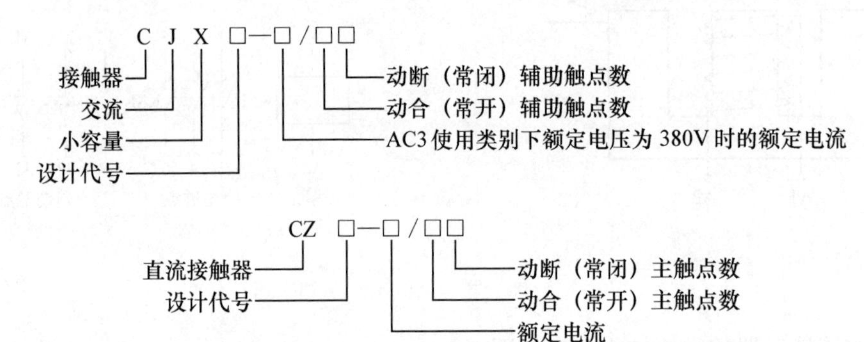

（3）接触器的选用

1）根据负载性质选择接触器的类型。

2）额定电压应大于或等于主电路工作电压。

3）额定电流应大于或等于被控电路的额定电流。对于电动机负载，还应根据其运行方式适当增大或减小。

4）吸引线圈的额定电压与频率要与所在控制电路的选用电压和频率相一致。

6. 常用继电器

继电器是一种小信号控制电器，它利用电流、时间、速度、温度等信号来接通和分断小电流电路，广泛应用于电动机或电路的保护及各种生产机械的自动控制。由于继电器容量小，一般都不用来控制主电路，而是通过接触器和其他开关设备对主电路进行控制，因此继电器载流容量小，不需要灭弧装置。常用的有热继电器、中间继电器、时间继电器、速度继电器等。

（1）热继电器

热继电器主要用于电动机的过载保护。电动机在工作时，当负载过大、电压过低或发生一相断路故障时，电动机的电流都要增大，其值往往超过额定电流。如果超过不多，电路中熔断器的熔体不会熔断，但时间长了会影响电动机的寿命，甚至烧毁电动机，因此需要有过载保护。

1）结构。双金属片式热继电器由于结构简单、体积较小、成本较低，所以应用最广泛。双金属片式热继电器的结构原理和图形符号如图 1-20 所示。

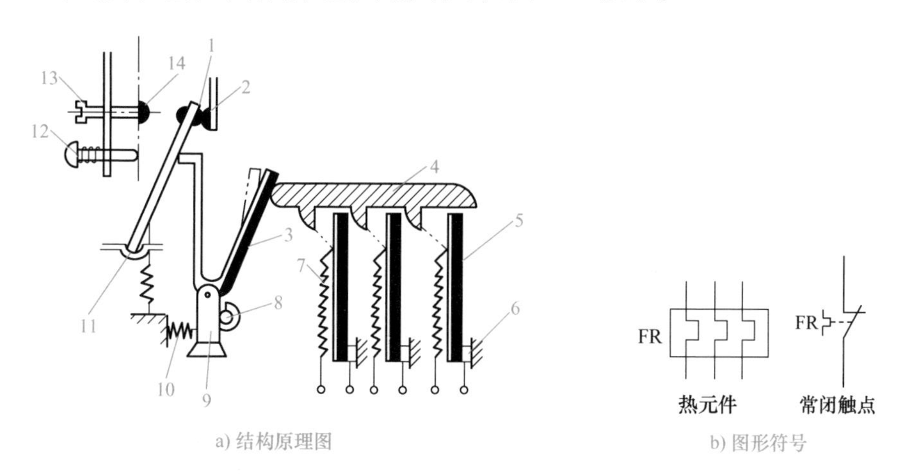

a) 结构原理图　　b) 图形符号

图 1-20　双金属片式热继电器的结构原理和图形符号

1—动触点连杆　2、14—静触点　3—补偿双金属片　4—导板　5—主双金属片
6—双金属片固定端　7—热元件　8—调节偏心轮　9—支撑件
10—弹簧　11—瓷片　12—复位按钮　13—螺钉

热继电器主要由热元件和触点系统两部分组成。热元件有两个的，也有三个的。如果电源的三相电压均衡，电动机的绝缘良好，则三相线电流必相等，用两相结构的热继电器已能对电动机进行过载保护。如果电源电压严重不平衡或电动机的绕组内部有短路故障时，就有可能使电动机的某一相的线电流比其余两相大，两个热元件的热继电器就不能可靠地起到保护作用，这时就要用三相结构的热继电器。

常用的热继电器有 JR16、JR20 等系列，其型号含义如下：

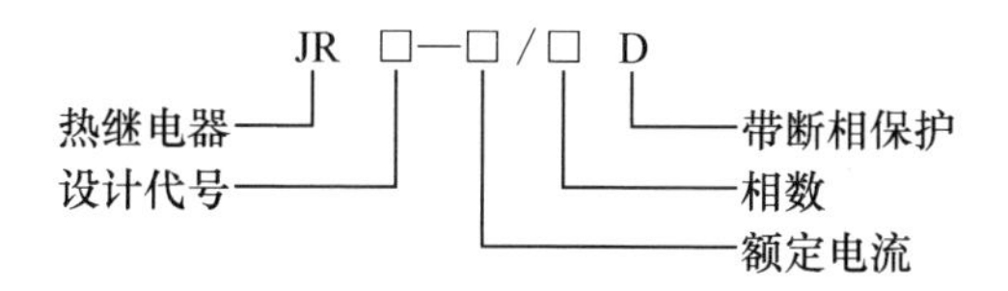

2）主要参数。JR20 系列热继电器的额定电流有 10A、16A、25A、63A、160A、250A、400A 及 630A 等 8 级，其电流整定范围见表 1-14。

热继电器可以作为过载保护但不能作为短路保护，因其双金属片从升温到变形断开动断（常闭）触点有一个过程，不可能在短路瞬间迅速分断电路。

热继电器的整定电流，是指热继电器长期运行而不动作的最大电流。通常只要负载电流超过整定电流 1.2 倍，热继电器就必须动作。整定电流的调整可通过旋转外壳上方的旋钮完成，旋钮上刻有整定电流标尺，作为调整时的依据。在选用热继电器时，其额定电流或热元件整定电流均应大于电动机或被保护电路的额定电流。对星形联结的电动机，可选用普通两相保护式或三相保护式热继电器。对三角形联结的电动机，普通热继电器不能起断相保护作用，必须选用带断相保护装置的热继电器，这时热元件整定电流可以与电动机额定电流相等。若在电动机频繁起动、正反转起动或带有冲击性负载等情况下，热元件的整定电流值应是电动机额定电流的 1.1～1.15 倍。对于点动、重载起动、频繁正反转及带反接制动等运行的电动机，一般不宜用热继电器做过载保护。

表 1-14 JR20 系列热继电器的电流整定范围

型 号	热元件号	电流整定范围/A	型 号	热元件号	电流整定范围/A
JR20－10	1R	0.1～0.13～0.15	JR20－25	1T	7.8～9.7～11.6
	2R	0.15～0.19～0.23		2T	11.6～14.3～17
	3R	0.23～0.29～0.35		3T	17～21～25
	4R	0.35～0.44～0.53		4T	21～25～29
	5R	0.53～0.67～0.8	JR20－63	1U	16～20～24
	6R	0.8～1～1.2		2U	24～30～36
	7R	1.2～1.5～1.8		3U	32～40～47
	8R	1.8～2.2～2.6		4U	40～47～55
	9R	2.6～3.2～3.8		5U	47～55～62
	10R	3.2～4～4.8		6U	55～63～71
	11R	4～5～6	JR20－160	1W	33～40～47
	12R	5～6～7		2W	47～55～63
	13R	6～7.2～8.4		3W	63～74～84
	14R	7～8.6～10		4W	74～86～98
	15R	8.6～10～11.6		5W	85～100～115
JR20－16	1S	3.6～4.5～5.4		6W	100～115～130
	2S	5.4～6.7～8		7W	115～132～150
	3S	8～10～12		8W	130～150～170
	4S	10～12～14		9W	144～160～176
	5S	12～14～16			
	6S	14～16～18			

(2) 中间继电器

中间继电器是最常用的继电器之一，它的结构和接触器基本相同。中间继电器的结构示意图和图形符号如图 1-21 所示。

中间继电器实质上是一种电压继电器，它是根据输入电压的有或无而动作的，一般触点对数多，触点额定电流为 5～10A。中间继电器体积小，动作灵敏度高，一般不用于直接控制电路的负载，但当电路的负载电流在 5～10A 以下时，也可代替接触器起控制负载的作用。中间继电器的工作原理和接触器一样，触点较多，一般为四动合（常开）和四动断（常闭）触点。

常用的中间继电器型号有 JZ7、JZ14 等。

选用中间继电器时，应综合考虑被控制电路的电压等级、所需触点对数、种类和容量等。

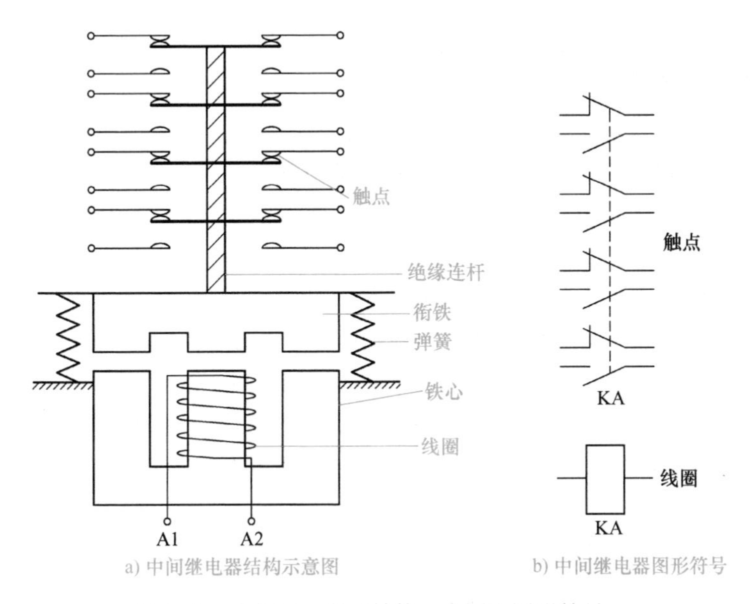

a) 中间继电器结构示意图 b) 中间继电器图形符号

图1-21 中间继电器的结构示意图和图形符号

（3）时间继电器

时间继电器是利用电磁原理或机械动作原理实现触点延时闭合或延时断开的自动控制电器。其种类较多，有空气阻尼式、电动式及晶体管式等几种。在这里只介绍应用广泛、结构简单、价格低廉的空气阻尼式时间继电器。

空气阻尼式时间继电器又称气囊式时间继电器，它主要由电磁机构、工作触点、气室和传动机构等四部分组成，其结构示意图和图形符号如图1-22所示。

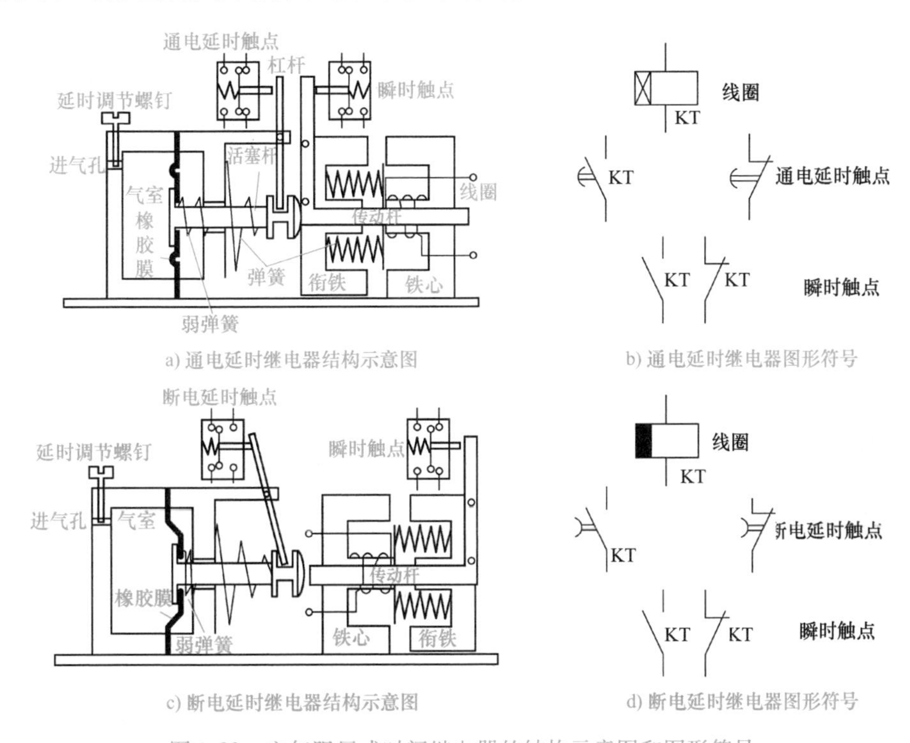

a) 通电延时继电器结构示意图 b) 通电延时继电器图形符号

c) 断电延时继电器结构示意图 d) 断电延时继电器图形符号

图1-22 空气阻尼式时间继电器的结构示意图和图形符号

电磁机构主要由线圈、铁心和衔铁组成。

工作触点由两副瞬时触点和两副延时触点组成。两副瞬时触点中一副瞬时闭合，另一副瞬时分断。

气室主要由橡胶膜、活塞组成。橡胶膜和活塞可随气室进气量移动。气室上面有一颗调节螺钉，可通过它调节气室进气速度的大小来调节延时长短。

传动机构由杠杆、推杆、推板和截锥螺旋弹簧组成。

空气阻尼式时间继电器有通电延时和断电延时两种类型。

通电延时型时间继电器的工作原理：当线圈通电后，衔铁和铁心吸合，瞬时触点瞬时动作，延时触点经过一定的延时后，使其动断（常闭）触点断开，动合（常开）触点闭合，起到通电延时作用。当线圈断电时，电磁吸力消失，瞬时触点和延时触点迅速复位，无延时。

将通电延时型时间继电器的电磁机构反向安装，就可以改为断电延时型时间继电器，如图 1-22c 所示。

断电延时型时间继电器的工作原理：当线圈通电后，衔铁和铁心吸合，瞬时触点和延时触点瞬时动作。当线圈断电时，电磁吸力消失，瞬时触点立即复位，延时触点延时复位，起到断电延时作用。

时间继电器线圈和延时触点的图形符号都有两种画法，线圈中的延时符号可以不画，触点中的延时符号可以画在左边也可以画在右边，但是圆弧的方向不能改变，如图 1-22b 和图 1-22d 所示。

在选用时间继电器时应根据控制要求选择其延时方式，然后再根据延时范围和精度选择时间继电器的类型。

（4）速度继电器

速度继电器又叫反接制动继电器。它的作用是对电动机实行反接制动控制，广泛运用于机床控制电路中。常用速度继电器有 JY1 和 JFZ0 两个系列，JY1 系列速度继电器的外形、结构和图形符号如图 1-23 所示。它主要由用永久磁铁制成的转子、用硅钢片叠成的铸有笼形线圈组成的定子、支架、胶木摆杆和触点系统等组成。转子与被控制电动机的转轴相接。

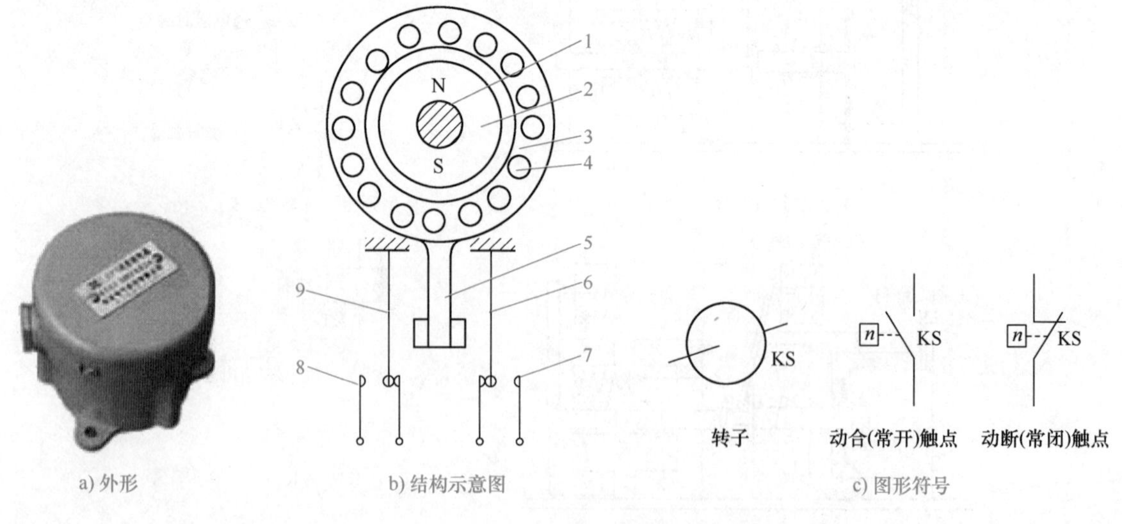

图 1-23　JY1 系列速度继电器的外形、结构和图形符号

1—转轴　2—转子　3—定子　4—线圈　5—摆锤　6、9—簧片　7、8—静触点

需要电动机制动时，被控制电动机带动速度继电器转子转动，该转子的旋转磁场在速度继电器定子线圈中感应出电动势和电流。通过左手定则可判断，此时定子受到与转子相同的电磁转矩的作用，使定子和转子向着同一方向转动。定子上固定有胶木摆杆，胶木摆杆亦随着定子转动，并推动簧片（端部有动触点）断开动断（常闭）触点，切断电动机正转电路，接通电动机反转电路而完成反接制动。这里的静触点起挡块作用，它限制着定子只能转动一个不大的角度。

JY1 型速度继电器可在 700 ~ 3600 r/min 范围工作；JFZ0-1 型速度继电器适用于 300 ~ 1000r/min，JFZ0-2 型适用于 1000 ~ 3000r/min。

一般速度继电器都具有两对转换触点，一对用于正转时动作，另一对用于反转时动作。触点额定电压为 380V，额定电流为 2A。通常速度继电器动作转速为 120r/min，复位转速在 100r/min 以下。

7. 主令电器

主令电器是指在电气自动控制系统中用来发出信号指令的电器。它的信号指令将控制继电器、接触器和其他电器的动作，接通和分断被控制电路，以实现对电动机和其他生产机械的远距离控制。目前在生产中用得最广泛而结构又比较简单的主令电器有按钮和位置开关两种。

（1）按钮

按钮是一种手动控制电器。它只能短时接通或分断 5A 以下的小电流电路，以指令性的电信号去控制其他电器动作。由于按钮载流量小，因此不能直接用它控制主电路的通断。

按钮主要由按钮帽、复位弹簧、触点、接线桩及外壳等组成。其种类很多，常用的有 LA2、LA18、LA19 及 LA20 等系列。其中 LA19 系列按钮的外形、结构和图形符号如图 1-24 所示。

按钮的选用应根据使用场合、被控制电路所需触点数目及按钮帽的颜色等方面综合考虑。使用前，应检查按钮帽弹性是否正常，动作是否自如，触点接触是否良好、可靠。由于按钮触点之间距离较小，因此当有油污和其他脏物时容易造成短路，应注意保持触点及导电部位的清洁。

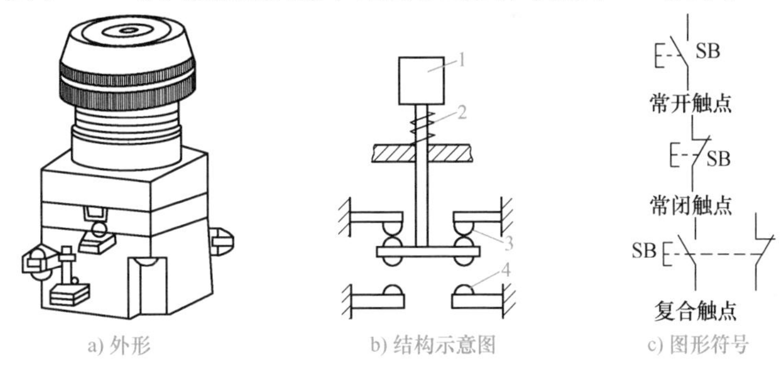

a) 外形　b) 结构示意图　c) 图形符号

图 1-24　LA19 系列按钮的外形、结构和图形符号

1—按钮帽　2—复位弹簧　3—动断（常闭）触点　4—动合（常开）触点

按钮安装在面板上时，应布置合理，排列整齐。可根据生产机械或起动工作的先后顺序，从上到下或从左到右依次排列。如果它们有集中工作状态，如上、下，前、后，左、右及松、紧等，应把每一组相反状态的按钮放在一起。在面板上安装按钮时应牢固；停止按钮用红色，起动按钮用绿色或黑色。

（2）位置开关

位置开关的作用与按钮相同，只是其触点的动作不是靠手动操作，而是利用生产机械某些运动部件上的挡铁碰撞其滚轮或操作杆，使触点动作来实现接通或分断电路。

位置开关有两种类型：直动式（按钮式）和滚轮式。两者结构基本相同，由操作头、传动系统、触点系统和外壳组成，主要区别在传动系统。当运动机构的挡铁压到位置开关的滚轮上时，转动杠杆连同转轴一起转动，凸轮撞动撞块使得动断（常闭）触点断开，动合（常开）触点闭合。挡铁移开后，复位弹簧使其复位。图1-25为直动式位置开关的结构示意图。位置开关的图形符号和文字符号如图1-26所示。

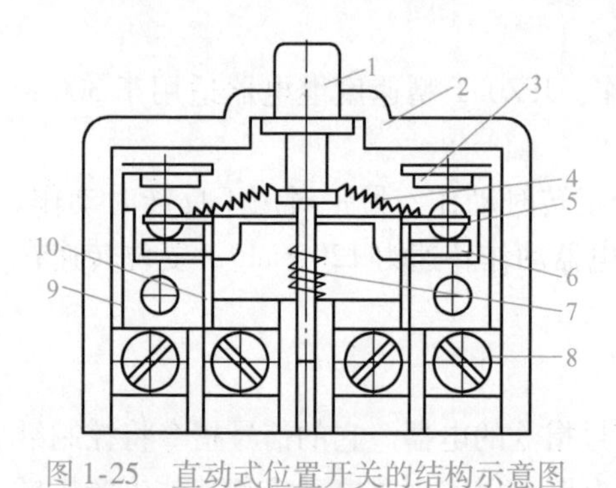

图1-25 直动式位置开关的结构示意图

1—顶杆 2—外壳 3—静触点 4—触点弹簧 5—动触点 6—静触点 7—复位弹簧 8—螺钉和压板 9—动合（常开）静触点 10—动断（常闭）静触点

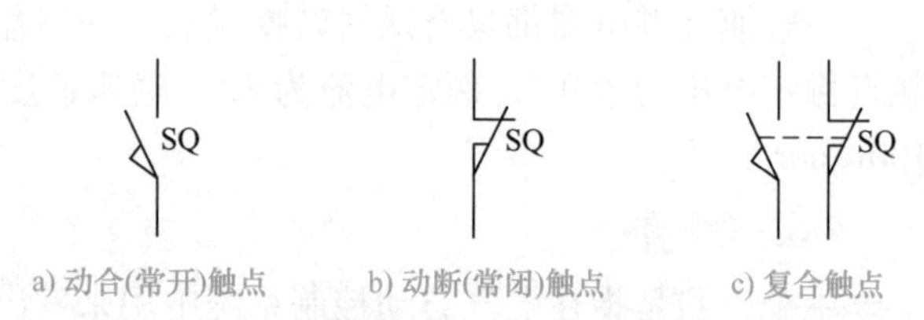

图1-26 位置开关的图形符号和文字符号

位置开关应根据被控制电路的特点、要求及生产现场条件和触点数量等因素选用。

知识点2 常用低压电器的常见故障和维修方法

低压电器经过长期使用或使用不当，均会造成损坏，必须及时进行维修，以保证电力拖动或自动控制系统良好、可靠地工作。为此，有必要掌握常用低压电器的常见故障分析与处理方法。常用低压电器品种较多，其常见故障有整体故障和零部件故障。这里只介绍接触器、热继电器和低压断路器常见故障的现象、原因和处理方法，见表1-15～表1-17。

电磁式控制继电器常见故障与处理方法可参考接触器常见故障与处理方法部分。

表1-15 接触器常见故障与处理方法

故障现象	造成原因	处理方法
吸不上或吸力不足（触点已闭合而铁心尚未完全闭合）	1. 电源电压过低 2. 操作回路电源容量不足或断线，配线错误及触点接触不良 3. 线圈参数与使用技术条件不符 4. 接触器受损，如线圈断线或烧坏、机械可动部分被卡住、转轴生锈或歪斜等 5. 触点弹簧压力与超程过大	1. 调整电源电压至额定值 2. 增加电源容量，更换电路，修理触点 3. 更换线圈 4. 更换线圈，排除卡住故障，修理受损零件 5. 按要求调整触点参数
触点不释放或释放缓慢	1. 触点弹簧压力过小 2. 触点熔焊 3. 机械可动部分被卡住，转轴生锈或歪斜 4. 弹簧损坏，铁心极面有油污或尘埃沾着 5. E形铁心当寿命终了时，因去磁气隙消失，剩磁增大，使铁心不释放	1. 调整触点弹簧压力 2. 排除熔焊故障，修理或更换触点 3. 排除卡住现象，修理受损零件 4. 更换弹簧，清理铁心极面 5. 更换铁心

（续）

故障现象	造成原因	处理方法
电磁噪声大	1. 电源电压过低 2. 触点弹簧压力过大 3. 电磁系统歪斜或机械上卡住，使铁心不能吸平 4. 极面生锈或油垢、尘埃等异物侵入铁心极面 5. 短路环断裂 6. 铁心极面磨损过度而不平	1. 调整电源电压至额定值 2. 调整触点弹簧压力 3. 排除歪斜或卡住现象 4. 清理铁心极面 5. 更换短路环 6. 更换铁心
线圈过热或烧毁	1. 电源电压过高或过低 2. 线圈参数与实际使用条件不符 3. 交流操作频率过高 4. 线圈制造缺陷或机械损伤、绝缘损坏 5. 运动部分卡阻 6. 交流铁心极面不平或中间气隙过大 7. 交流接触器派生支流操作的双线圈，因动断（常闭）联锁触点熔焊不释放，而使线圈过热 8. 使用环境条件特殊，如空气潮湿、含有腐蚀性气体或环境温度过高	1. 调整电源电压 2. 调换线圈或接触器 3. 调换合适的接触器 4. 更换线圈，排除引起机械损伤、绝缘损坏的故障 5. 排除卡阻现象 6. 清理铁心极面或更换铁心 7. 调整联锁触点参数及更换烧毁线圈 8. 采用特殊设计的线圈
触点熔焊	1. 操作频率过高或过载使用 2. 负载有短路 3. 触点弹簧压力过小 4. 触点表面有金属颗粒突起或异物 5. 操作回路电压过低或机械上卡阻，致使吸合过程中有停滞现象，触点停顿在刚接触的位置上	1. 调换合适的接触器 2. 排除短路故障，更换触点 3. 调整触点弹簧压力 4. 清理触点表面 5. 调整操作回路电压至额定值，排除机械卡阻故障，使接触器吸合可靠
触点过热或灼伤	1. 触点弹簧压力过小 2. 触点的超程太小 3. 触点上有油污，或表面高低不平、有金属颗粒突起 4. 操作频率过高或工作电流过大，触点的断开容量不够 5. 触点处于长期工作、过高环境温度中或使用在密闭的控制箱中	1. 调整触点弹簧压力 2. 调整触点超程或更换触点 3. 清理触点表面 4. 调换容量较大的接触器 5. 降容使用接触器
触点过度磨损	1. 接触器选择不当，在以下场合时容量不足：反接制动；操作频率过高 2. 三相触点动作不同步 3. 负载侧短路	1. 降容使用接触器或改用适于繁重任务的接触器 2. 调整至同步 3. 排除短路故障，更换触点
相间短路	1. 尘埃堆积或粘有水气、油垢，使绝缘变坏 2. 接触器零部件损坏（如灭弧室碎裂） 3. 可逆转换的接触器联锁不可靠，由于误操作，致使两台接触器同时投入运行而造成相间短路；或因接触器动作过快、转换时间短，在转换过程中发生电弧短路	1. 经常清理，保持清洁 2. 更换损坏元件 3. 检查电气联锁与机械联锁；在控制电路中加中间环节或调换动作时间长的接触器，延长可逆转换时间

表 1-16 热继电器常见故障与处理方法

故障现象	造成原因	处理方法
热继电器误动作	1. 整定值偏小 2. 电动机起动时间过长 3. 反复短时工作，操作次数过多 4. 强烈的冲击振动 5. 连接导线太细	1. 合理调整整定值，如继电器额定电流或热元件型号不符要求应予更换 2. 从电路上采取措施，起动过程中使热继电器短接 3. 调换合适的热继电器 4. 选用带防冲装置的专用热继电器 5. 调换合适的连接导线

（续）

故障现象	造成原因	处理方法
热继电器不动作	1. 整定值偏大 2. 触点接触不良 3. 热元件烧断或脱掉 4. 运动部分卡阻 5. 导板脱出 6. 连接导线太粗	1. 合理调整整定值，如热继电器额定电流或热元件号不符合要求应予更换 2. 清理触点表面 3. 更换热元件或补焊 4. 排除卡阻现象，但用户不得随意调整，以免造成动作特性变化 5. 重新放入，推动几次看其动作是否灵活 6. 调换合适的连接导线
热元件烧断	1. 负载侧短路，电流过大 2. 反复短时工作，操作次数过多 3. 机械故障，在起动过程中热继电器不能动作	1. 检查电路，排除短路故障及更换热元件 2. 调换合适的热继电器 3. 排除机械故障及更换热元件

表 1-17 低压断路器常见故障与处理方法

故障现象	造成原因	处理方法
手动操纵断路器，触点不能闭合	1. 失电压脱扣器无电压或线圈烧坏 2. 储能弹簧变形，导致闭合力减小 3. 反作用弹簧力过大 4. 机构不能复位再扣	1. 加上电压或更换线圈 2. 更换储能弹簧 3. 重新调整 4. 调整脱扣器至规定值
电动操纵断路器，触点不能闭合	1. 电源电压不符或容量不够 2. 电磁铁拉杆行程不够 3. 电动机操作定位开关失灵 4. 控制器中整流管或电容器损坏	1. 更换电源 2. 重新调整或更换拉杆 3. 重新调整 4. 更换整流管或电容器
触点闭合后断相	1. 断路器一相连杆断裂 2. 限流断路器拆开机构的可拆连杆之间的角度变大 3. 锁扣杆不到位	1. 更换连杆 2. 调整角度至原技术条件规定值 3. 调整连杆在方轴部位的锁扣杆角度
分励脱扣器不能使断路器分断	1. 线圈短路 2. 电压电源过低 3. 脱扣器整定值太大	1. 更换线圈 2. 调整电源电压至额定值 3. 重新调整脱扣值或更换断路器
欠电压脱扣器不能使断路器分断	1. 弹簧力变小 2. 若属储能释放，则储能弹簧力变小 3. 机构卡死	1. 调整弹簧 2. 调整储能弹簧 3. 消除卡死原因
起动电动机时，断路器立即分断	1. 过电流脱扣器瞬时整定电流太小 2. 空气式脱扣器阀门失灵或橡胶膜破裂	1. 调整过电流脱扣器瞬时整定电流 2. 修复阀门或更换橡胶膜
断路器工作一段时间后分断	1. 电流脱扣器长延时整定值不符 2. 热元件或半导体延时电路元件损坏	1. 重新调整 2. 更换热元件或延时电路元件
欠电压脱扣器噪声大	1. 弹簧力太大 2. 铁心工作面有污物 3. 短路环断裂 4. 连接导线紧固螺钉松动	1. 调整弹簧 2. 清除污物 3. 更换衔铁或铁心 4. 更换断路器紧固螺钉
辅助触点不通	1. 辅助开关动触桥卡死或脱落 2. 辅助开关传动杆断裂或滚轮脱落	1. 重新调整、装配 2. 更换传动杆或滚轮，或更换整只辅助开关
半导体过电流脱扣器误动作使断路器断开	1. 半导体自身故障 2. 周围强磁场引起半导体脱扣器误触发	1. 按脱扣器电路原理检查故障，并予以修复 2. 检查脱扣器误触发原因，并采取相应的屏蔽措施或改进电路

项目2

电力拖动基本电气控制电路的安装、接线与调试

项目目标

1）熟悉常用低压电器的结构、工作原理、型号规格、使用方法及其在控制电路中的作用。

2）熟悉三相交流异步电动机常用控制电路的工作原理、接线方法、调试及故障排除的技巧。

3）能够根据电气原理图绘制安装接线图，按工艺要求完成电气控制电路连接，并能进行电路的检查和故障排除。

4）面对接线过程中的困难和失败，培养沉着冷静、相互协作、坚持不懈、不达目标不轻易放弃的良好品质。

5）通过各小组接线板的展示，培养发现、感知、欣赏、评价美的意识和基本能力。

6）做好工位整理工作，培养积极的劳动态度和良好的劳动习惯。

项目任务

根据三相交流异步电动机常用电路电气原理图绘制相应的安装接线图，按工艺要求完成电气控制电路连接，并能进行电路的检查和故障排除。

实训任务2.1　三相笼型异步电动机单向起动电路的安装、接线与调试

2.1.1　实训目标

理解自锁的作用和实现方法，识读三相笼型异步电动机单向起动电路的工作原理图，完成其电路的安装、接线与调试。

2.1.2　实训内容

根据三相笼型异步电动机单向起动电路原理图绘制安装接线图，按工艺要求完成电气电路连接，并能进行电路的检查和故障排除。

2.1.3　实训工具、仪表和器材

1）工具：螺钉旋具（十字槽、一字槽），试电笔，剥线钳，尖嘴钳，钢丝钳等。

2）仪表：万用表（数字或模拟的均可）。

3）器材：低压断路器1个，熔断器4个，交流接触器1个，热继电器1个，按钮2个（红、绿各1个）或组合按钮1个（按钮数2~3个），接线端子板1个（20段左右），三相交流异步电动机1台，安装网孔板1块和导线若干。

注：本项目各任务所选用交流接触器线圈额定电压均为220V。

2.1.4　实训指导

1. 识读电路图

三相笼型异步电动机单向起动电路原理图如图2-1所示。明确电路中所用的元器件及其作用，熟悉电路的工作原理；熟悉起动按钮和停止按钮的结构特点和动作原理；理解接触器自锁触点的作用及接触器自锁的欠电压、失电压保护功能；理解热继电器过载保护的原理和热继电器的接线要求。

2. 检测元器件

按照图2-1所示配齐所需的元器件，并进行必要的检测。

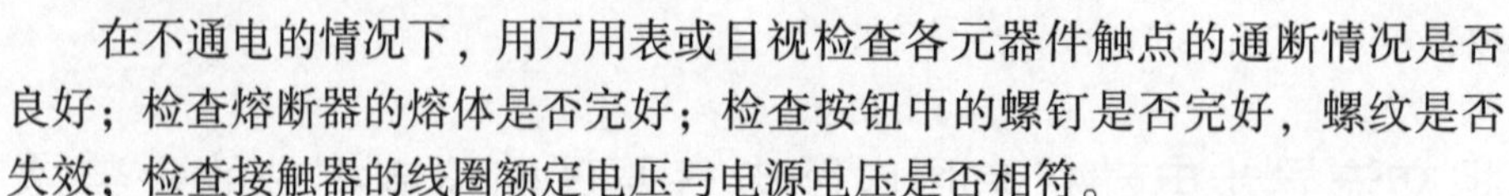

在不通电的情况下，用万用表或目视检查各元器件触点的通断情况是否良好；检查熔断器的熔体是否完好；检查按钮中的螺钉是否完好，螺纹是否失效；检查接触器的线圈额定电压与电源电压是否相符。

3. 安装与接线

（1）绘制元器件布置图和安装接线图

根据图2-1绘出电动机单向起动电路的元器件布置图和安装接线图，如图2-2所示。

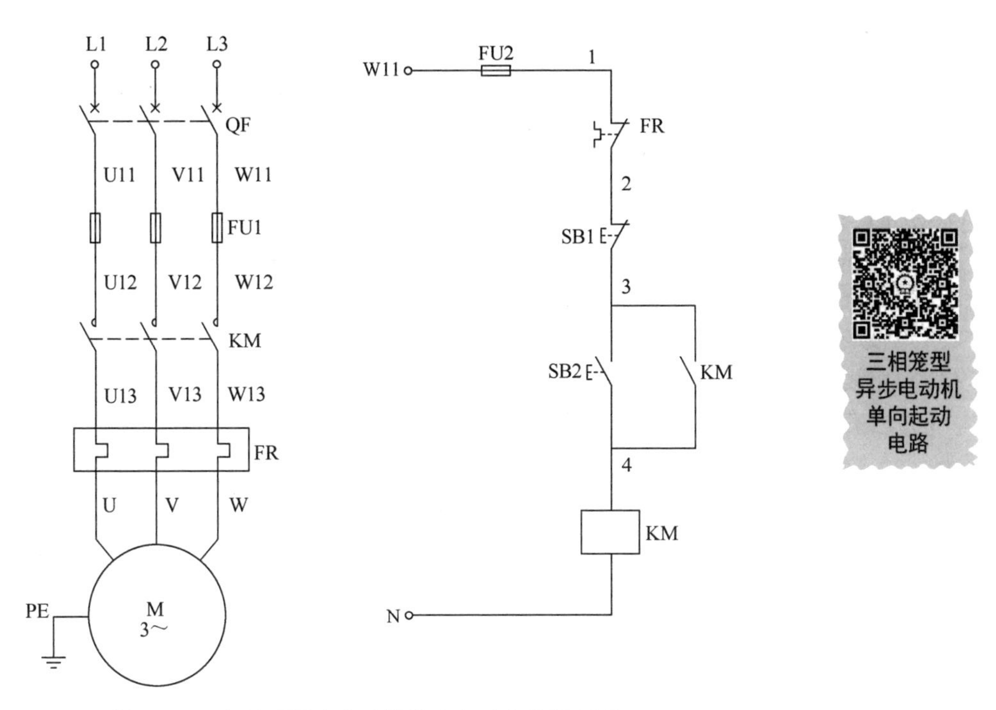

图 2-1 三相笼型异步电动机单向起动电路原理图

在控制板上进行元器件的布置与安装时，各元器件的安装位置应整齐、匀称、间距合理，便于元器件的更换。紧固各元器件时要用力均匀。在紧固熔断器、接触器等易碎元器件时，应用手按住元器件，一边轻轻摇动，一边用螺钉旋具轮流旋紧对角线上的螺钉，直至手感觉摇不动后再适度旋紧一些即可。

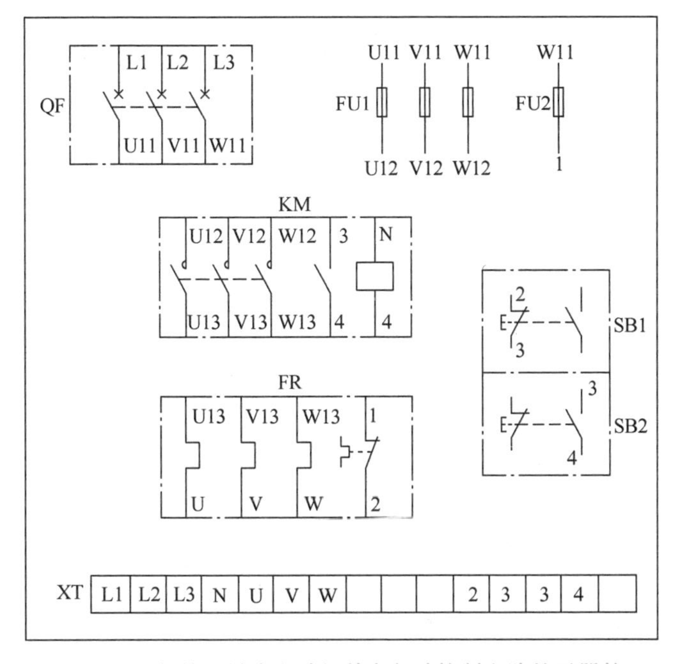

图 2-2 三相笼型异步电动机单向起动控制电路的元器件布置图和安装接线图

（2）接线

由安装接线图进行板前明线布线，板前明线布线的工艺要求如下：

1）布线通道尽可能地少，同路并行导线按主电路、控制电路分类集中，单层密排，紧贴安装面布线。

2）同一平面的导线应高低一致或前后一致，走线合理，不能交叉或架空。

3）对螺栓式接线端子，导线连接时应打钩圈，并按顺时针旋转；对瓦片式接线端子，导线连接时直线插入接线端子固定即可。导线连接不能压绝缘层，也不能露铜过长。

4）布线应横平竖直，分布均匀，变换走向时应垂直。

5）布线时严禁损伤线芯和导线绝缘。

6）所有从一个接线端子（或接线桩）到另一个接线端子的导线必须完整，中间无接头。

7）一个元器件接线端子上的连接导线不得多于两根。

8）进出线应合理汇集在端子板上。

（3）检查布线

根据安装接线图检查控制板布线是否正确。

（4）安装电动机

根据安装接线图安装电动机。

（5）安装接线注意事项

1）按钮接线时，用力不可过猛，以防螺钉打滑。

2）按钮内部的接线不要接错，起动按钮必须接动合（常开）触点（可用万用表的电阻档判别）。

3）接触器的自锁触点应并接在起动按钮的两端；停止按钮应串接在控制电路中。

4）热继电器的热元件应串接在主电路中，其动断（常闭）触点应串接在控制电路中，两者缺一不可，否则不能起到过载保护作用。

5）电动机外壳必须可靠接 PE（保护接地）线。

4. 不通电测试、通电测试及故障排除

（1）不通电测试

1）按电气原理图或安装接线图从电源端开始，逐段核对接线及接线端子处是否正确，有无漏接、错接之处。检查导线接线端子是否符合要求，压接是否牢固。

2）用万用表检查电路的通断情况。检查时，应选用倍率适当的电阻档，并进行校零，以防短路故障发生。

检查控制电路时（可断开主电路），可将万用表表笔分别搭在 FU2 的进线端和中性线上（W11 和 N），此时读数应为“∞”。按下起动按钮 SB2 时，读数应为接触器线圈的电阻值；压下接触器 KM 的衔铁，读数也应为接触器线圈的电阻值。

检查主电路时（可断开控制电路），可以用手压下接触器的衔铁来代替接触器得电吸合时的情况进行检查，依次测量从电源端（L1、L2、L3）到电动机出线端（U、V、W）的每一相电路的电阻值，检查是否存在开路现象。

（2）通电测试

操作相应按钮，观察各电器动作情况。

合上低压断路器 QF，引入三相电源，按下起动按钮 SB2，接触器 KM 的线圈通电，衔铁吸合，接触器的主触点闭合，电动机接通电源直接起动运转。松开 SB2 时，KM 的线圈仍可通过 KM 辅助动合（常开）触点继续通电，从而保持电动机的连续运行。

（3）故障排除

操作过程中，如果出现不正常现象，应立即断开电源，分析故障原因，仔细检查电路（用万用表），在实训老师认可的情况下才能再通电调试。

2.1.5　技能训练与成绩评定

1. 技能训练

1）在规定时间内按工艺要求完成三相笼型异步电动机单向起动电路的安装、接线，且通电试验成功。

2）安装工艺达到基本要求，线头长短适当、接触良好。

3）遵守安全规程，做到文明生产。

2. 成绩评定

（1）安装、接线（30 分）

安装、接线的考核要求及评分标准见表 2-1。

表 2-1　安装、接线的考核要求及评分标准

内　容	考核要求	评分标准	扣　分
接线端	对螺栓式接线端子，连接导线时，应打钩圈，并按顺时针旋转；对瓦片式接线端子，连接导线时，直接插入接线端子固定即可	每处错误扣 2 分	
	严禁损伤线芯和导线绝缘，接点上不能露太多铜丝	每处错误扣 2 分	
	每个接线端子上连接的导线根数一般以不超过两根为宜，并保证接线牢固	每处错误扣 1 分	
电路工艺	走线合理，做到横平竖直，整齐，各节点不能松动	每处错误扣 1 分	
	导线出线应留有一定余量，并做到长度一致	每处错误扣 1 分	
	导线变换走向要垂直，并做到高低一致或前后一致	每处错误扣 1 分	
	避免出现交叉线、架空线、缠绕线和叠压线的现象	每处错误扣 2 分	
	导线折弯应折成直角	每处错误扣 1 分	
整体布局	板面电路应合理汇集成线束	每处错误扣 1 分	
	进出线应合理汇集在端子板上	每处错误扣 1 分	
	整体走线应合理美观	酌情扣分	

（2）不通电测试（20 分，每错一处扣 5 分，扣完为止）

1）主电路测试。合上低压断路器 QF，压下接触器 KM 衔铁，使 KM 主触点闭合。使用万用表电阻档，测量从电源端到电动机出线端的每一相电路，将电阻值填入表 2-2 中。

2）控制电路测试。按下 SB2，测量控制电路两端，将电阻值填入表 2-2 中。压下接触器 KM 衔铁，测量控制电路两端，将电阻值填入表 2-2 中。

表 2-2 三相笼型异步电动机单向起动控制电路的不通电测试记录

操作步骤	主电路			控制电路（W11—N）	
	合上 QF，压下 KM 衔铁			按下 SB2	压下 KM 衔铁
	L1—U	L2—V	L3—W		
电阻值					

（3）通电测试（50 分）

在使用万用表检测后，接入电源进行通电测试。

按照顺序测试电路各项功能，每错一项扣 10 分，扣完为止。如果出现某项功能错误，则后面的功能均算错。将测试结果填入表 2-3 中。

表 2-3 三相笼型异步电动机单向起动控制电路的通电测试记录

操作步骤	合上 QF	按下 SB1	按住 SB2	松开 SB2	再次按下 SB1
电动机动作或接触器吸合情况					

提示：任务完成后拆线，整理工位，我的区域我负责。

2.1.6 思考题

1）说出本次实训所用的元器件（名称、型号、主要参数）。

2）什么是自锁控制？自锁的作用是什么？电路中如何实现自锁？试分析判断图 2-3 所示控制电路能否实现自锁控制？若不能，试说明原因，并加以改正。

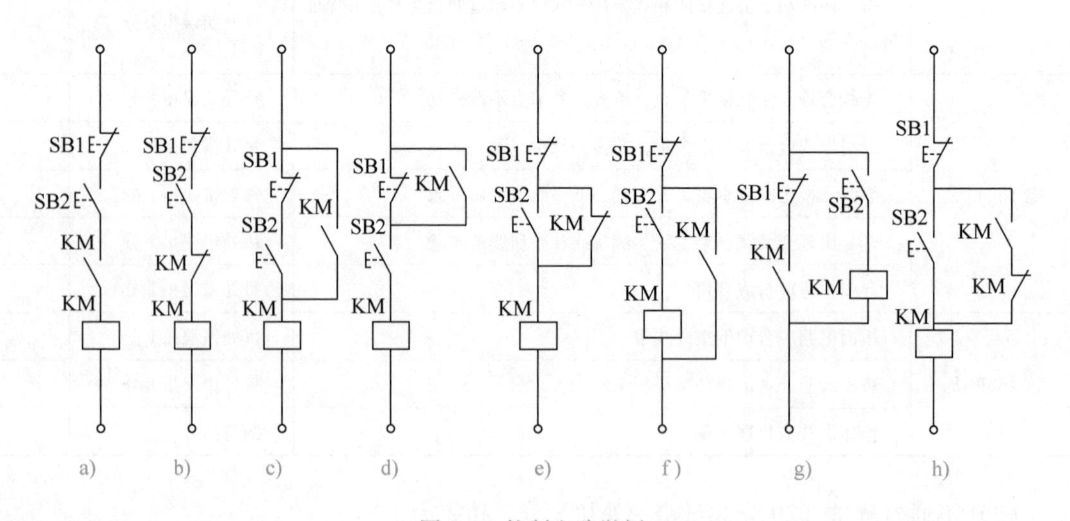

图 2-3 控制电路举例

实训任务2.2 三相笼型异步电动机电气互锁正反转控制电路的安装、接线与调试

2.2.1 实训目标

理解电气互锁的作用和实现方法，识读三相笼型异步电动机电气互锁正反转控制电路的工作原理，完成电路的安装、接线与调试。

2.2.2 实训内容

根据三相笼型异步电动机电气互锁正反转控制电路原理图绘制安装接线图，按工艺要求完成电路连接，并能进行电路的检查和故障排除。

2.2.3 实训工具、仪表和器材

1）工具：螺钉旋具（十字槽、一字槽），试电笔，剥线钳，尖嘴钳，老虎钳等。

2）仪表：绝缘电阻表，万用表。

3）器材：组合开关或低压断路器 1 个，熔断器 4 个，交流接触器 2 个，热继电器 1 个，按钮 3 个（红、绿、黑各 1 个）或组合按钮 1 个（按钮数 3 个），接线端子排 1 个（20 段左右），三相交流异步电动机 1 台，安装网孔板和导线若干。

2.2.4 实训指导

1. 识读电路图

三相笼型异步电动机电气互锁正反转控制控制电路原理图如图 2-4 所示，明确电路中所用元器件及作用，熟悉其工作原理，理解电气互锁的原理、实现方法和作用。

电路中采用两个接触器 KM1 和 KM2，当 KM1 主触点接通时，三相电源按 L1—L2—L3 相序接入电动机；而当 KM2 主触点接通时，三相电源按 L3—L2—L1 相序接入电动机。所以当两个接触器分别工作时，电动机的旋转方向相反。

电路要求接触器 KM1 和 KM2 线圈不能同时通电，否则它们的主触点同时闭合，将造成 L1、L3 两相电源短路，为此在 KM1 和 KM2 线圈各自支路中相互串接了对方的一对常闭辅助触点，以保证 KM1 和 KM2 线圈不会同时通电。KM1 和 KM2 这两对常闭辅助触点在电路中所起的作用称为电气互锁。

2. 检测元器件

按照图 2-4 所示配齐所需元器件，并进行必要的检测。

在不通电的情况下，用万用表或目视检查各元器件各触点的分合情况是否良好；用手感觉熔断器在插拔时的松紧度，及时调整瓷盖夹片的夹紧度；检查按钮中的螺钉是否完好，是否滑丝；检查接触器的线圈电压与电源电压是否相符。

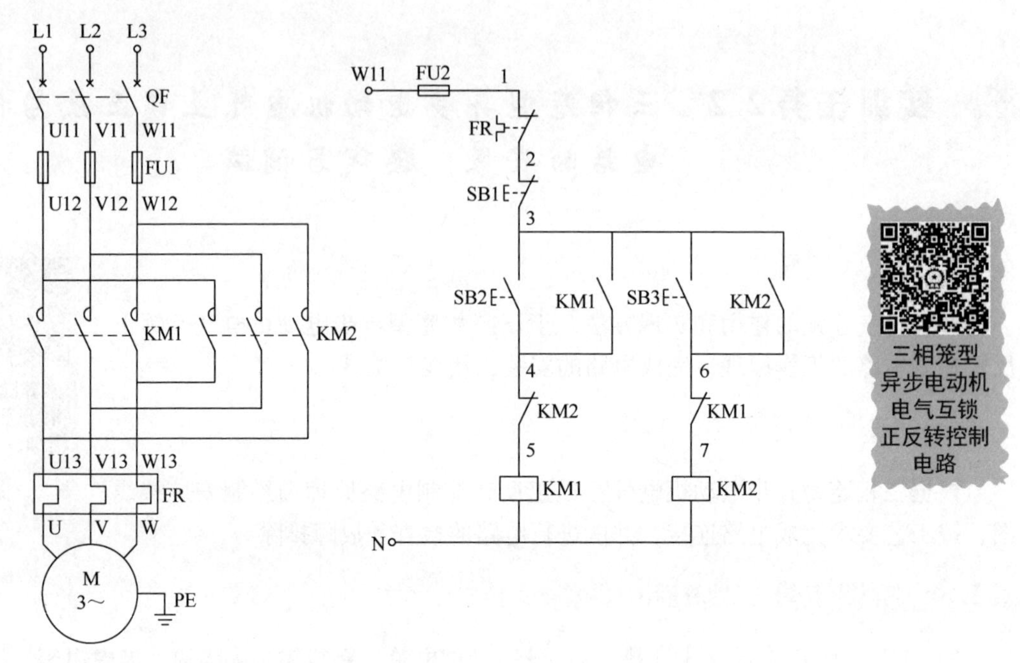

图 2-4　三相笼型异步电动机电气互锁正反转控制电路原理图

3. 安装与接线

(1) 绘制元器件布置图和安装接线图

根据图 2-4 绘出三相笼型异步电动机电气互锁正反转控制电路的元器件布置图和安装接线图，如图 2-5 所示。

(2) 接线

安装步骤及工艺要求与实训任务 2.1 中相同，此处不再重述。

(3) 安装接线注意事项

1) 按钮接线时，用力不可过猛，以防螺钉打滑。

2) 按钮内部的接线不要接错，起动按钮选用绿色或黑色按钮，必须接常开触点；停止按钮选用红色按钮，必须接常闭触点（可用万用表的欧姆档判别）。

3) 电路中两组接触器的主触点必须换相，图 2-5 中的出线端反相，否则不能反转。

4. 不通电测试、通电测试及故障排除

(1) 不通电测试

1) 按电气电路原理图或安装接线图从电源端开始，逐段核对接线及接线端子处是否正确，有无漏接、错接之处。检查导线接线端子是否符合要求，压接是否牢固。

2) 用万用表检查线路的通断情况。检查时，应选用倍率适当的电阻档，并进行校零，以防短路故障发生。

检查控制电路时（可断开主电路），可将万用表表笔分别搭在 FU2 的出线端和中性线上（即 W11 和 N），此时读数应为“∞”。按下正转起动按钮 SB2 或反转起动按钮 SB3，读数应为接触器 KM1 或 KM2 线圈的电阻值；用手压住（压下不放）KM1 或 KM2 的衔铁，使 KM1 或 KM2 的常开触点闭合，读数也应为接触器 KM1 或 KM2 线圈的电阻值。同时按下 SB2 和 SB3，或者同时压住 KM1 和 KM2 的衔铁，万用表读数应为“∞”。

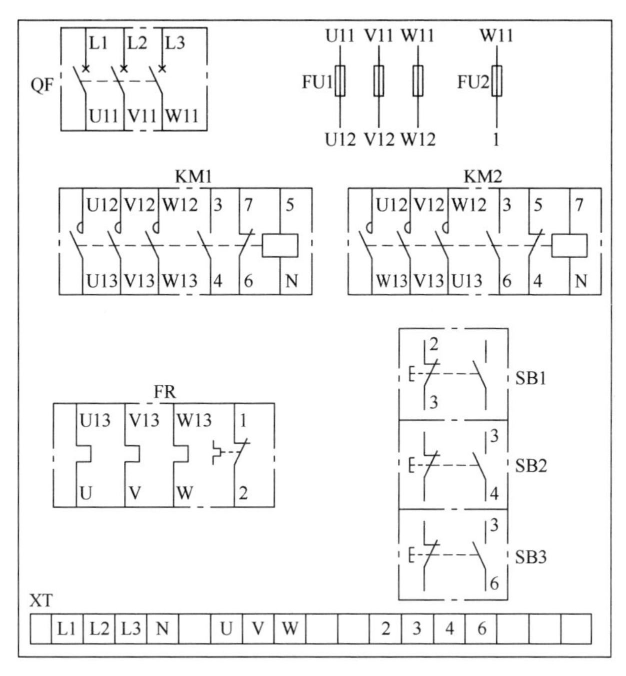

图 2-5　三相笼型异步电动机电气互锁正反转控制电路的元器件布置图和安装接线图

检查主电路时（可断开控制电路），可以用手压住接触器的衔铁来代替接触器得电吸合时的情况进行检查，依次测量从电源端（L1、L2、L3）到电动机出线端（U、V、W）间每一相线路的电阻值，检查是否存在开路现象。

接线提示：主电路接线时，注意交换相序。

（2）通电测试

通电测试，操作相应按钮，观察电器动作情况。

合上低压断路器 QF，引入三相电源，按下正转起动按钮 SB2，KM1 线圈得电吸合并自锁，电动机正向起动运转；按下停止按钮 SB1，KM1 线圈断电，再按下反转起动按钮 SB3，KM2 线圈得电吸合自锁，电动机反向起动运转；同时按下 SB2 和 SB3，KM1 和 KM2 线圈都不吸合，电动机不转。按下停止按钮 SB1，电动机停止。

（3）故障排除

操作过程中，如果出现不正常现象，应立即断开电源，分析故障原因，仔细检查线路（用万用表），在实训老师认可的情况下才能再通电调试。

2.2.5　技能训练与成绩评定

1. 技能训练

1）在规定时间内按工艺要求完成三相笼型异步电动机电气互锁正反转控制电路的安装、接线，且通电试验成功。

2）安装工艺达到基本要求，线头长短适当、接触良好。

3）遵守安全规程，做到文明生产。

2. 成绩评定

(1) 安装、接线 (30 分)

安装、接线的考核要求及评分标准见表 2-1。

(2) 不通电测试 (20 分)

1) 主电路测试。使用万用表电阻档，合上低压断路器，压下接触器 KM1 (或 KM2) 的衔铁，使 KM1 (或 KM2) 的主触点闭合，测量从电源端 (L1、L2、L3) 到电动机出线端 (U、V、W) 间每一相电路，将电阻值填入表 2-4 中。(10 分，每错一处扣 2 分，扣完为止)

2) 控制电路测试。按下 SB2 按钮，测量控制电路两端，将电阻值填入表 2-4 中。按下 SB3 按钮，测量控制电路两端，将电阻值填入表 2-4 中。用手压下接触器 KM1 衔铁，测量控制电路两端，将电阻值填入表 2-4 中。用手压下接触器 KM2 衔铁，测量控制电路两端，将电阻值填入表 2-4 中。(10 分，每错一处扣 4 分，扣完为止)

表 2-4 三相笼型异步电动机电气互锁正反转控制电路的不通电测试记录

	主电路						控制电路两端 (W11—N)			
操作步骤	压住 KM1 衔铁			压住 KM2 衔铁			按下 SB2	按下 SB3	压下 KM1 衔铁	压下 KM2 衔铁
	L1—U	L2—V	L3—W	L1—W	L2—V	L3—U				
电阻值										

(3) 通电测试 (50 分)

在使用万用表检测后，接入电源进行通电测试。

按照顺序测试电路各项功能，每错一项扣 10 分，扣完为止。如出现功能错误，则后面的功能均算错。将测试结果填入表 2-5 中。

表 2-5 三相笼型异步电动机电气互锁正反转控制电路的通电测试记录

操作步骤	合上 QF	按下 SB2	按下 SB3	按下 SB1	再次按下 SB3	按下 SB1
电动机动作或接触器吸合情况						

2.2.6 思考题

1) 用什么方法可以使三相异步电动机改变转向?

2) 什么是电气互锁? 在三相异步电动机电气互锁正反转控制电路中是如何实现的? 为什么要设置电气互锁?

3) 三相异步电动机电气互锁正反转控制电路由正转到反转时，为什么必须先按下停止按钮?

实训任务2.3 三相笼型异步电动机双重互锁正反转控制电路的安装、接线与调试

2.3.1 实训目标

理解互锁的作用和实现方法，识读三相笼型异步电动机双重互锁正反转控制电路的工作原理图，完成其电路的安装、接线与调试。

2.3.2 实训内容

根据三相笼型异步电动机双重互锁正反转控制电路原理图绘制安装接线图，按工艺要求完成电气电路连接，并能进行电路的检查和故障排除。

2.3.3 实训工具、仪表和器材

1）工具：螺钉旋具（十字槽、一字槽），试电笔，剥线钳，尖嘴钳，钢丝钳等。

2）仪表：万用表（数字或模拟的均可）。

3）器材：低压断路器1个，熔断器4个，交流接触器2个，热继电器1个，按钮3个（红、绿、黑各1个）或组合按钮1个（按钮数3个），接线端子板1个（20段左右），三相交流异步电动机1台，安装网孔板1块和导线若干。

注：本次任务所用交流接触器线圈额定电压为220V。

2.3.4 实训指导

1. 识读电路图

三相笼型异步电动机双重互锁正反转控制电路原理图如图2-6所示。明确电路中所用的元器件及其作用，熟悉电路的工作原理，理解电气互锁和按钮互锁的原理和作用。

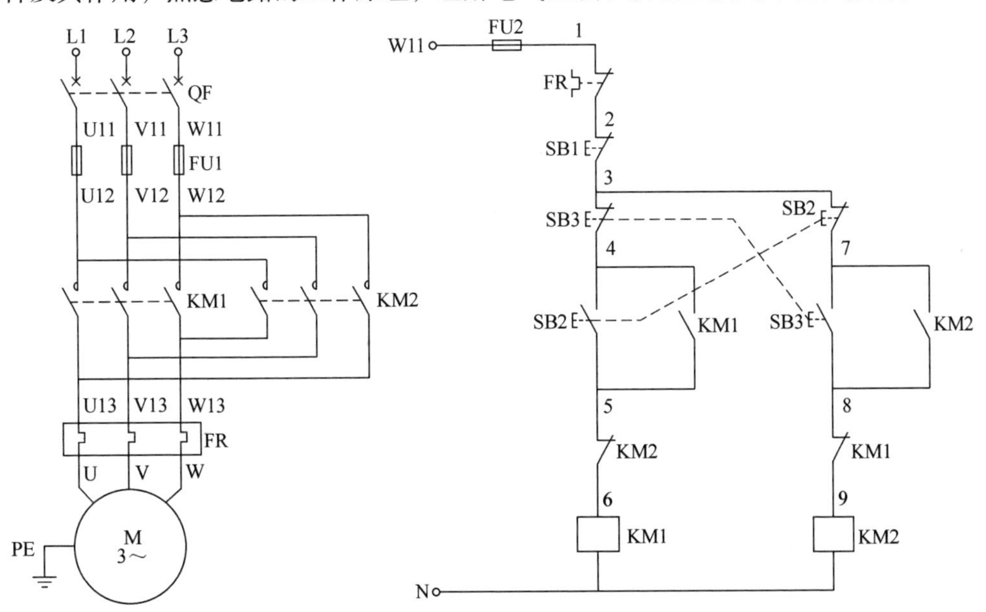

图2-6 三相笼型异步电动机双重互锁正反转控制电路原理图

电路中采用KM1和KM2两个接触器，当KM1主触点接通时，三相电源按L1—L2—L3相序接入电动机。而当KM2主触点接通时，三相电源按L3—L2—L1相序接入电动机。所以当两个接触器分别工作时，电动机的旋转方向相反。

三相笼型异步电动机按钮互锁正反转控制电路

与任务2.2相同，KM1和KM2这两对常闭辅助触点在电路中所起的作用为电气互锁，但在任务2.2中，需要电动机转向时，必须先操作停止按钮，再操作反方向起动按钮，即电路实现的是“正-停-反”的控制功能，这在某些场合下使用不方便。

实际工作中，通常要求实现电动机正反转操作的直接切换，即要求电动机正向运转时操作正向起动按钮，而此时如果要求电动机反向运转，则可以直接操作反向起动按钮，无需先按下停止按钮。因此本任务在控制电路中引入了按钮互锁的环节。将正、反转起动按钮的常闭触点串接在反、正转接触器线圈电路中，起互锁作用，这种互锁称按钮互锁，又称机械互锁。

三相笼型异步电动机双重互锁正反转控制电路

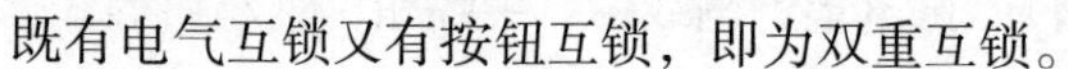

既有电气互锁又有按钮互锁，即为双重互锁。

2. 检测元器件

按照图2-6所示原理图配齐所需的元器件，并进行必要的检测。

在不通电的情况下，用万用表或目视检查各元器件触点的通断情况是否良好；检查熔断器的熔体是否完好；检查按钮中的螺钉是否完好，螺纹是否失效；检查接触器的线圈额定电压与电源电压是否相符。

3. 安装与接线

（1）绘制元器件布置图和安装接线图

根据图2-6绘出三相笼型异步电动机双重互锁正反转控制电路的元器件布置图和安装接线图，如图2-7所示。

（2）接线

安装步骤及工艺要求与实训任务2.1中相同，不再重述。

（3）安装接线注意事项

1）按钮接线时，用力不可过猛，以防螺钉打滑。

2）按钮内部的接线不要接错，起动按钮必须接动合（常开）触点（可用万用表的电阻档判别）。

3）电路中两组接触器的主触点必须换相（输出端反相），否则不能反转。

4）电动机外壳必须可靠接PE（保护接地）线。

4. 不通电测试、通电测试及故障排除

（1）不通电测试

1）按电气原理图或安装接线图从电源端开始，逐段核对接线及接线端子处是否正确，有无漏接、错接之处。检查导线接线端子是否符合要求，压接是否牢固。

2）用万用表检查电路的通断情况。检查时，应选用倍率适当的电阻档，并进行校零，以防发生短路故障。

检查控制电路时（可断开主电路），可将万用表表笔分别搭在FU2的进线端和中性线上

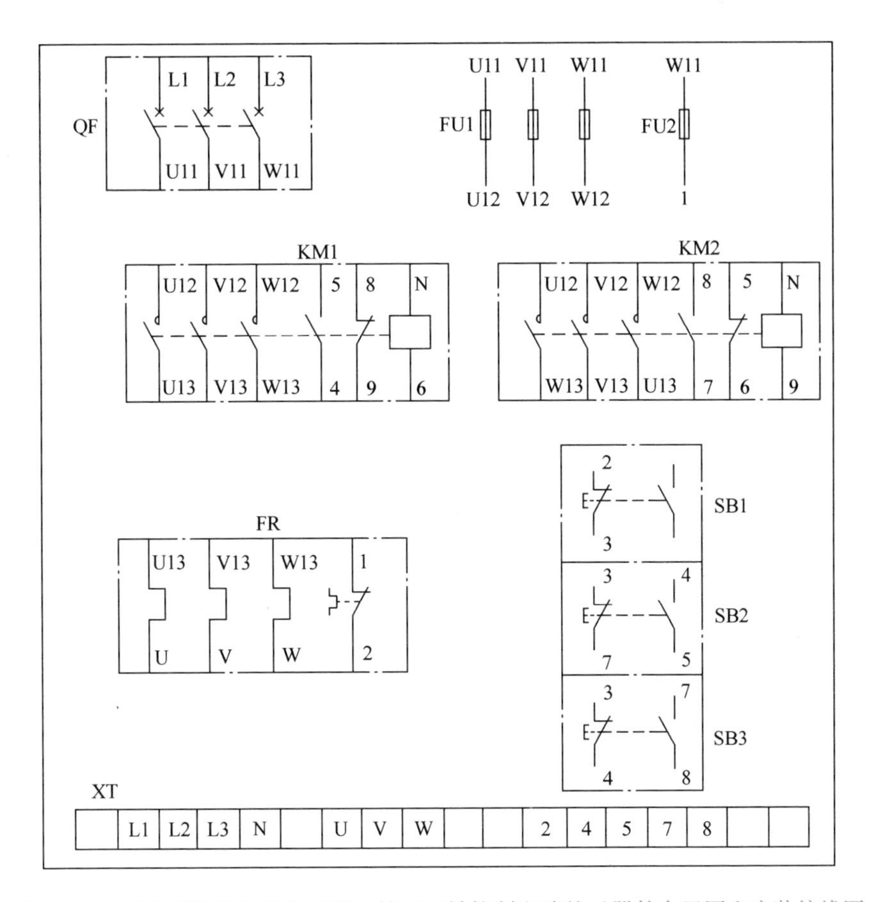

图 2-7　三相笼型异步电动机双重互锁正反转控制电路的元器件布置图和安装接线图

（W11 和 N），此时读数应为“∞”。按下正转起动按钮 SB2 或反转起动按钮 SB3，读数应为接触器 KM1 或 KM2 线圈的电阻值；用手压下 KM1 或 KM2 的衔铁，使 KM1 或 KM2 的动合（常开）触点闭合，读数也应为接触器 KM1 或 KM2 线圈的电阻值。同时按下 SB2 和 SB3，或者同时压下 KM1 和 KM2 的衔铁，万用表读数应为“∞”。

检查主电路时（可断开控制电路），可以用手压下接触器的衔铁来代替接触器得电吸合时的情况进行检查，依次测量从电源端到电动机出线端的每一相电路的电阻值，检查是否存在开路现象。

3）用绝缘电阻表检查电路的绝缘电阻，应不小于 0.5MΩ。

（2）通电测试

操作相应按钮，观察电器动作情况。

合上低压断路器 QF，引入三相电源，按下正转起动按钮 SB2，KM1 线圈得电吸合并自锁，电动机正向起动运转；按下反转起动按钮 SB3，KM2 线圈得电吸合自锁，电动机反向起动运转；同时按下 SB2 和 SB3，KM1 和 KM2 线圈都不吸合，电动机不转。按下停止按钮 SB1，电动机停止工作。

（3）故障排除

操作过程中，如果出现不正常现象，应立即断开电源，分析故障原因，仔细检查电路（用万用表），在实训老师认可的情况下才能再通电调试。

2.3.5 技能训练与成绩评定

1. 技能训练

1）在规定时间内按工艺要求完成三相笼型异步电动机双重互锁正反转控制电路的安装、接线，且通电试验成功。

2）安装工艺达到基本要求，线头长短适当、接触良好。

3）遵守安全规程，做到文明生产。

2. 成绩评定

（1）安装、接线（30分）

安装、接线的考核要求及评分标准见表2-1。

（2）不通电测试（20分，每错一处扣2分）

1）主电路测试。合上低压断路器，压下接触器KM1（或KM2）的衔铁，使KM1（或KM2）的主触点闭合，测量从电源端（L1、L2、L3）到出线端子（U、V、W）上的每一相电路，将电阻值填入表2-6中。

2）控制电路测试。按下SB2按钮，测量控制电路两端，将电阻值填入表2-6中。按下SB3按钮，测量控制电路两端，将电阻值填入表2-6中。用手压下接触器KM1衔铁，测量控制电路两端，将电阻值填入表2-6中。用手压下接触器KM2衔铁，测量控制电路两端，将电阻值填入表2-6中。

表2-6 三相笼型异步电动机双重互锁正反转控制电路的不通电测试记录

操作步骤	主电路						控制电路两端（W11—N）			
	压住KM1衔铁			压住KM2衔铁			按下SB2	按下SB3	压下KM1衔铁	压下KM2衔铁
	L1—U	L2—V	L3—W	L1—W	L2—V	L3—U				
电阻值										

（3）通电测试（50分）

在使用万用表检测后，接入电源通电测试。

按照顺序测试电路各项功能，每错一项扣10分，扣完为止。如出现某项功能错误，后面的功能均算错。将测试结果填入表2-7中。

表2-7 三相笼型异步电动机双重互锁正反转控制电路的通电测试记录

操作步骤	合上QF	按下SB2	按下SB1	按下SB2	按下SB3	按下SB1
电动机动作或接触器吸合情况						

2.3.6 思考题

什么是互锁控制？在电动机正反转控制电路中为什么必须有电气互锁？设置按钮互锁的目的又是什么？

实训任务2.4　按钮切换的星-三角减压起动电路的安装、接线与调试

2.4.1　实训目标

理解电动机减压起动的原理和电动机定子绕组星形、三角形联结方式，识读三相笼型异步电动机按钮切换的星-三角减压起动电路的工作原理图，完成其电路的安装接线与调试。

2.4.2　实训内容

根据三相笼型异步电动机按钮切换的星-三角减压起动电路原理图绘制安装接线图，按工艺要求完成电气电路连接，并能进行电路的检查和故障排除。

2.4.3　实训工具、仪表和器材

1）工具：螺钉旋具（十字槽、一字槽），试电笔，剥线钳，尖嘴钳，钢丝钳等。

2）仪表：绝缘电阻表，万用表。

3）器材：组合开关或低压断路器1个，熔断器4个，交流接触器3个，热继电器1个，按钮3个（红、绿、黑各1个）或组合按钮1个（按钮数3个），接线端子板1个（20段左右），三相交流异步电动机1台，安装网孔板1块和导线若干。

2.4.4　实训指导

1. 识读电路图

三相笼型异步电动机按钮切换的星-三角减压起动电路原理图如图2-8所示。明确电路中所用的元器件及其作用，熟悉电路的工作原理。

电动机定子绕组的星形联结与三角形联结如图2-9所示。

我国采用的电网供电电压为380V。当电动机起动时接成星形时，加在每相定子绕组上的起动电压只有三角形联结时的$1/\sqrt{3}$，即220V。

笼型异步电动机正常运行时定子绕组应作三角形联结，在起动时接成星形，则起动电压将从380V降到220V，从而减小了起动电流；待转速上升后，再改接成三角形联结，投入正常运行，这是一种最常用的减压起动。起动时绕组承受的电压是额定电压的$1/\sqrt{3}$，起动电流是三角形联结时的1/3，起动转矩也是三角形联结时的1/3。

电路中采用KM1、KM2和KM3三个接触器，当KM1主触点接通时，接入三相交流电源；当KM3主触点接通时，电动机定子绕组接成星形；当KM2主触点接通时，电动机定子绕组接成三角形。

电路要求接触器KM2和KM3线圈不能同时通电，否则它们的主触点同时闭合，将造成主电路电源短路。为此在KM2和KM3线圈各自支路中相互串接了对方的一个动断（常闭）辅助触点，以保证KM2和KM3线圈不会同时通电。KM2和KM3这两个辅助动断（常闭）触点在电路中所起的作用，也称为电气互锁作用。

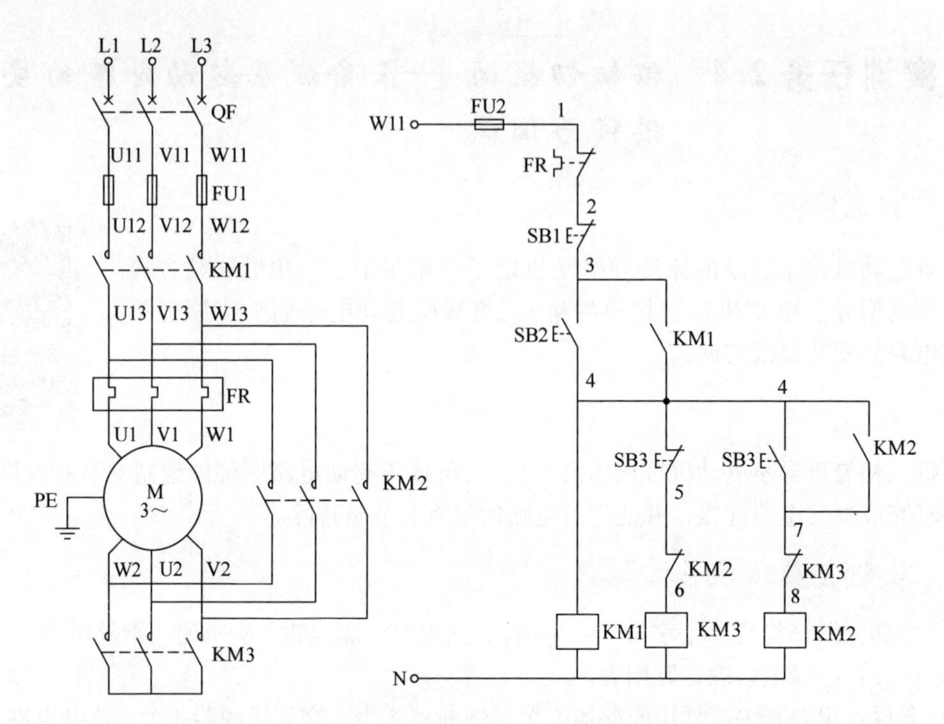

图 2-8　三相笼型异步电动机按钮切换的星-三角减压起动电路原理图

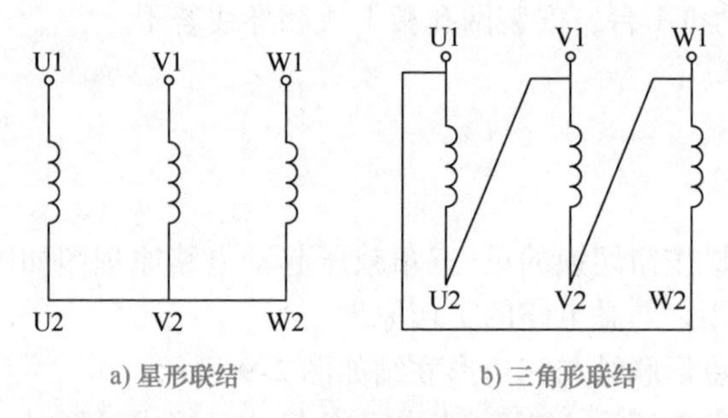

a) 星形联结　　b) 三角形联结

图 2-9　电动机定子绕组的星形联结与三角形联结

2. 检测元器件

按照图 2-8 所示配齐所需的元器件，并进行必要的检测。

在不通电的情况下，用万用表或目视检查各元器件触点的通断情况是否良好；检查熔断器的熔体是否完好；检查按钮中的螺钉是否完好，螺纹是否失效；检查接触器的线圈额定电压与电源电压是否相符。

3. 安装与接线

（1）绘制元器件布置图和安装接线图

根据图 2-8 绘出按钮切换的星-三角减压起动电路的元器件布置图和安装接线图，如图 2-10 所示。

（2）接线

安装步骤及工艺要求与实训任务 2.1 中相同，不再重述。

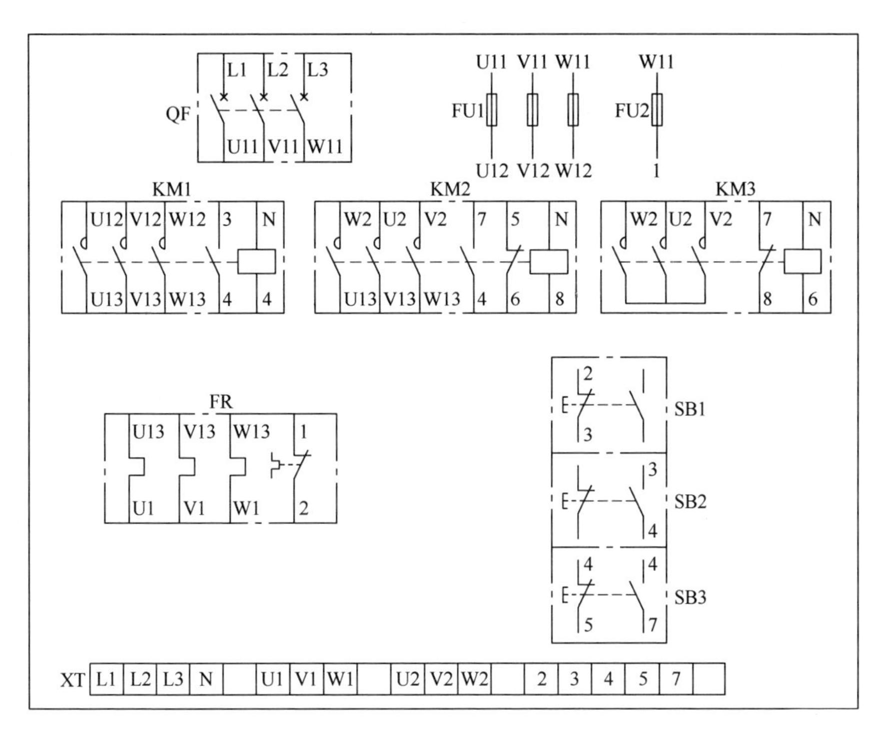

图 2-10 按钮切换的星-三角减压起动电路的元器件布置图和安装接线图

（3）安装接线注意事项

1）按钮内部的接线不要接错，起动按钮必须接动合（常开）触点（可用万用表的电阻档判别）。注意 SB3 要接成复合按钮的形式。

2）用星-三角减压起动的电动机，必须有 6 个出线端子（即要拆开接线盒内的连接片），并且定子绕组在三角形联结时的额定电压应该等于 380V。

3）接线时要保证电动机三角形联结的正确性，即接触器 KM2 主触点闭合时，应保证定子绕组的 U1 与 W2、V1 与 U2、W1 与 V2 相连接。

4）接触器 KM3 的进线必须从三相定子绕组的末端引入，若误将其从首端引入，则在 KM3 吸合时会产生三相电源短路事故。

5）电动机外壳必须可靠接 PE（保护接地）线。

4. 不通电测试、通电测试及故障排除

（1）不通电测试

1）按电气原理图或安装接线图从电源端开始，逐段核对接线及接线端子处是否正确，有无漏接、错接之处。检查导线接线端子是否符合要求，压接是否牢固。

2）用万用表检查电路的通断情况。检查时，应选用倍率适当的电阻档，并进行校零，以防短路故障发生。

检查控制电路时（可断开主电路），可将万用表表笔分别搭在 FU2 的进线端和中性线上（W11 和 N），此时读数应为“∞”。按下起动按钮 SB2，读数应为接触器 KM1 和 KM3 线圈电阻的并联值；用手压下 KM1 的衔铁，使 KM1 动合（常开）触点闭合，读数也应为接触器

KM1 和 KM3 线圈电阻的并联值。同时按下 SB2 和 SB3，或者同时压下 KM1 和 KM2 的衔铁，万用表读数应为 KM1 和 KM2 线圈电阻的并联值。

检查主电路时（可断开控制电路），可以用手压下接触器 KM1 的衔铁来代替接触器得电吸合时的情况。依次测量从电源端到电动机出线端的每一相电路的电阻值，检查是否存在开路现象。

3）用绝缘电阻表检查电路的绝缘电阻，不得小于 0.5MΩ。

（2）通电测试

操作相应按钮，观察电器动作情况。

合上低压断路器 QF，引入三相电源，按下按钮 SB2，接触器 KM1 和 KM3 线圈得电吸合并自锁，电动机减压起动；再按下按钮 SB3，KM3 线圈断电释放，KM2 线圈得电吸合自锁，电动机全压运行；按下停止按钮 SB1，KM1 和 KM2 线圈断电释放，电动机停止工作。

（3）故障排除

操作过程中，如果出现不正常现象，应立即断开电源，分析故障原因，仔细检查电路（用万用表），在实训老师认可的情况下才能再通电调试。

2.4.5 技能训练与成绩评定

1. 技能训练

1）在规定时间内按工艺要求完成按钮切换的星-三角减压起动电路的安装、接线，且通电试验成功。

2）安装工艺达到基本要求，线头长短适当、接触良好。

3）遵守安全规程，做到文明生产。

2. 成绩评定

（1）安装、接线（30 分）

安装、接线的考核要求及评分标准见表 2-1。

（2）不通电测试（20 分）

1）主电路测试。合上低压断路器，压下接触器 KM1 衔铁，使 KM1 的主触点闭合，测量从电源端（L1、L2、L3）到电动机出线端（U1、V1、W1）的每一相电路，将电阻值填入表 2-8 中。（10 分，每错一处扣 2 分，扣完为止）

2）控制电路测试。按下 SB2 按钮，测量控制电路两端，将电阻值填入表 2-8 中。同时按下 SB2、SB3 按钮，测量控制电路两端，将电阻值填入表 2-8 中。压下接触器 KM1 衔铁，测量控制电路两端，将电阻值填入表 2-8 中。同时压下接触器 KM1、KM2 衔铁，测量控制电路两端，将电阻值填入表 2-8 中。（10 分，每错一处扣 3 分，扣完为止）

表 2-8 按钮切换的星-三角减压起动电路的不通电测试记录

操作步骤	主电路						控制电路两端（W11—N）			
	压下 KM1 的衔铁			压下 KM1 和 KM2 衔铁			按下 SB2	按下 SB2、SB3	压下 KM1 衔铁	压下 KM1、KM2 衔铁
	L1—U1	L2—V1	L3—W1	L1—W2	L2—U2	L3—V2				
电阻值										

(3) 通电测试 (50分)

在使用万用表检测后，接入电源进行通电测试。

按照顺序测试电路各项功能，每错一项扣10分，扣完为止。如出现某项功能错误，后面的功能均算错。将测试结果填入表2-9中。

表2-9 按钮切换的星-三角减压起动电路的通电测试记录

操作步骤	合上QF	按下SB1	按下SB2	按下SB3	再次按下SB1
电动机动作或接触器吸合情况					

2.4.6 思考题

1）星-三角减压起动适合什么样的电动机？分析在起动过程中电动机绕组的联结方式。

2）电源断相时，为什么星形起动时电动机不动，到了三角形联结时，电动机却能转动(只是声音较大)？

3）星-三角减压起动时的起动电流为直接起动时的多少倍？

4）当按下SB2后，若电动机能星形起动，而一松开SB2，电动机即停转，则故障可能出在哪些地方？

5）若按下SB2后，电动机能星形起动，再按下SB3，电动机不能三角形运转，则故障可能出在哪些地方？

实训任务2.5 时间继电器控制的星-三角减压起动电路的安装、接线与调试

2.5.1 实训目标

理解减压起动的原理和电动机绕组星形、三角形联结方式，识读三相笼型异步电动机时间继电器控制的星-三角减压起动电路的工作原理图，完成其电路的安装、接线与调试。

2.5.2 实训内容

根据三相笼型异步电动机时间继电器控制的星-三角减压起动电路原理图绘制安装接线图，按工艺要求完成电气电路连接，并能进行电路的检查和故障排除。

2.5.3 实训工具、仪表和器材

1）工具：螺钉旋具（十字槽、一字槽），试电笔，剥线钳，尖嘴钳，钢丝钳等。

2）仪表：绝缘电阻表，万用表。

3）器材：组合开关或低压断路器1个，熔断器4个，交流接触器2个，热继电器1个，时间继电器1个，按钮2个（红、绿各1个）或组合按钮1个（按钮数2～3个），接线端子板1个（20段左右），三相交流异步电动机1台，安装网孔板1块和导线若干。

2.5.4　实训指导

1. 识读电路图

三相笼型异步电动机时间继电器控制的星-三角减压起动电路原理图如图 2-11 所示。明确电路中所用的元器件及其作用，熟悉电路的工作原理。

合上 QF，控制电路接上电源，KM1、KM3 主触点闭合，电动机定子绕组接成星形减压起动；KM1、KM2 主触点闭合，电动机定子绕组接成三角形全压运行。KM3、KM2 线圈得电后的切换动作由时间继电器自动控制。电路要求接触器 KM2 和 KM3 线圈不能同时通电，因此在控制电路中也设置了电气互锁。

2. 检测元器件

按照图 2-11 所示配齐所需的元器件，并进行必要的检测。

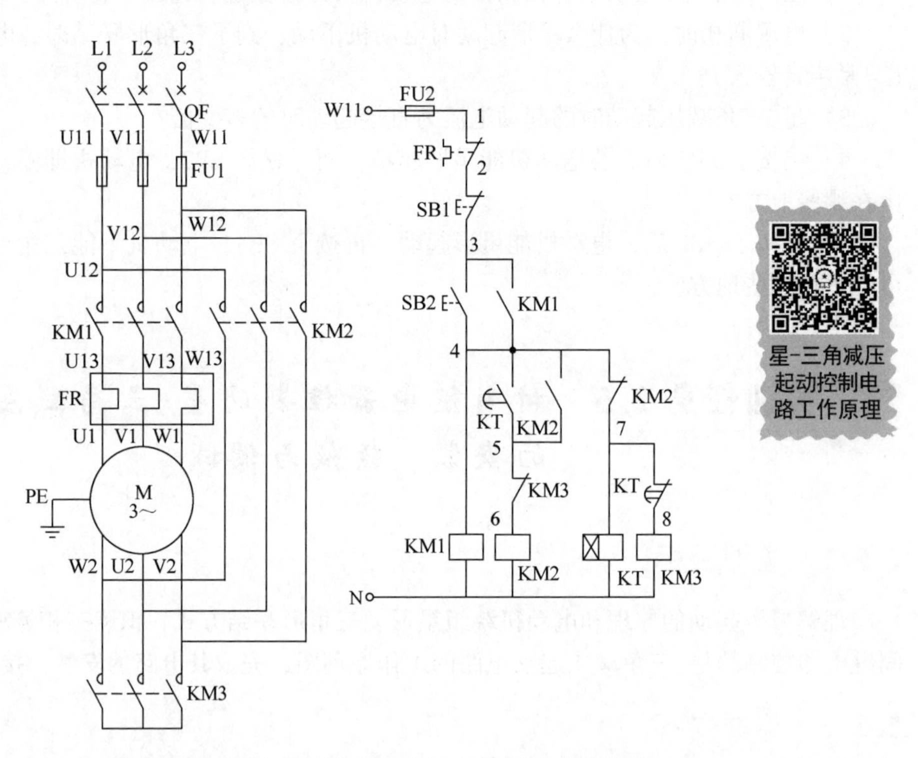

图 2-11　时间继电器控制的星-三角减压起动电路原理图

在不通电的情况下，用万用表或目视检查各元器件触点的通断情况是否良好；检查熔断器的熔体是否完好；检查按钮中的螺钉是否完好，螺纹是否失效；检查接触器的线圈额定电压与电源电压是否相符；时间继电器的动合（常开）、动断（常闭）延时触点是否动作正常。

3. 安装与接线

（1）绘制元器件布置图和安装接线图

根据图 2-11 绘出时间继电器控制的星-三角减压起动电路的元器件布置图和安装接线图，如图 2-12 所示。

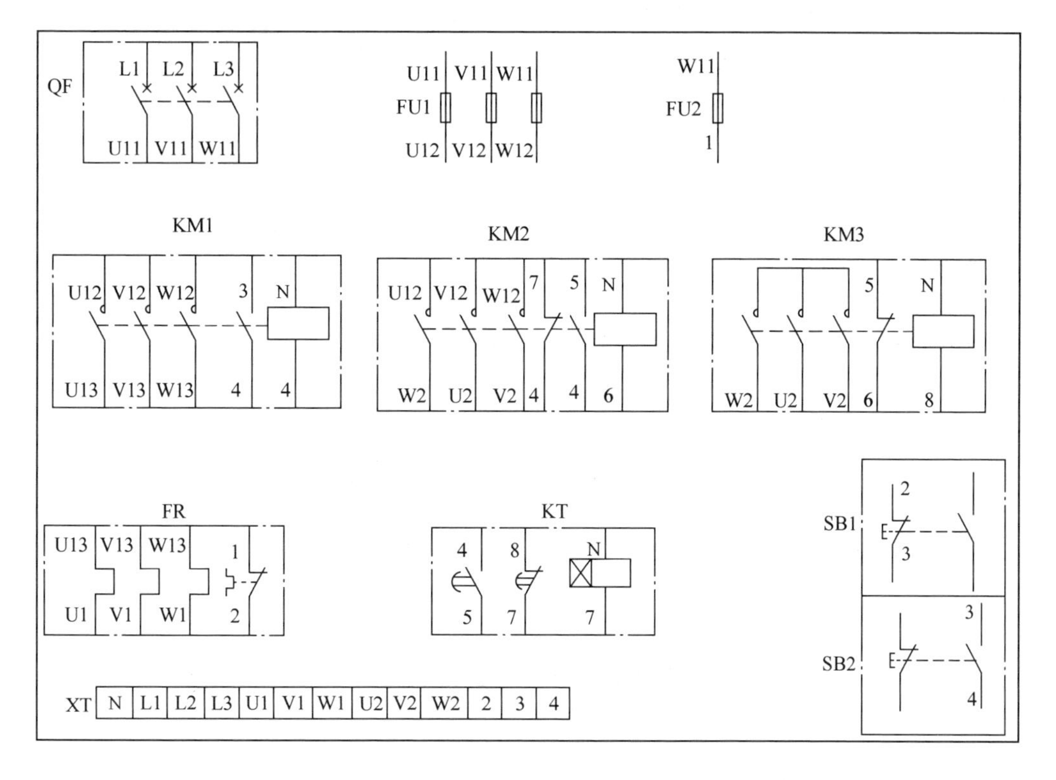

图 2-12　时间继电器控制的星-三角减压起动电路的元器件布置图和安装接线图

（2）接线

安装步骤及工艺要求与实训任务 2.1 中相同，不再重述。

（3）安装接线注意事项

1）按钮内部的接线不要接错，起动按钮必须接动合（常开）触点（可用万用表的电阻档判别）。

2）用星-三角减压起动的电动机，必须有 6 个出线端子（即要拆开接线盒内的连接片），并且定子绕组在三角形联结时的额定电压应该等于 380V。

3）接线时要保证电动机三角形联结的正确性，即接触器 KM2 主触点闭合时，应保证定子绕组的 U1 与 W2、V1 与 U2、W1 与 V2 相连接。

4）接触器 KM3 的进线必须从三相定子绕组的末端引入，若误将其从首端引入，则在 KM3 吸合时会产生三相电源短路事故。

5）电动机外壳必须可靠接 PE（保护接地）线。

4. 不通电测试、通电测试及故障排除

（1）不通电测试

1）按电气原理图或安装接线图从电源端开始，逐段核对接线及接线端子处是否正确，有无漏接、错接之处。检查导线接线端子是否符合要求，压接是否牢固。

2）用万用表检查电路的通断情况。检查时，应选用倍率适当的电阻档，并进行校零，以防短路故障发生。

检查控制电路时（可断开主电路），可用万用表表笔分别搭在FU2的进线端和中性线上（W11和N），此时读数应为“∞”。按下起动按钮SB2，读数应为接触器KM1、KM3和KT线圈电阻的并联值；用手压下KM1的衔铁，使KM1动合（常开）触点闭合，读数也应为接触器KM1、KM3和KT线圈电阻的并联值；同时压下KM1和KM2的衔铁，万用表读数应为KM1和KM2线圈电阻的并联值。

检查主电路时（可断开控制电路），可以用手压下接触器KM1的衔铁来代替接触器得电吸合时的情况，依次测量从电源端到电动机出线端子上的每一相电路的电阻值，检查是否存在开路现象。

3）用绝缘电阻表检查电路的绝缘电阻，不得小于0.5MΩ。

（2）通电测试

操作相应按钮，观察电器动作情况。

合上低压断路器QF，引入三相电源，按下按钮SB2，接触器KM1、KM3和KT线圈得电吸合自锁，电动机减压起动；延时几秒钟后，KM3线圈断电释放，KM2线圈得电吸合自锁，电动机全压运行；按下停止按钮SB1，KM1和KM2线圈断电释放，电动机停止工作。

（3）故障排除

操作过程中，如果出现不正常现象，应立即断开电源，分析故障原因，仔细检查电路（用万用表），在实训老师认可的情况下才能再通电调试。

2.5.5 技能训练与成绩评定

1. 技能训练

1）在规定时间内按工艺要求完成时间继电器控制的星-三角减压起动电路的安装、接线，且通电试验成功。

2）安装工艺达到基本要求，线头长短适当、接触良好。

3）遵守安全规程，做到文明生产。

2. 成绩评定

（1）安装、接线（30分）

安装、接线的考核要求及评分标准见表2-1。

（2）不通电测试（20分）

1）主电路测试。合上电源开关，分别压下接触器KM1衔铁、KM2衔铁和KM3衔铁，分别使KM1、KM2、KM3的主触点闭合，测量每一相电路，将电阻值填入表2-10中。（10分，每错一处扣2分，扣完为止）

2）控制电路测试。按下SB2按钮，测量控制电路两端，将电阻值填入表2-10中。压下接触器KM1衔铁，测量控制电路两端，将电阻值填入表2-10中。压下接触器KM1、KM2衔铁，测量控制电路两端，将电阻值填入表2-10中。（10分，每错一处扣4分，扣完为止）

表2-10　时间继电器控制的星-三角减压起动电路的不通电测试记录

<table>
<tr><td rowspan="3">操作步骤</td><td colspan="9">主　电　路</td><td colspan="3">控制电路两端（W11—N）</td></tr>
<tr><td colspan="3">压下KM1衔铁</td><td colspan="3">压下KM2衔铁</td><td colspan="3">压下KM3衔铁</td><td rowspan="2">按下SB2</td><td rowspan="2">压下KM1衔铁</td><td rowspan="2">压下KM1、KM2衔铁</td></tr>
<tr><td>L1—U1</td><td>L2—V1</td><td>L3—W1</td><td>L1—W2</td><td>L2—U2</td><td>L3—V2</td><td>U2—V2</td><td>V2—W2</td><td>W2—U2</td></tr>
<tr><td>电阻值</td><td></td><td></td><td></td><td></td><td></td><td></td><td></td><td></td><td></td><td></td><td></td><td></td></tr>
</table>

（3）通电测试（50分）

在使用万用表检测后，接入电源进行通电测试。

按照顺序测试电路各项功能，每错一项扣10分，扣完为止。如出现某项功能错误，后面的功能均算错。将测试结果填入表2-11中。

表2-11　时间继电器控制的星-三角减压起动电路的通电测试记录

操作步骤	合上QF	按下SB1	按住SB2	松开SB2	再次按下SB1
电动机动作或接触器吸合情况					

2.5.6　思考题

如果时间继电器的通电延时动合（常开）与动断（常闭）触点接反，电路工作状态会怎样？

实训任务2.6　双速电动机电路的安装、接线与调试

2.6.1　实训目标

理解变极调速的原理和电动机高低速时绕组的联结方式，识读按钮切换的双速电动机电路的工作原理图，完成其电路的安装、接线与调试。

2.6.2　实训内容

根据按钮切换的双速电动机电路原理图绘制安装接线图，按工艺要求完成电气电路连接，并能进行电路的检查和故障排除。

2.6.3　实训工具、仪表和器材

1）工具：螺钉旋具（十字槽、一字槽），试电笔，剥线钳，尖嘴钳，钢丝钳等。

2）仪表：绝缘电阻表，万用表。

3）器材：组合开关或低压断路器1个，熔断器4个，交流接触器3个，热继电器1个，按钮3个（红、绿、黑各1个）或组合按钮1个（按钮数3个），接线端子板1个（20段左右），三相交流异步电动机1台，安装网孔板1块和导线若干。

2.6.4　实训指导

1. 识读电路图

按钮切换的双速电动机电路原理图如图 2-13 所示。明确电路中所用的元器件及其作用，熟悉电路的工作原理。

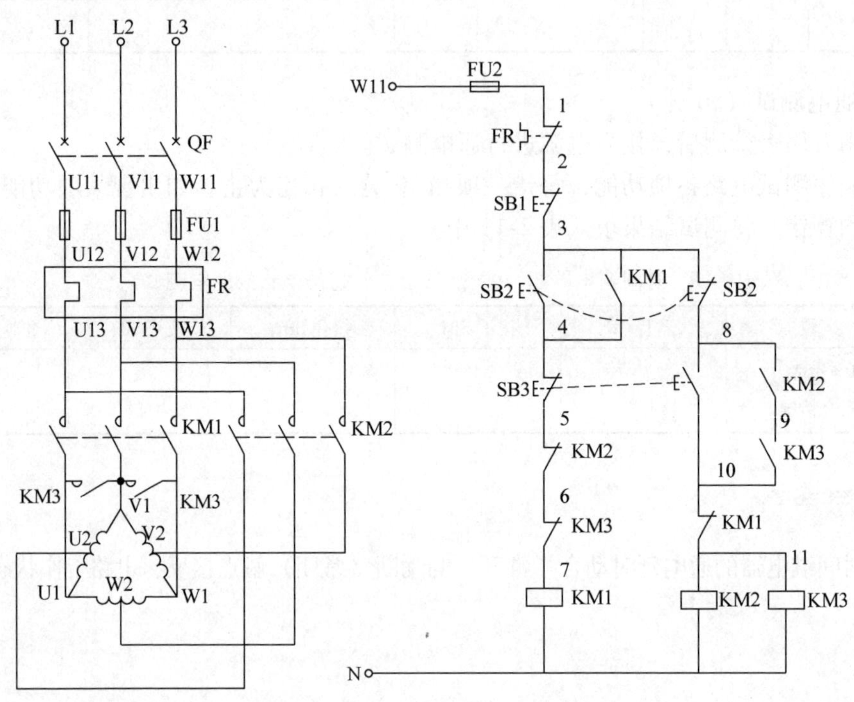

图 2-13　按钮切换的双速电动机电路原理图

双速电动机定子绕组常用的接线方式有△/YY和Y/YY两种。

图 2-14 是 4/2 极双速异步电动机定子绕组△/YY联结示意图。

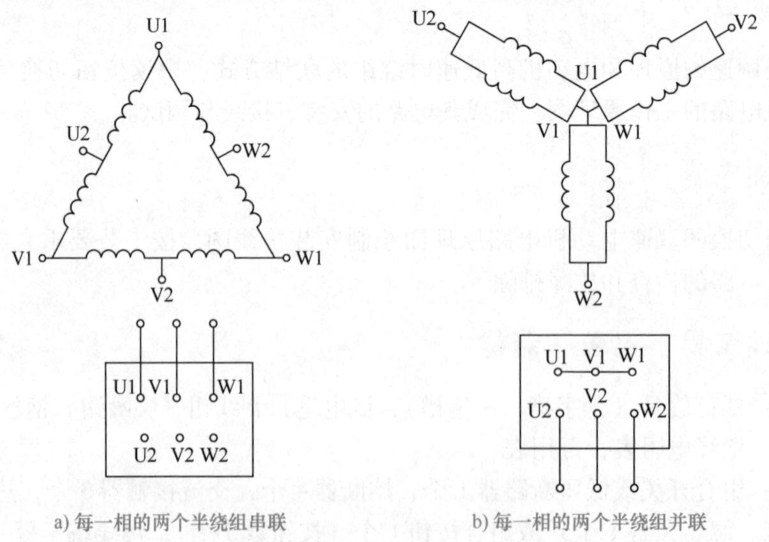

a) 每一相的两个半绕组串联　　b) 每一相的两个半绕组并联

图 2-14　4/2 极双速异步电动机定子绕组△/YY联结

△/YY接线方式的定子绕组接成三角形，3 根电源线接在接线端 U1、V1、W1 上，从每相绕组的中点引出接线端 U2、V2、W2，这样定子绕组共有六个出线端，通过改变这六个出线端与电源的连接方式，就可以得到不同的转速。

图 2-14a 将绕组的 U1、V1、W1 三个端接三相电源，将 U2、V2、W2 三个端悬空，三相定子绕组接成三角形。这时每一相的两个半绕组串联，电动机以四极运行，为低速。

图 2-14b 将 U2、V2、W2 三个端接三相电源，将 U1、V1、W1 连成一点，三相定子绕组接成双星形。这时每一相的两个半绕组并联，电动机以两极运行，为高速。

图 2-15 所示是 4/2 极双速异步电动机定子绕组Y/YY联结示意图。

Y/YY接线方式的定子绕组接成星形。图 2-15a 将绕组的 U1、V1、W1 三个端接三相电源，将 U2、V2、W2 三个端悬空，三相定子绕组接成星形。这时每一相的两个半绕组串联，电动机以四极运行，为低速。

图 2-15b 将 U2、V2、W2 三个端接三相电源，将 U1、V1、W1 连成一点，三相定子绕组接成双星形。这时每一相的两个半绕组并联，电动机以两极运行，为高速。

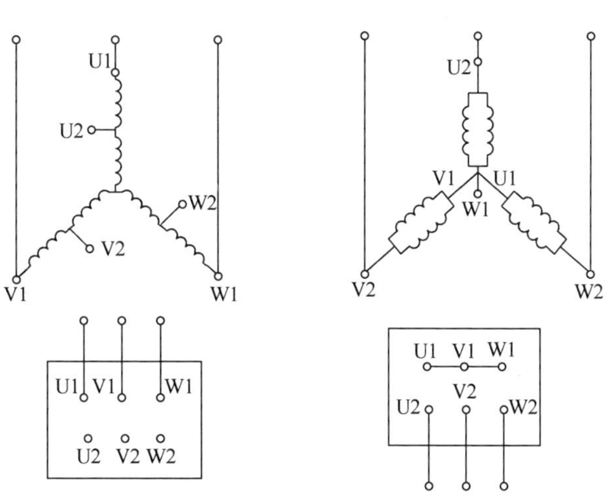

a) 每一相的两个半绕组串联　　b) 每一相的两个半绕组并联

图 2-15　4/2 极双速异步电动机定子绕组Y/YY联结

必须注意，当电动机改变磁极对数进行调速时，为保证调速前后电动机旋转方向不变，在主电路中必须交换电源相序。

在图 2-13 所示的按钮切换的双速电动机电路原理图中，双速电动机为 4/2 极△/YY联结。主电路中，当接触器 KM1 主触点闭合，KM2、KM3 主触点断开时，三相电源从接线端 U1、V1、W1 进入双速电动机定子绕组中，双速电动机绕组接成三角形联结，以四极运行，为低速。而当接触器 KM1 主触点断开，KM2、KM3 主触点闭合时，三相电源从接线端 U2、W2、V2 进入双速电动机定子绕组中，双速电动机定子绕组接成双星形联结，以两极运行，为高速。即 SB2、KM1 控制双速电动机低速运行；SB3、KM2、KM3 控制双速电动机高速运行。

2. 检测元器件

按照图 2-13 所示配齐所需的元器件，并进行必要的检测。

在不通电的情况下，用万用表或目视检查各元器件触点的通断情况是否良好；检查熔断器的熔体是否完好；检查按钮中的螺钉是否完好，螺纹是否失效；检查接触器的线圈额定电压与电源电压是否相符。

3. 安装与接线

（1）绘制元器件布置图和安装接线图

根据图 2-13 绘出按钮切换的双速电动机电路的元器件布置图和安装接线图，如图 2-16 所示。

（2）接线

安装步骤及工艺要求与实训任务 2.1 中相同，不再重述。

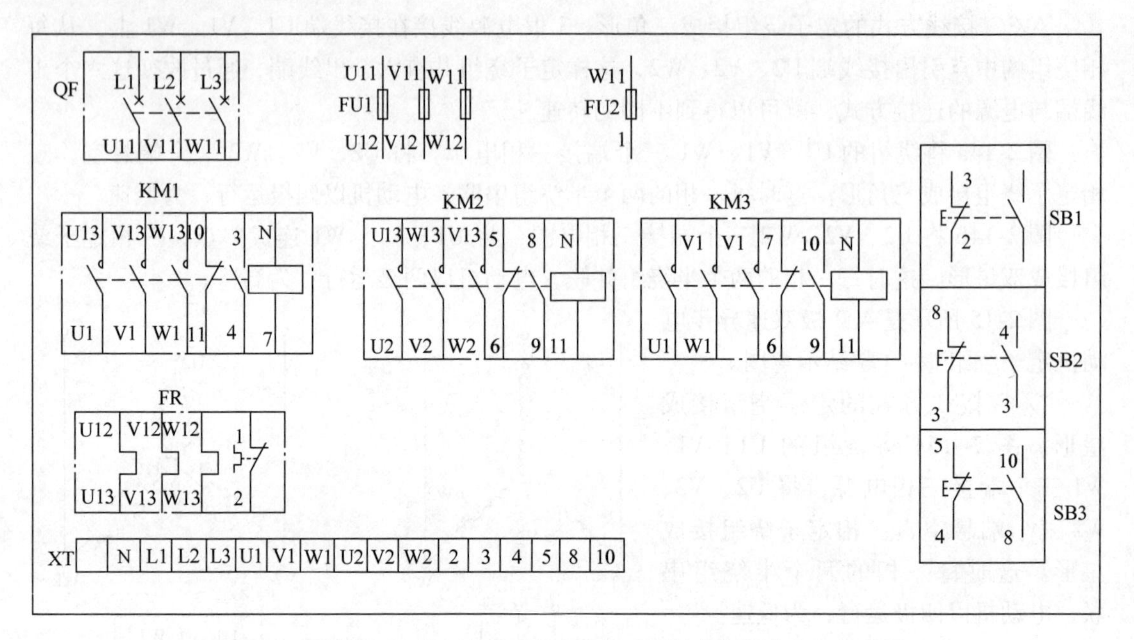

图 2-16 按钮切换的双速电动机电路的元器件布置图和电气接线图

（3）安装接线注意事项

1）接线时，注意主电路中接触器 KM1、KM2 在两种转速下电源相序的改变，不能接错，否则两种转速下电动机的转向相反，换向时将产生很大的冲击电流。

2）主电路接线时，要看清楚电动机出线端的标记，掌握接线要点：控制双速电动机三角形（△）联结的接触器 KM1 和双星形（YY）联结的 KM2 的主触点与电动机连接线不能对换，否则不但无法实现双速控制要求，还会在双星形（YY）联结运行时造成电源短路事故。

3）通电测试前，要反复检验一下电动机的接线是否正确，并测试绝缘电阻是否符合要求。

4）电动机外壳必须可靠接 PE（保护接地）线。

4. 双速异步电动机控制电路的调试

（1）检查电路

检查前要认真阅读电路图，掌握电路的组成、工作原理及接线方式；在检修故障的过程中，故障分析、故障排除的思路和方法要正确；仪表使用要正确，以防止引起错误判断；检修时不能随意更改电路和带电触摸元器件；带电检修故障时，必须有指导老师在现场监护，并要确保用电安全。

1）检查主电路。取下 FU2 熔体，装好 FU1 熔体，断开控制电路。

三角形联结低速运行主电路：按下接触器 KM1 衔铁，用万用表分别测量断路器 QF 下端 U11 ~ V11、U11 ~ W11、V11 ~ W11 之间的电阻值，应分别为电动机 U1 ~ V1、U1 ~ W1、V1 ~ W1 相绕组的电阻值。松开接触器 KM1 的衔铁，万用表应显示由通到断。

双星形联结高速运行主电路：按下接触器 KM2 的衔铁，用万用表分别测量断路器 QF 下端 U11 ~ V11、U11 ~ W11、V11 ~ W11 之间的电阻值，应分别为电动机 U2 ~ W2、U2 ~ V2、W2 ~ V2 相绕组的电阻值。松开接触器 KM2 的衔铁，万用表应显示由通到断。

2）检查控制电路。取下 FU1 熔体，装好 FU2 熔体，选用倍率合适的电阻档，将万用表表笔分别接到 W11 与 N 上。

三角形联结低速运行控制电路：按下低速运行起动按钮 SB2，读数应为接触器 KM1 线圈电阻值；松开 SB2，测得结果为断路。按下接触器 KM1 的衔铁，读数应为 KM1 线圈电阻值；松开接触器 KM1 的衔铁，测得结果为断路。

双星形联结高速运行控制电路：按下高速运行起动按钮 SB3，读数应为接触器 KM2、KM3 线圈电阻值（并联值）；松开 SB3，测得结果为断路。按下接触器 KM2、KM3 的衔铁，读数应为 KM2、KM3 线圈电阻值；松开接触器 KM2、KM3 的衔铁，测得结果为断路。

3）检查联锁电路。按下 SB2，测出接触器 KM1 线圈电阻值的同时，按下接触器 KM2 或 KM3 的衔铁使其动断（常闭）触点分断，万用表应显示电路由通而断；按下 SB3，测出接触器 KM2 和 KM3 线圈并联电阻值的同时，按下接触器 KM1 的衔铁使其动断（常闭）触点分断，万用表应显示电路由通而断。

（2）通电测试

检查三相电源，将热继电器按电动机的额定电流整定好，在一人操作一人监护下进行测试。

1）空操作测试。首先拆除电动机定子绕组的接线，合上断路器 QF，按下低速运行起动按钮 SB2 后松开，接触器 KM1 通电应动作，并保持吸合状态。按下高速运行起动按钮 SB3，接触器 KM1 应立即释放，接触器 KM2 和 KM3 通电应立即动作，并保持吸合状态。按下停止按钮 SB1，KM2 和 KM3 应立即断电释放。重复操作几次，检查电路动作的可靠性。

2）带负载测试。首先断开电源，接上电动机定子绕组，合上 QF，按下低速起动按钮 SB2，观察电动机起动运行情况，此时电动机低速起动运行；按下高速起动按钮 SB3，此时电动机从低速起动运行切换到高速运行。按下停止按钮 SB1，电动机停止工作。

2.6.5　技能训练与成绩评定

1. 技能训练

1）在规定时间内按工艺要求完成按钮切换的双速电动机电路的安装、接线，且通电试验成功。

2）安装工艺达到基本要求，线头长短适当、接触良好。

3）遵守安全规程，做到文明生产。

2. 成绩评定

（1）安装、接线（30 分）

安装、接线的考核要求及评分标准见表 2-1。

（2）不通电测试（20 分，每错一处扣 4 分）

1）主电路测试。合上低压断路器 QF，压下接触器 KM1 衔铁，使 KM1 的主触点闭合，测量从电源端（L1、L2、L3）到电动机出线端（U1、V1、W1）的每一相电路，将电阻值填入表 2-17 中。

2）控制电路测试。按下 SB2 按钮，测量控制电路两端，将电阻值填入表 2-12 中。压下接触器 KM1 衔铁，测量控制电路两端，将电阻值填入表 2-12 中。按下 SB3 按钮，测量控制电路两端，将电阻值填入表 2-12 中。同时压下接触器 KM2、KM3 衔铁，测量控制电路两端，将电阻值填入表 2-12 中。

表 2-12　按钮切换的双速电动机电路的不通电测试记录

主电路			控制电路两端（W11—N）			
L1—U1	L2—V1	L3—W1	按下 SB2	压下 KM1 的衔铁	按下 SB3	同时压下 KM2、KM3 的衔铁

（3）通电测试（50 分）

在使用万用表检测后，接入电源进行通电测试。

按照顺序测试电路各项功能，每错一项扣 10 分，扣完为止。如出现某项功能错误，后面的功能均算错。将测试结果填入表 2-13 中。

表 2-13　按钮切换的双速电动机电路的通电测试记录

操作步骤	合上 QF	按下 SB1	按下 SB2	按下 SB3	再次按下 SB1
电动机动作或接触器吸合情况					

2.6.6　思考题

1）双速电动机的定子绕组共有几个出线端？分别画出双速电动机在低、高速运转时定子绕组的接线图。

2）如何利用时间继电器实现低、高速运转的转换？要求按下低速起动按钮，双速电动机低速起动运行；按下高速起动按钮，双速电动机接成低速起动，然后自动切换成高速运转。

实训任务 2.7　两台三相笼型异步电动机顺序控制的电路安装、接线与调试

2.7.1　实训目标

掌握顺序控制实现方法，识读两台或多台三相笼型异步电动机顺序控制的电路工作原理图，完成其电路的安装接线与调试。

2.7.2　实训内容

根据三相笼型异步电动机顺序控制的电路原理图绘制安装接线图，按工艺要求完成电气电路连接，并能进行电路的检查和故障排除。

2.7.3　实训工具、仪表和器材

1）工具：螺钉旋具（十字槽、一字槽），试电笔，剥线钳，尖嘴钳，钢丝钳等。

2）仪表：绝缘电阻表，万用表。

3）器材：组合开关或低压断路器1个，熔断器4个，交流接触器2个，热继电器2个，按钮3个（红、绿、黑各1个）或组合按钮1个（按钮数3个），接线端子板1个（20段左右），三相交流异步电动机2台，安装网孔板1块和导线若干。

2.7.4 实训指导

1. 识读电路图

两台三相笼型异步电动机顺序控制的电路原理图如图2-17所示。明确电路中所用的元器件及其作用，熟悉电路的工作原理，掌握顺序控制的实现方法。

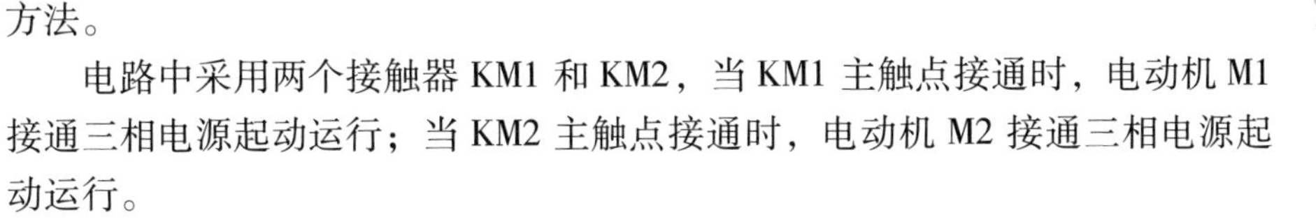

电路中采用两个接触器KM1和KM2，当KM1主触点接通时，电动机M1接通三相电源起动运行；当KM2主触点接通时，电动机M2接通三相电源起动运行。

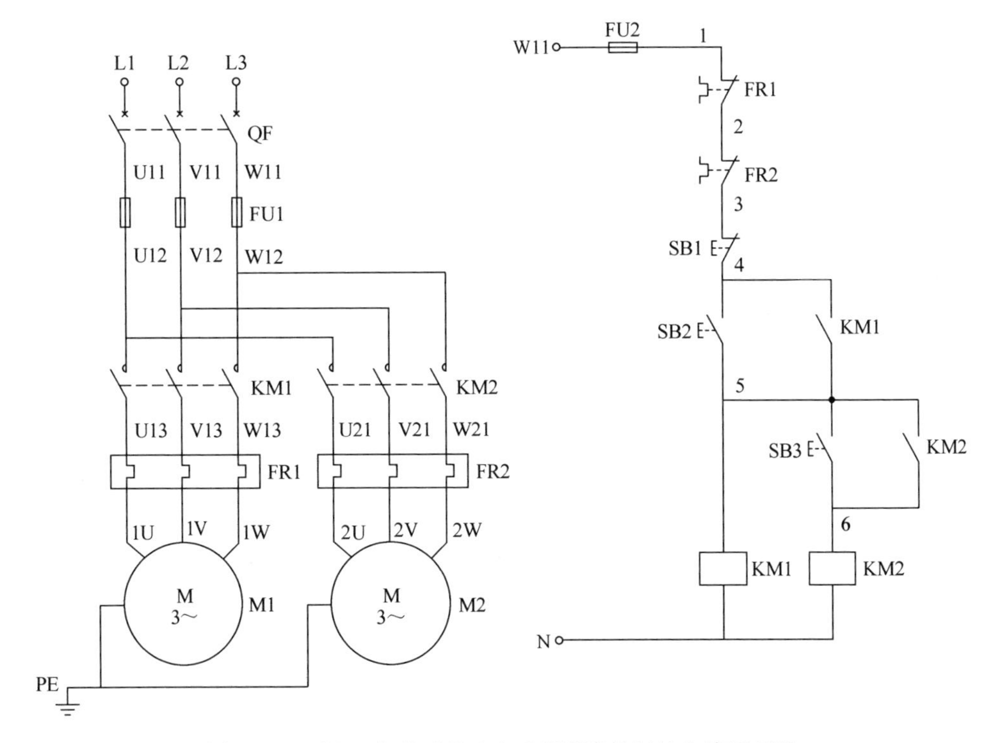

图2-17 两台三相笼型异步电动机顺序控制的电路原理图

控制电路中，对两台电动机的起动顺序有约束：必须使KM1动合（常开）触点闭合后按下SB3才能起动电动机M2。这种两台电动机先后起动的控制称为顺序控制。

2. 检测元器件

按照图2-17所示配齐所需的元器件，并进行必要的检测。

在不通电的情况下，用万用表或目视检查各元器件触点的通断情况是否良好；检查熔断器的熔体是否完好；检查按钮中的螺钉是否完好，螺纹是否失效；检查接触器的线圈额定电压与电源电压是否相符。

3. 安装与接线

（1）绘制元器件布置图和安装接线图

根据图 2-17 绘出两台三相笼型异步电动机顺序控制的电路的元器件布置图和安装接线图，如图 2-18 所示。

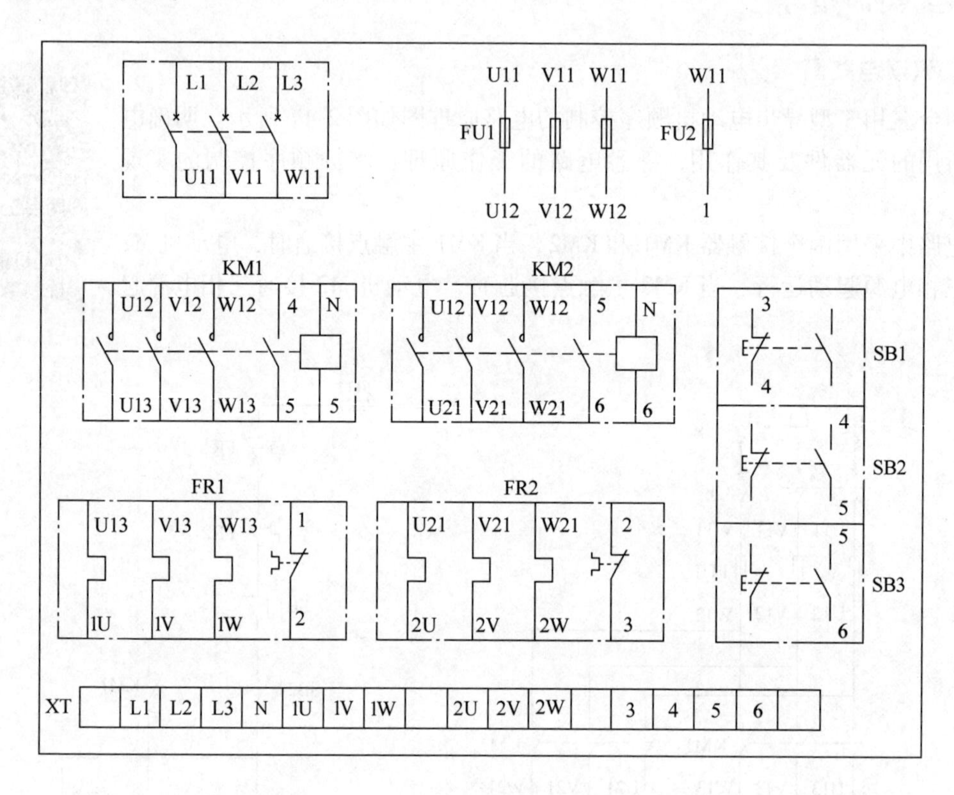

图 2-18　两台三相笼型异步电动机顺序控制的电路元器件布置图和安装接线图

（2）接线

安装步骤及工艺要求与实训任务 2.1 中相同，不再重述。

（3）安装接线注意事项

1）按钮接线时，用力不可过猛，以防螺钉打滑。

2）按钮内部的接线不要接错，起动按钮必须接动合（常开）触点（可用万用表的欧姆档判别）。

3）电动机外壳必须可靠接 PE 线（保护接地线）。

4. 不通电测试、通电测试及故障排除

（1）不通电测试

1）按电气原理图或安装接线图从电源端开始，逐段核对接线及接线端子处是否正确，有无漏接、错接之处。检查导线接线端子是否符合要求，压接是否牢固。

2）用万用表检查电路的通断情况。检查时，应选用倍率适当的电阻档，并进行校零，以防短路故障发生。

检查控制电路时（可断开主电路），可用万用表表笔分别搭在FU2的出线端和中性线上（W11和N），此时读数应为“∞”。按下起动按钮SB2，读数应为接触器KM1线圈的电阻值；用手压下KM1的衔铁，使KM1的动合（常开）触点闭合，读数也应为接触器KM1线圈的电阻值。同时按下SB2、SB3或同时压下KM1、KM2的衔铁，万用表读数应为KM1和KM2线圈电阻值的并联。

检查主电路时（可断开控制电路），可以用手压下接触器的衔铁来代替接触器得电吸合时的情况，依次测量从电源端到电动机出线端子上的每一相电路的电阻值，检查是否存在开路现象。

3）用绝缘电阻表检查电路的绝缘电阻，不得小于0.5MΩ。

（2）通电测试

操作相应按钮，观察电器动作情况。

合上低压断路器QF，引入三相电源，按下按钮SB2，KM1线圈得电吸合自锁，电动机M1起动运转；接着按下按钮SB3，KM2线圈得电吸合自锁，电动机M2起动运转。按下停止按钮SB1，两台电动机都停止。若起动时先按下按钮SB3，接触器KM1、KM2线圈都不能得电，两台电动机都不工作。

（3）故障排除

操作过程中，如果出现不正常现象，应立即断开电源，分析故障原因，仔细检查电路（用万用表），在实训老师认可的情况下才能再通电调试。

2.7.5 技能训练与成绩评定

1. 技能训练

1）在规定时间内按工艺要求完成两台三相笼型异步电动机顺序控制的电路安装接线，且通电试验成功。

2）安装工艺达到基本要求，线头长短适当、接触良好。

3）遵守安全规程，做到文明生产。

2. 成绩评定

（1）安装、接线（30分）

安装、接线的考核要求及评分标准见表2-1。

（2）不通电测试（20分）

1）主电路测试。合上电源开关，压下接触器KM1（或KM2）的衔铁，使KM1（或KM2）的主触点闭合，测量从电源端（L1、L2、L3）到电动机M1出线端（1U、1V、1W）和电动机M2出线端（2U、2V、2W）的每一相电路，将电阻值填入表2-14中。（4分，每错一处扣2分，扣完为止）

表2-14 两台三相笼型异步电动机顺序控制的主电路不通电测试记录

主电路					
L1—1U	L2—1V	L3—1W	L1—2U	L2—2V	L3—2W

2）控制电路测试。按下SB2按钮，或同时按下SB2、SB3按钮，测量控制电路两端，

将电阻值填入表2-15中。压下接触器KM1衔铁，或同时用手压下接触器KM1、KM2衔铁，测量控制电路两端，将电阻值填入表2-15中。（16分，每错一处扣4分，扣完为止）

表2-15 两台三相笼型异步电动机顺序控制的控制电路不通电测试记录

控制电路两端（W11—N）			
按下SB2	同时按下SB2、SB3	压下KM1衔铁	同时压下KM1、KM2的衔铁

（3）通电测试（50分）

在使用万用表检测后，接入电源进行通电测试。

按照顺序测试电路各项功能，每错一项扣10分，扣完为止。如出现某项功能错误，后面的功能均算错。将测试结果填入表2-16中。

表2-16 两台三相笼型异步电动机顺序控制的电路通电测试记录

操作步骤	合上QF	按下SB1	按下SB3	按下SB2	再次按下SB3	再次按下SB1
电动机动作或接触器吸合情况						

2.7.6 思考题

1）如何实现两台三相笼型异步电动机先后起动，停止时后起动的电动机先停止？

2）如何实现两台三相笼型异步电动机先后起动，停止时先起动的电动机先停止？

3）分析图2-19所示的两台三相笼型异步电动机顺序控制电路与图2-17所示电路有何不同之处。想一想，实现两台三相笼型异步电动机顺序控制还有哪些不同方案？

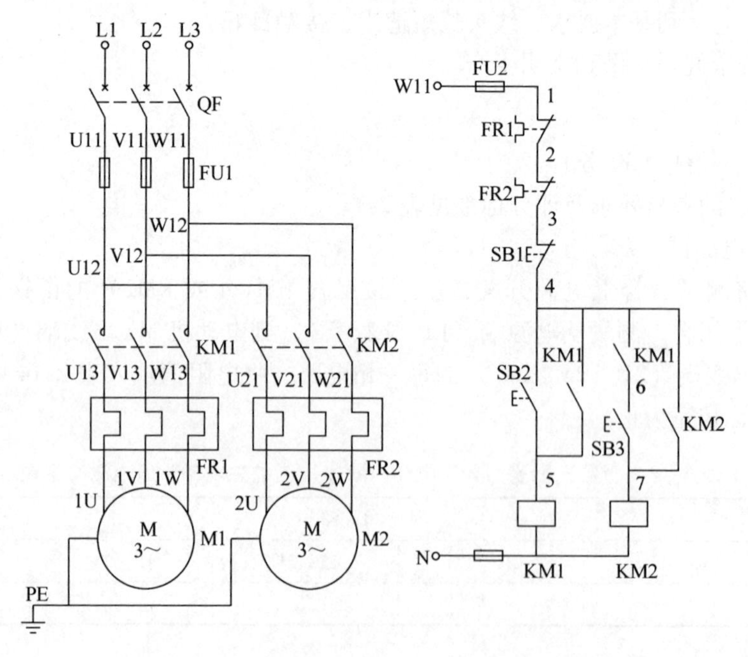

图2-19 两台三相笼型异步电动机顺序控制电路

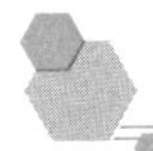

实训任务2.8 无变压器半波整流能耗制动电路的安装、接线与调试

2.8.1 实训目标

掌握能耗制动实现方法，识读无变压器半波整流能耗制动电路的工作原理图，完成其电路的安装接线与调试。

2.8.2 实训内容

根据三相笼型异步电动机无变压器半波整流能耗制动电路原理图，绘制安装接线图；按工艺要求完成电气电路的连接，并能进行电路的检查和故障排除。

2.8.3 实训工具、仪表和器材

1）工具：螺钉旋具（十字槽、一字槽），试电笔，剥线钳，尖嘴钳，钢丝钳等。

2）仪表：绝缘电阻表，万用表。

3）器材：组合开关或低压断路器 1 个，熔断器 5 个，交流接触器 2 个，热继电器 1 个，按钮 2 个（红、绿各 1 个）或组合按钮 1 个（按钮数 2～3 个），接线端子板 1 个（20 段左右），三相交流异步电动机 1 台，安装网孔板 1 块和导线若干。

2.8.4 实训指导

1. 识读电路图

三相笼型异步电动机无变压器半波整流能耗制动电路原理图如图 2-20 所示。明确电路中所用的元器件及其作用，熟悉电路的工作原理，掌握单管能耗制动的实现方法。

电路中采用两个接触器 KM1 和 KM2。当 KM1 主触点接通时，电动机 M 接通三相电源起动运行；当 KM2 主触点接通时，电动机 M 接通直流电实现单管能耗制动。

控制电路中，利用 KM1 和 KM2 的动断（常闭）触点互串在对方线圈支路中，起到电气互锁的作用，以避免两个接触器同时得电造成主电路电源短路。时间继电器 KT 控制 KM2 线圈通电的时间，从而控制电动机通入直流电进行能耗制动的时间。

2. 检测元器件

按照图 2-20 所示配齐所需的元器件，并进行必要的检测。

在不通电的情况下，用万用表或目视检查各元器件触点的通断情况是否良好；检查熔断器的熔体是否完好；检查按钮中的螺钉是否完好，螺纹是否失效；检查接触器线圈的额定电压与电源电压是否相符；检查时间继电器的动断（常闭）触点是否能延时断开，检查整流二极管正反向电阻，确定是否完好等。

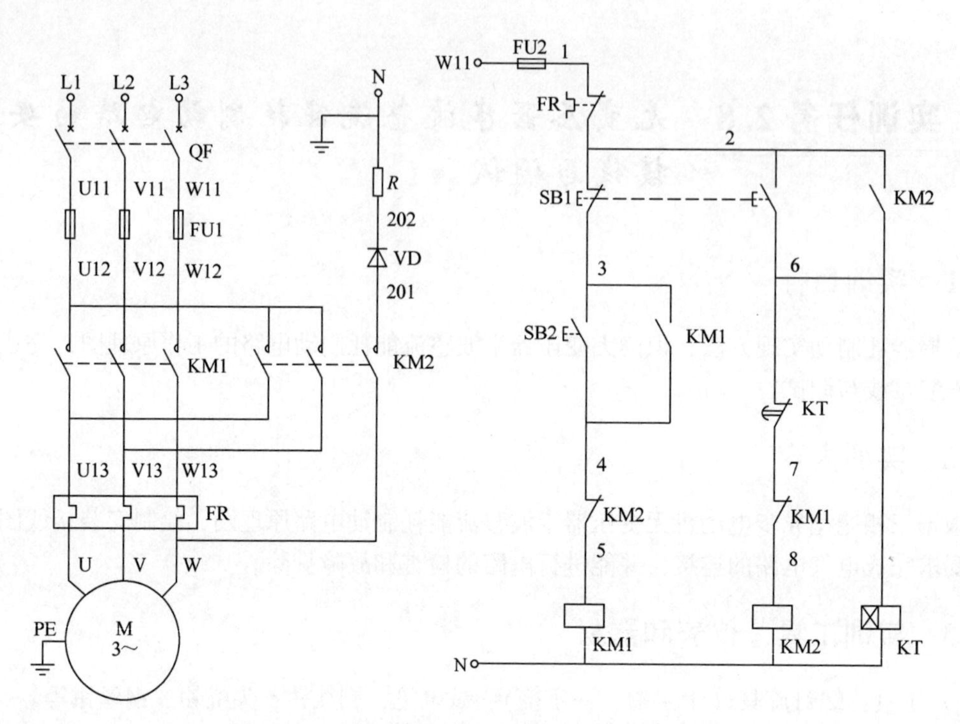

图 2-20 无变压器半波整流能耗制动电路原理图

3. 安装与接线

（1）绘制元器件布置图和安装接线图

根据图 2-20 绘出无变压器半波整流能耗制动电路的元器件布置图和安装接线图，如图 2-21 所示。

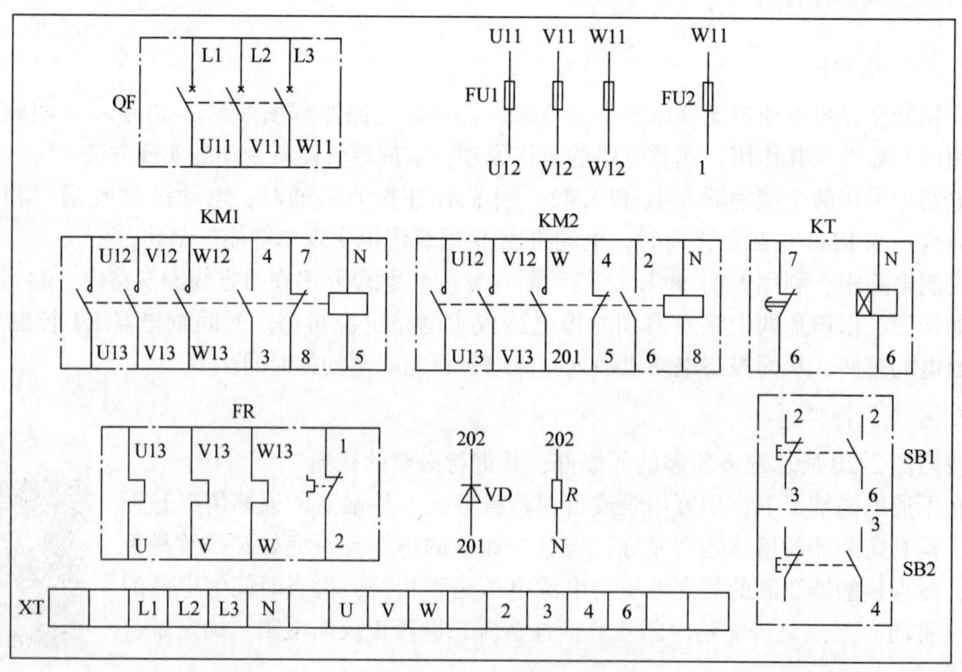

图 2-21 无变压器半波整流能耗制动电路的元器件布置图和安装接线图

（2）接线

安装步骤及工艺要求与实训任务 2.1 中相同，不再重述。

（3）安装接线注意事项

1）按钮接线时，用力不可过猛，以防螺钉打滑。

2）按钮内部的接线不要接错，起动按钮必须接动合（常开）触点（可用万用表的电阻档判别）。

3）时间继电器的整定时间不要调得太长，以免制动时间过长引起电动机定子绕组发热。

4）进行制动时要将停止按钮 SB1 按到底。

5）整流二极管要配装散热器和固定散热器的支架。

6）电动机外壳必须可靠接 PE（保护接地）线。

4. 不通电测试、通电测试及故障排除

（1）不通电测试

1）按电气原理图或安装接线图从电源端开始，逐段核对接线及接线端子处是否正确，有无漏接、错接之处。检查导线接线端子是否符合要求，压接是否牢固。

2）用万用表检查电路的通断情况。检查时，应选用倍率适当的电阻档，并进行校零，以防短路故障发生。

检查控制电路时（可断开主电路），可将万用表表笔分别搭在 FU2 的进线端与中性线上（W11 和 N），此时读数应为“∞”。按下起动按钮 SB2，读数应为接触器 KM1 线圈的电阻值；用手压下接触器 KM1 的衔铁，使 KM1 的动合（常开）触点闭合，读数也应为接触器 KM1 线圈的电阻值。

按下停止按钮 SB1，读数应为接触器 KM2 和时间继电器 KT 两个线圈并联的电阻值；用手压下接触器 KM2 的衔铁，使 KM2 的动合（常开）触点闭合，读数也应为 KM2 和 KT 线圈并联的电阻值。

检查主电路时（可断开控制电路），可以用手压下接触器的衔铁来代替接触器得电吸合时的情况，依次测量从电源端到电动机出线端子上的每一相电路的电阻值，检查是否存在开路现象。

3）用绝缘电阻表检查电路的绝缘电阻，不得小于 0.5MΩ。

（2）通电测试

操作相应按钮，观察电器动作情况。

起动时，合上低压断路器 QF，引入三相电源，按下按钮 SB2，KM1 线圈得电吸合，电动机 M 起动运转。停止时，按下停止按钮 SB1，接触器 KM1 线圈断电释放，其主触点断开通入电动机定子绕组的三相交流电，此时接触器 KM2 线圈和 KT 线圈同时得电，利用 KM2 主触点的闭合把直流电通入电动机定子绕组中，进行能耗制动；延时一段时间后，时间继电器 KT 整定时间到，其动断（常闭）触点断开，使 KM2 和 KT 线圈断电，制动结束。

（3）故障排除

操作过程中，如果出现不正常现象，应立即断开电源，分析故障原因，仔细检查电路（用万用表），在实训老师认可的情况下才能再通电调试。

2.8.5 技能训练与成绩评定

1. 技能训练

1）在规定时间内按工艺要求完成无变压器半波整流能耗制动电路的安装、接线，且通电试验成功。

2）安装工艺达到基本要求，线头长短适当、接触良好。

3）遵守安全规程，做到文明生产。

2. 成绩评定

（1）安装、接线（30分）

安装、接线的考核要求及评分标准见表2-1。

（2）不通电测试（20分）

1）主电路测试。合上低压断路器QF，压下接触器KM1的衔铁，使KM1的主触点闭合，测量从电源端（L1、L2、L3）到电动机出线端（U、V、W）的每一相电路，将电阻值填入表2-17中。(4分，每错一处扣2分，扣完为止)

2）控制电路测试。按下SB2按钮，测量控制电路两端，将电阻值填入表2-17中。用手压下接触器KM1衔铁，测量控制电路两端，将电阻值填入表2-17中。按下SB1按钮，测量控制电路两端，将电阻值填入表2-17中。用手压下接触器KM2衔铁，测量控制电路两端，将电阻值填入表2-17中。(16分，每错一处扣4分，扣完为止)

表2-17 无变压器半波整流能耗制动电路的不通电测试记录

主 电 路			控制电路两端（W11—N）			
L1—U	L2—V	L3—W	按下SB2	压下KM1衔铁	按下SB1	压下KM2衔铁

（3）通电测试（50分）

在使用万用表检测后，接入电源进行通电测试。

按照顺序测试电路各项功能，每错一项扣20分，扣完为止。如出现某项功能错误，后面的功能均算错。将测试结果填入表2-18中。

表2-18 无变压器半波整流能耗制动电路的通电测试记录

操作步骤	合上QF	按下SB1	按下SB2	再次按下SB1
电动机动作或接触器吸合情况				

2.8.6 思考题

简述图2-20所示的能耗制动电路的工作原理，并画出直流电流通路。

项目 2 相关知识点

电气控制系统图的识读

电气控制系统是由许多电气元器件按一定要求连接而成的。为了表达生产机械电气控制系统的结构、原理等设计意图，同时也为了便于电气系统的安装、调整、使用和维修，需要将电气控制系统中各电气元器件的连接用一定的图形表达出来，这种图就是电气控制系统图。

电气控制系统图一般有三种：电路图（又称电气原理图）、电气元器件布置图、电气安装接线图。在图上用不同的图形符号表示各种电气元器件，用不同的文字符号表示设备及电路功能、状况和特征。各种图样有其不同的用途和规定的画法，国家标准化管理委员会参照国际电工委员会（IEC）颁布的有关文件，制定了我国电气设备的有关国家标准，如：

《电气简图用图形符号》（GB/T 4728.1～5—2018、GB/T 4728.6～13—2022）

《机械电气安全　机械电气设备　第 1 部分：通用技术条件》（GB 5226.1—2008）

《电气技术中的文字符号制订通则》㊀（GB/T 7159—1987）

《电气技术用文件的编制　第 1 部分：规则》（GB/T 6988.1—2008）

《工业系统、装置与设备以及工业产品结构原则与参照代号》（GB/T 5094.1～2—2018）

1. 电路符号

电路符号有图形符号、文字符号及回路标号等。

（1）图形符号

图形符号通常用于图样或其他文件中，用以表示一个设备或概念的图形、标记或字符。

1）电气控制系统图中的图形符号必须按国家标准绘制。附录 B 给出了电气控制系统常用图形符号。图形符号含有符号要素、一般符号和限定符号。

① 符号要素：一种具有确定意义的简单图形，必须同其他图形组合才能构成一个设备或概念的完整符号。如接触器动合（常开）主触点的符号就由接触器触点功能符号和动合（常开）触点符号组合而成。

② 一般符号：用以表示一类产品和此类产品特征的一种简单的符号。如电动机可用一个圆圈表示。

③ 限定符号：用于提供附加信息的一种加在其他符号上的符号。

2）运用图形符号绘制电气控制系统图时应注意以下几个方面。

① 符号尺寸大小、线条粗细依国家标准可放大与缩小，但在同一张图样中，同一符号的尺寸应保持一致，各符号间及符号本身比例应保持不变。

② 标准中示出的符号方位，在不改变符号含义的前提下，可根据图面布置的需要旋转或成镜像位置，但文字和指示方向不得倒置。

③ 大多数符号都可以加上补充说明标记。

㊀ GB/T 7159—1987 已作废，但因该标准长期以来在业界大量使用，在新的文字符号标准体系还没有明确实施方案的过渡时期，仍可沿用该标准。——校者注

④ 有些具体元器件的符号由设计者根据国家标准的符号要素、一般符号和限定符号组合而成。

⑤ 国家标准未规定的图形符号，可根据实际需要，按特征突出、结构简单、便于识别的原则进行设计，但需要报国家标准化管理委员会备案。当采用其他来源的符号或代号时，必须在图解和文件上说明其含义。

(2) 文字符号

文字符号适用于电气技术领域中技术文件的编制，用以标明电气设备、装置和元器件的名称及电路的功能、状态和特征。

1) 文字符号应按国家标准《电气技术中的文字符号制订通则》(GB/T 7159—1987) 所规定的精神编制。文字符号分为基本文字符号和辅助文字符号。常用电气符号见附录 B。

① 基本文字符号。基本文字符号有单字母符号与双字母符号两种。单字母符号按拉丁字母顺序将各种电气设备、装置和元器件划分为 23 大类，每一类用一个专用单字母符号表示，如“C”表示电容器类，“R”表示电阻器类等。双字母符号由一个表示种类的单字母符号与另一个字母组成，且以单字母符号在前、另一个字母在后的次序列出，如“F”表示保护器件类，“FU”则表示为熔断器，“FR”表示为热继电器。

② 辅助文字符号。辅助文字符号是用来表示电气设备、装置和元器件以及电路的功能、状态和特征的。如“RD”表示红色，“SP”表示压力传感器，“YB”表示电磁制动器等。辅助文字符号还可以单独使用，如“ON”表示接通，“N”表示中性线等。

③ 补充文字符号。当规定的基本文字符号和辅助文字符号不够使用时，可按国家标准中文字符号的组成规律和下述原则予以补充。

2) 在不违背国家标准文字符号编制原则的条件下，可采用国家标准中规定的电气技术文字符号。

3) 在优先采用基本和辅助文字符号的前提下，可补充国家标准中未列出的双字母文字符号和辅助文字符号。

4) 使用文字符号时，应按电气名词术语国家标准或专业技术标准中规定的英文术语缩写而成。

5) 基本文字符号不得超过两位字母，辅助文字符号一般不超过三位字母。文字符号采用拉丁字母大写正体字，且拉丁字母中“I”和“O”不允许单独作为文字符号使用。

(3) 主电路各节点标记

三相交流电源引入线采用 L1、L2、L3 标记。电源开关之后的三相交流电源主电路分别按 U、V、W 顺序标记。分级三相交流电源主电路采用三相文字代号 U、V、W 的前边加上阿拉伯数字 1、2、3 等来标记。

各电动机分支电路各节点标记采用三相文字代号后面加数字来表示，电动机绕组首端分别用 U1、V1、W1 标记，尾端分别用 U2、V2、W2 标记。

控制电路采用阿拉伯数字编号，一般由三位或三位以下的数字组成。标注方法按“等电位”原则进行，在垂直绘制的电路图中，标号顺序一般由上而下编号。凡是被线圈、绕组、触点或电阻、电容等元器件所间隔的线段，都应标以不同的电路标号。

2. 电路图

电路图用于表达电路、设备电气控制系统的组成部分和连接关系。通过电路图，可详细地了解电路、设备电气控制系统的组成和工作原理，并可在测试和寻找故障时提供足够的信息。同时电路图也是编制接线图的重要依据，习惯上电路图也称作电气原理图。

电气原理图是根据电路工作原理绘制的，图 2-22 所示为 CW6132 型车床电气原理图。在绘制电气原理图时，一般应遵循下列规则：

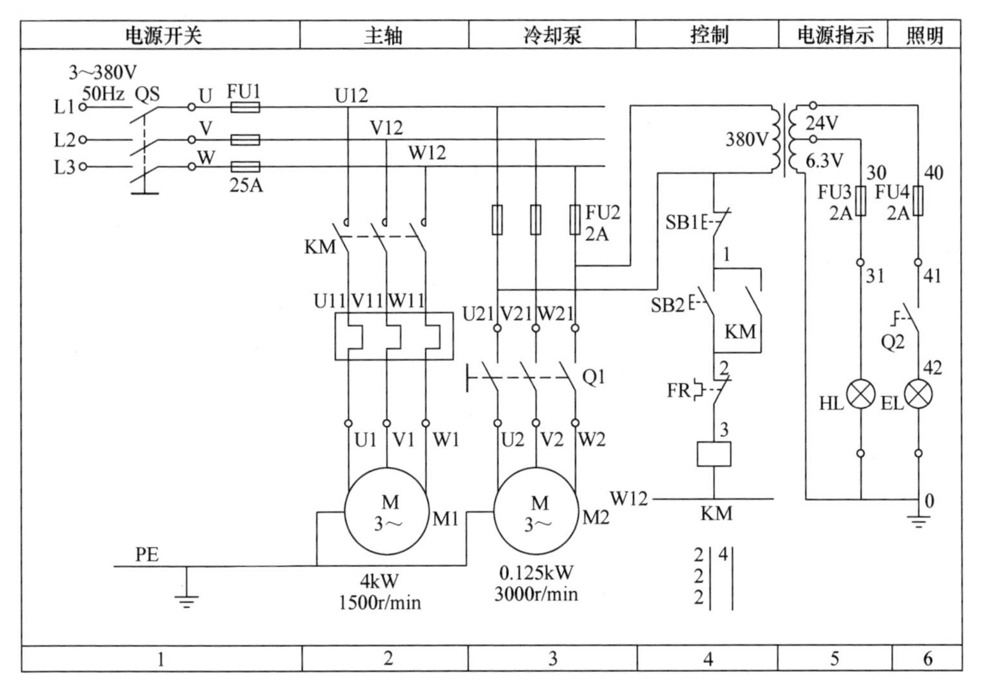

图 2-22　CW6132 型车床电气原理图

1）电气原理图按所规定的图形符号、文字符号和回路标号进行绘制。

2）动力电路的电源电路一般绘制成水平线；受电的动力装置、电动机主电路用垂直线绘制在图面的左侧，控制电路用垂直线绘制在图面的右侧，主电路与控制电路应分开绘制。各电路元器件采用平行展开画法，但同一电器的各元器件采用同一文字符号标明。

3）电气原理图中所有电路元器件的触点状态，均按没有受外力作用时或未通电时的原始状态绘制。对于接触器和电磁式继电器的触点，是按电磁线圈未通电时的状态画出的；对于按钮和位置开关的触点，是按不受外力作用时的状态画出的。当触点的图形符号垂直放置时，以“左开右闭”的原则绘制，即垂线左侧的触点为动合（常开）触点，垂线右侧的触点为动断（常闭）触点；当触点的图形符号水平放置时，以“上闭下开”的原则绘制，即水平线上方的触点为动断（常闭）触点，水平线下方的触点为动合（常开）触点。

4）在电气原理图中，导线的交叉连接点均用小圆圈或黑圆点表示。

5）在电气原理图上方将图分成若干图区，并标明该区电路的用途与作用；在继电器、接触器线圈下方列有触点表以说明线圈和触点的从属关系。

6）电气原理图的全部电动机、元器件的型号、文字符号、用途、数量、额定技术数据，均应填写在元器件明细表内。

3. 电气元器件布置图

电气元器件布置图详细绘制出电气设备零件安装位置。图 2-23 所示为 CW6132 型车床电气元器件布置图。图中各电器代号应与有关电路图和电器清单上所有元器件代号相同。在图中往往留有10%以上的备用面积及导线管（槽）的位置，以供改进设计时用。图中不需标注尺寸。图2-23中FU1～FU4为熔断器，KM为接触器，FR为热继电器，TC为变压器，XT为接线端子板。

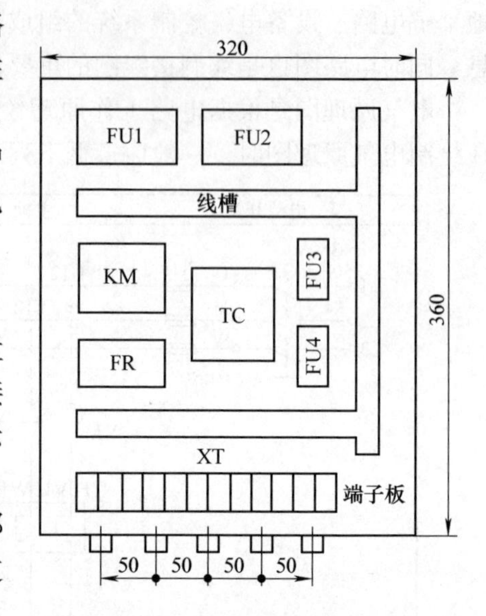

图2-23 CW6132型车床电气元器件布置图

4. 电气安装接线图

用规定的图形符号，按各电气元器件相对位置绘制的实际接线图叫电气安装接线图。电气安装接线图是实际接线安装的依据和准则。它清楚地表示了各电气元器件的相对位置和它们之间的电气连接，所以电气安装接线图不仅要把同一个电器的各个部件画在一起，而且各个部件的布置要尽可能符合这个电器的实际情况，但对尺寸和比例没有严格要求。各电气元器件的图形符号、文字符号和回路标记均应以原理图为准，并保持一致，以便查对。

不在同一控制箱内和不是同一块配电屏上的各电气元器件之间的导线连接，必须通过接线端子进行；同一控制箱内各电气元器件之间的接线可以直接相连。

在电气安装接线图中，分支导线应在各电气元器件接线端上引出，而不允许在导线两端以外的地方连接，且接线端上只允许引出两根导线。电气安装接线图上所表示的电气连接，一般并不表示实际走线途径，施工时由操作者根据经验选择最佳走线方式。

安装接线图上应该详细地标明导线及所穿管子的型号、规格等。电气安装接线图要求准确、清晰，以便于施工和维护。图2-24所示为CW6132型车床部分电气安装接线图。

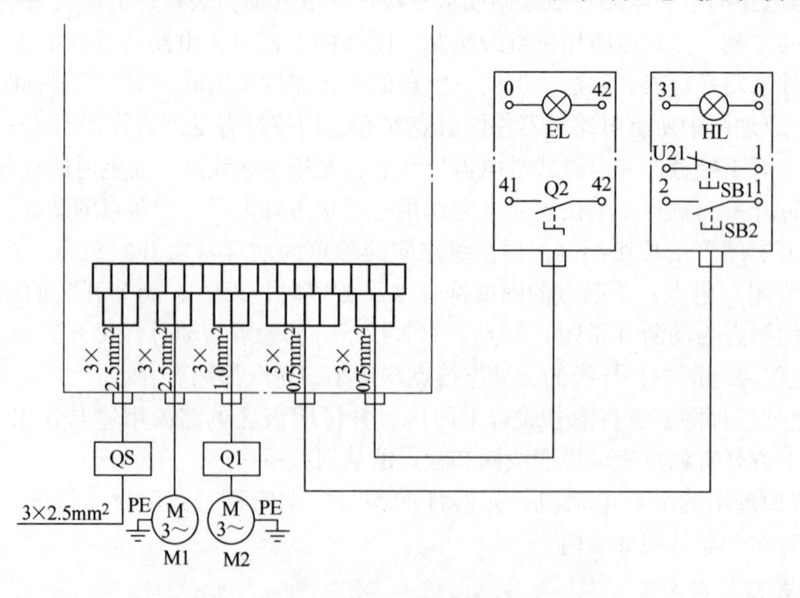

图2-24 CW6132型车床部分电气安装接线图

项目3

典型机床电气电路的故障检修

项目目标

1）能根据常用典型机床的电气故障现象，分析故障原因，确定故障范围，能使用仪表检查故障并排除故障。

2）通过分组训练排故，培养分工配合、协调合作的团队精神。

3）通过小组模拟演练，培养诚实守信、踏实细致的工作作风。

4）在完成任务的过程中，提高发现问题、探究问题、解决问题的能力。

项目任务

在限定时间内，排除两个典型机床常见电气电路故障。

实训任务 3.1　CA6140 型卧式车床电气电路的故障检修

3.1.1　实训目标

（1）总目标

能运用万用表检测 CA6140 型卧式车床常见电气电路故障并加以排除。

（2）具体目标

1）了解 CA6140 型卧式车床的工作状态及操作方法。

2）能看懂机床电路图，能识读 CA6140 型卧式车床的电气原理图，熟悉车床电气元器件的分布位置和走线情况。

3）能根据故障现象分析 CA6140 型卧式车床常见电气故障原因，确定故障范围。

4）能按照正确的检测步骤，用万用表检查并排除 CA6140 型卧式车床常见电气电路故障。

3.1.2　实训内容

在 30min 内排除两个 CA6140 型卧式车床电气电路故障。

3.1.3　实训工具、仪表和器材

1）工具：尖嘴钳，剥线钳，螺钉旋具（十字槽、一字槽）等。

2）仪表：万用表，绝缘电阻表，钳形电流表。

3）器材：CA6140 型卧式车床或 CA6140 型卧式车床模拟电气控制柜。

3.1.4　实训指导

1. CA6140 型卧式车床

CA6140 型卧式车床是一种应用极为广泛的金属切削通用机床，能够车削外圆、螺纹以及定型表面等。

CA6140 型卧式车床型号的含义如下：

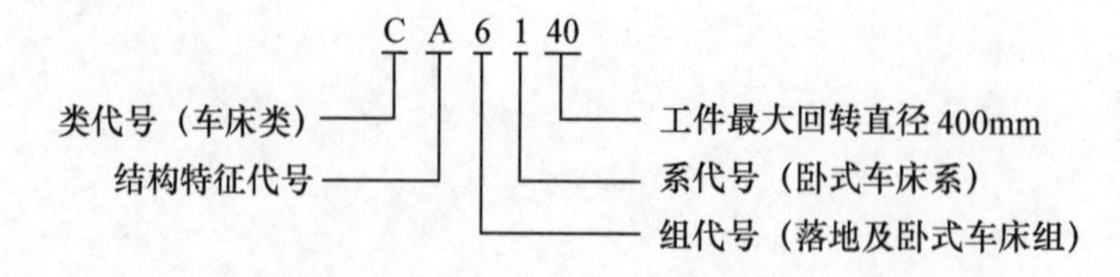

（1）主要结构及运动形式

CA6140 型卧式车床的结构示意图如图 3-1 所示。

车床的运动形式有主运动、进给运动、辅助运动。主运动是主轴带动工件旋转的运动；进给运动是刀架带动刀具的直线运动；辅助运动有尾座的纵向移动、工件的夹紧与放松等。车床工作时，绝大部分功率消耗在主轴上。

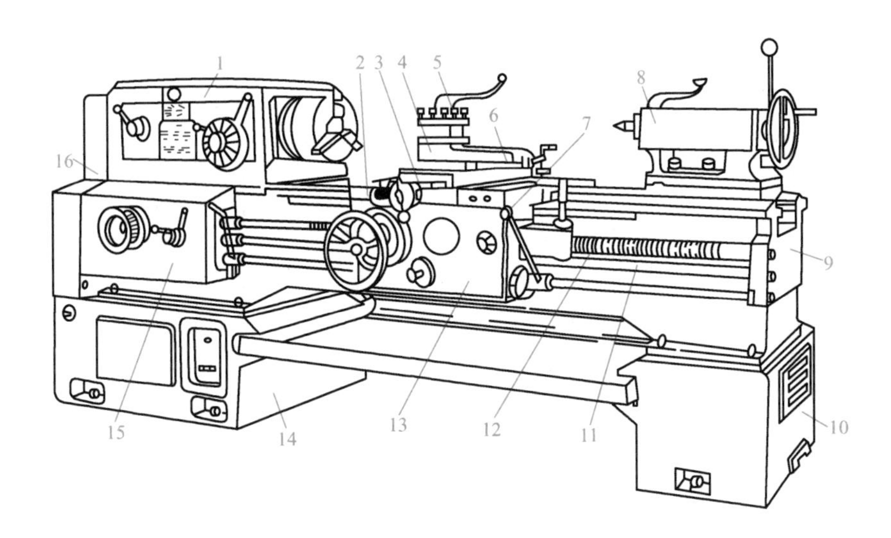

图 3-1　CA6140 型卧式车床结构示意图

1—主轴箱　2—纵溜板　3—横溜板　4—转盘　5—方刀架　6—小溜板　7—操纵手柄　8—尾座　9—床身
10—右床座　11—光杠　12—丝杠　13—溜板箱　14—左床座　15—进给箱　16—交换齿轮架

（2）电力拖动的特点及控制要求

1）主轴电动机一般选用三相交流笼型异步电动机，不进行电气调速，采用齿轮箱进行机械有级调速。为减小振动，主轴电动机通过几条 V 带将动力传递到主轴箱。

2）车床在车削螺纹时，主轴通过机械方法实现正反转。

3）主轴电动机的起动、停止采用按钮操作。

4）刀架移动和主轴转动有固定的比例关系，以满足对螺纹加工的需要。

5）车削加工时，由于刀具及工件温度过高，有时需要冷却，故配有冷却泵电动机。在主轴起动后，根据需要决定冷却泵电动机是否工作。

6）必须有过载、短路、欠电压、失电压保护。

7）具有安全的局部照明装置。

2. CA6140 型卧式车床电气原理图分析

CA6140 型卧式车床的电气原理图如图 3-2 所示。

（1）主电路分析

主电路共有三台电动机，均为正转控制。主轴电动机 M1 由交流接触器 KM 控制，带动主轴旋转和工件的进给运动；冷却泵电动机 M2 由中间继电器 KA1 控制，输送切削液；刀架快速移动电动机 M3 由 KA2 控制，在机械手柄的控制下带动刀架快速做横向或纵向进给运动。主轴的旋转方向、主轴的变速和刀架的移动方向均由机械控制实现。

主轴电动机 M1 和冷却泵电动机 M2 设有过载保护，FU1 作为冷却泵电动机 M2、刀架快速移动电动机 M3、控制变压器 TC 一次绕组的短路保护。

（2）控制电路分析

控制电路的分析可按控制功能的不同，划分成若干控制环节来进行，采用“化整为零”的方法；在分析各控制环节时，还应注意各控制环节之间的联锁关系，最后再“集零为整”对整体电路进行综合分析。

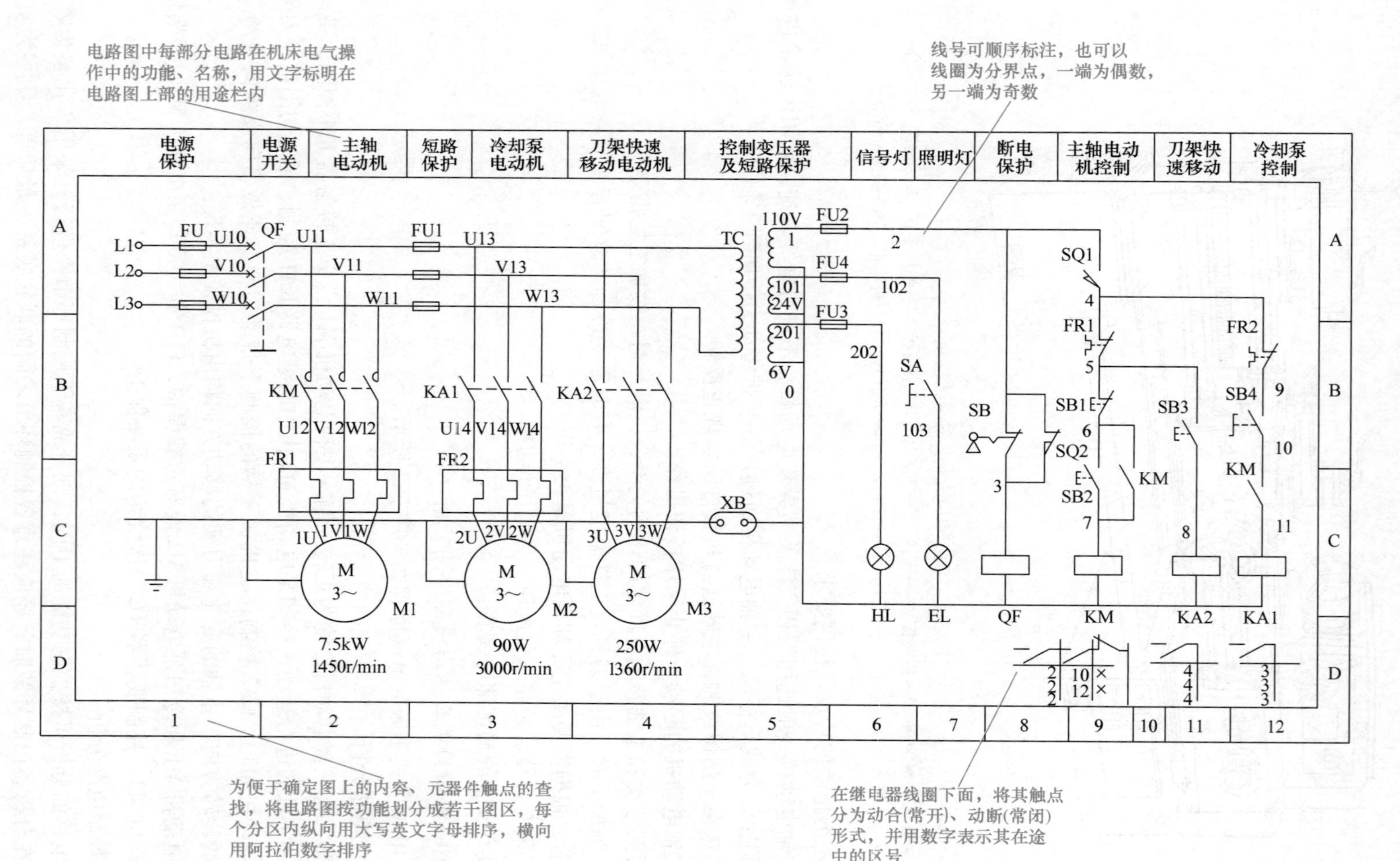

图3-2　CA6140型卧式车床电气原理图

1）机床电源的引入。合上配电箱门，插入钥匙，将开关旋至接通位置，SB 断开；合上电源总开关 QF。

正常工作状态下 SB 和 SQ2 处于断开状态，QF 线圈不通电。SQ2 装于配电箱门后，打开配电箱门时，SQ2 恢复闭合，QF 线圈得电，断路器 QF 自动断开，切断电源进行安全保护。控制回路的电源由控制变压器 TC 二次侧输出 110V 电压提供，FU2 为控制回路提供短路保护。

2）主轴电动机 M1 的控制。为保证人身安全，车床正常运行时必须将传动带罩合上，位置开关 SQ1 装于主轴传动带罩后，起断电保护作用。

M1 起动：

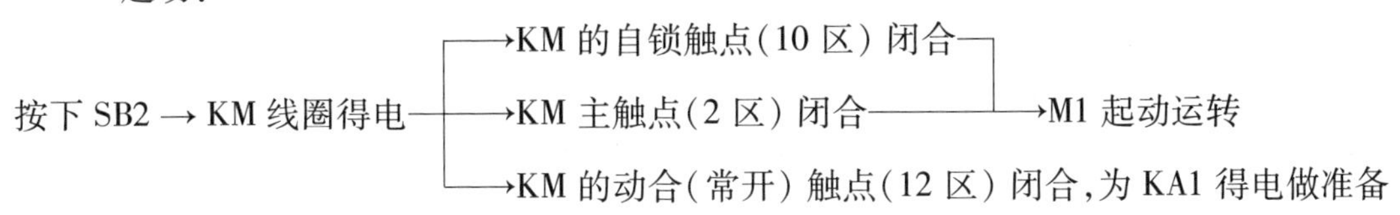

M1 停止：

按下 SB1→KM 线圈断电→KM 主触点复位→M1 断开三相交流电，停止旋转。

3）冷却泵电动机 M2 的控制。冷却泵电动机 M2 与主轴电动机 M1 采用顺序控制，只有当接触器 KM 线圈得电，主轴电动机 M1 起动后，按动 SB4，中间继电器 KA1 线圈得电，冷却泵电动机 M2 才能起动。KM 线圈断电，主轴电动机 M1 停转，M2 自动停止运行。FR2 为冷却泵电动机提供过载保护。

4）刀架快速移动电动机 M3 的控制。刀架快速移动电动机 M3 的起动，由安装在进给操作手柄顶端的按钮 SB3 点动控制，它与中间继电器 KA2 组成点动控制电路。刀架移动方向（前、后、左、右）的改变，是由进给操作手柄配合机械装置实现的。如需要快速移动，按下 SB3 即可。

（3）照明电路和信号回路分析

控制变压器 TC 的二次侧输出的 24V、6V 电压分别作为车床照明及信号回路电源，FU3、FU4 分别为各自回路提供短路保护。

3. CA6140 型卧式车床电气电路常见故障的分析与检修

当需要打开配电箱门进行带电检修时，先将 SQ2 的传动杆拉出，断路器 QF 仍可合上。关上配电箱门后，SQ2 复原，恢复保护作用。

（1）主轴电动机 M1 不能起动

主轴电动机 M1 不能起动，可按下列步骤检修。

1）检查接触器 KM 是否吸合，如果接触器 KM 吸合，则故障必然发生在电源电路和主电路上。具体检修步骤如下。

① 合上断路器 QF，用万用表测量接触器受电端 U11、V11、W11 点之间的电压，如果电压是 380V，则电路正常。当测量 U11 与 W11 之间电压为零时，再测量 U11 与 W10 之间电压，如果电压为零，则 FU 熔断或线路断开；否则，故障是断路器 QF 接触不良或线路断开。

修复措施：查明损坏原因，更换相同规格和型号的熔体、断路器及连接导线。

② 断开断路器 QF，用万用表电阻 $R\times1\Omega$ 档测量接触器输出端 U12、V12、W12 之间的

电阻值，如果阻值较小且相等，则说明所测电路正常；否则，依次检查 FR1、M1 以及它们之间的连线。

修复措施：查明损坏原因，修复或更换同规格、同型号的热继电器 FR1、电动机 M1 及其之间的连接导线。

③ 检查接触器 KM 主触点是否良好。如果接触不良或烧毛，则更换动、静触点或相同规格的接触器。

④ 检查电动机机械部分是否良好。如果电动机内部轴承等损坏，应更换轴承；如果外部机械有问题，则可配合机修钳工进行维修。

2）若接触器 KM 不吸合，可按下列步骤检修。

首先检查 KA2 是否吸合，若吸合则说明 KM 和 KA2 的公共控制电路部分（0—1—2—4—5）正常，故障范围在 KM 的线圈部分支路（5—6—7—0）；若 KA2 也不吸合，就要检查 HL 和 EL 是否亮；若 HL 和 EL 亮，则说明故障范围在控制电路上；若 HL、EL 都不亮，则说明电源部分有故障，但不能排除控制电路有故障。下面用电压分段测量法检测图 3-3 所示控制电路的故障点。用电压分段测量法检测故障点并排除故障的方法见表 3-1。

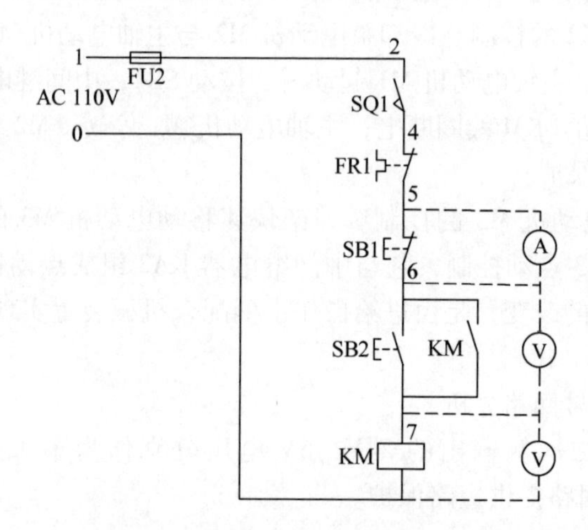

图 3-3　用电压分段测量法检测故障点

表 3-1　用电压分段测量法检测故障点并排除故障的方法

故障现象	测量状态	两点间电压/V			故障点	排除
		5—6	6—7	7—0		
按下 SB2 时，KM 不吸合，按下 SB3 时，KA2 吸合	按下 SB2 不放	110	0	0	SB1 接触不良或接线脱落	更换按钮 SB1 或将脱落线接好
		0	110	0	SB2 接触不良或接线脱落	更换按钮 SB2 或将脱落线接好
		0	0	110	KM 线圈开路或接线脱落	更换同型号线圈或将脱落线接好

（2）主轴电动机 M1 起动后不能自锁

当按下起动按钮 SB2 时，主轴电动机能起动运转，但松开 SB2 后，M1 也随之停止。造成这种故障的原因是接触器 KM 的自锁触点接触不良或连接导线松脱。

(3) 主轴电动机 M1 不能停车

造成这种故障的原因多是接触器 KM 的主触点熔焊；停止按钮 SB1 触点直通或电路中 5、6 两点连接导线短路；接触器铁心表面粘有污垢。可采用下列方法判明是哪种原因造成电动机 M1 不能停车：若断开 QF，接触器 KM 释放，则说明故障为 SB1 触点直通或导线短接；若接触器过一段时间释放，则故障为铁心表面粘有污垢；若断开 QF，接触器 KM 不释放，则故障为主触点熔焊。根据具体故障采取相应措施修复。

(4) 主轴电动机在运行中突然停车

这种故障的主要原因是由于热继电器 FR1 动作。发生这种故障后，一定要找出热继电器 FR1 动作的原因，排除后才能使其复位。引起热继电器 FR1 动作的原因可能是：三相电源电压不平衡，电源电压较长时间过低，负载过重以及 M1 的连接导线接触不良等。

(5) 刀架快速移动电动机不能起动

首先检查 FU2 熔体是否熔断；其次检查中间继电器 KA2 触点的接触是否良好；若无异常或按下 SB3 时，继电器 KA2 不吸合，则故障必定在控制电路中。这时依次检查 FR1 的动断（常闭）触点、点动按钮 SB3 及继电器 KA2 的线圈是否有断路现象即可。

3.1.5 技能训练与成绩评定

1. 技能训练

人为设置 1 ~2 个故障，学生分组进行故障检查与排除练习。

(1) 故障现象

针对下列故障现象分析故障范围，按照规范的检修步骤排除故障。

1) 按下 SB2，主轴不能起动。

2) 主轴运行后转动 SB4，无切削液流出（切削液箱有切削液，且冷却泵运转正常，还要考虑冷却泵的旋转方向）。

3) 按下 SB2 主轴点动运行。

4) 机床照明灯不亮。

(2) 检修步骤及工艺要求

1) 在教师指导下对车床进行操作。

2) 参照图 3-4 所示的 CA6140 型卧式车床元器件位置图，熟悉车床各元器件的位置及电路走向。

3) 观察、理解教师示范的检修流程。

4) 在车床上人为设置自然故障。故障的设置应注意以下几点：

① 人为设置的故障必须是车床在工作中由于受外界因素影响而造成的自然故障。

② 不能设置更改电路或更换元器件等非自然故障。

③ 设置故障不能损坏电路元器件，不能破坏电路美观；不能设置易造成人身事故的故障；尽量不设置易引起设备事故的故障。

2. 成绩评定

在 CA6140 型卧式车床电气电路中设置 1 ~2 个故障，学生观察故障现象，分析原因和

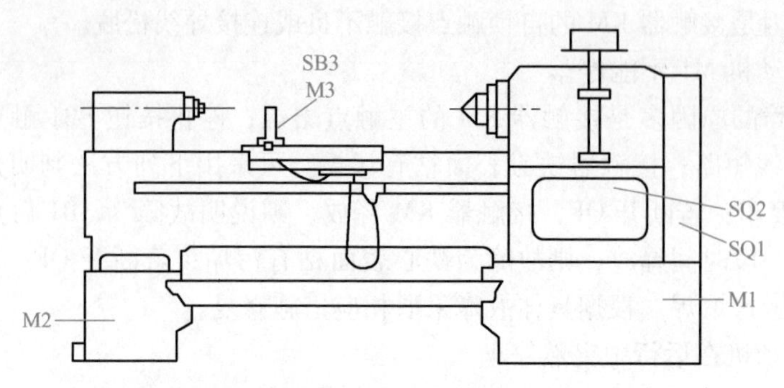

图 3-4 CA6140 型卧式车床元器件位置图

故障范围，用万用表进行故障检查与排除。CA6140 型卧式车床排故评分标准见表 3-2。

表 3-2 CA6140 型卧式车床排故评分标准

序号	内 容	评 分 标 准	配分	扣分	得分
1	观察故障现象	有两个故障。观察不出故障现象，每个扣 10 分	20		
2	分析故障	分析和判断故障范围，每个故障占 20 分。每一个故障，范围判断不正确每次扣 10 分；范围判断过大或过小，每超过一个元器件或导线标号扣 5 分，扣完 20 分为止	40		
3	排除故障	不能排除故障，每个扣 20 分	40		
4	其他	不能正确使用仪表扣 10 分；拆卸无关的元器件、导线端子，每次扣 5 分；扩大故障范围，每个故障扣 5 分；违反电气安全操作规程，造成安全事故者酌情扣分；修复故障过程中超时，每超时 5min 扣 5 分	从总分倒扣		
开始时间		结束时间		成绩		评分人	

3.1.6 思考题

1）CA6140 型卧式车床的电气保护措施有________、________、________。

2）CA6140 型卧式车床的运动形式包括________、________。

3）CA6140 型卧式车床电动机没有反转控制，而主轴有反转要求，是靠________实现的。

4）CA6140 型卧式车床的过载保护采用（　　），短路保护采用（　　），失电压保护采用（　　）。

A. 接触器自锁　　B. 熔断器　　C. 热继电器

5）主轴电动机断相运行，会发出“嗡嗡”声，输出转矩下降，可能（　　）。

A. 烧毁电动机　　B. 烧毁控制电路　C. 使电动机加速运转

6）CA6140 型卧式车床的主轴电动机因过载而自动停车后，操作者立即按起动按钮，但电动机不能起动，试分析可能的原因。

实训任务 3.2　C6140T 型卧式车床电气电路的故障检修

3.2.1　实训目标

（1）总目标

能运用万用表检测 C6140T 型卧式车床常见电气电路故障。

（2）具体目标

1）了解 C6140T 型卧式车床的工作状态及操作方法。

2）能看懂机床电路图，能识读 C6140T 型卧式车床的电气原理图，熟悉车床电气元器件的分布位置和走线情况。

3）能根据故障现象分析 C6140T 型卧式车床常见电气电路故障原因，确定故障范围。

4）能按照正确的检测步骤，用万用表检查并排除 C6140T 型卧式车床常见电气电路故障。

3.2.2　实训内容

在 30min 内排除两个 C6140T 型卧式车床电气电路的故障。

3.2.3　实训工具、仪表和器材

1）工具：尖嘴钳，剥线钳，螺钉旋具（十字槽、一字槽）等。

2）仪表：万用表，绝缘电阻表，钳形电流表。

3）器材：C6140T 型卧式车床或 C6140T 型卧式车床模拟电气控制柜。

3.2.4　实训指导

1. C6140T 型卧式车床

（1）主要结构及运动形式

车床是一种应用极为广泛的金属切削机床，主要用来车削外圆、内圆、端面、螺纹和定型表面等。C6140T 型卧式车床主要由床身、主轴变速箱（主轴箱）、进给箱、溜板及刀架、尾座、丝杠、光杠等几部分组成。C6140T 型卧式车床的结构示意图如图 3-5 所示。

车床的运动形式有主运动、进给运动和辅助运动。

车床的主运动为工件的旋转运动，它是由主轴通过卡盘或顶尖带动工件旋转，承受车削加工时的主要切削功率。车削加工时，应根据被加工工件材料、刀具种类、工件尺寸、工艺要求等选择不同的切削速度。其主轴正转速度有 24 种（10～1400r/min），反转速度有 12 种（14～1580r/min）。

车床的进给运动是溜板带动刀架的纵向或横向直线运动。溜板箱把丝杠或光杠的转动传递给刀架部分，变换溜板箱外的手柄位置，经刀架部分使车刀做纵向或横向进给运动。

车床的辅助运动有刀架的快速移动、尾座的移动以及工件的夹紧与放松等。

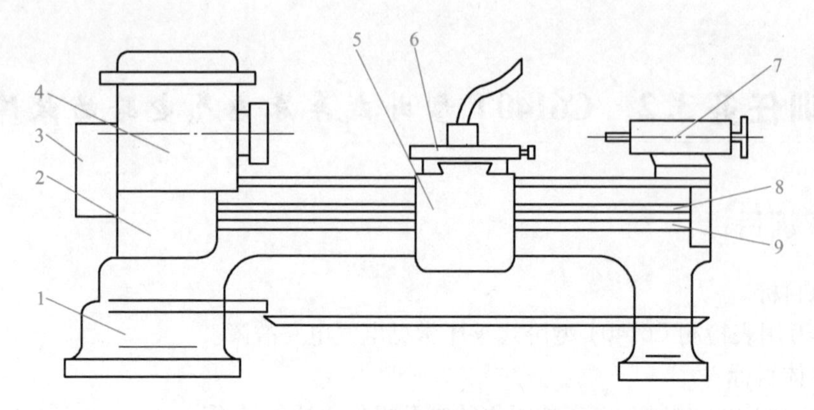

图 3-5　C6140T 型卧式车床的结构示意图

1—床身　2—进给箱　3—交换齿轮箱　4—主轴箱　5—溜板箱

6—溜板及刀架　7—尾座　8—丝杠　9—光杠

(2) 车床加工对电气控制电路的要求

1）加工螺纹时，工件的旋转速度与刀具的进给速度应保持严格的比例，因此，主运动和进给运动由同一台电动机拖动，一般采用笼型异步电动机。

2）工件的材料、尺寸和加工工艺等不同，切削速度应不同，因此要求主轴的转速也不同，这里采用机械调速。

3）车削螺纹时，要求主轴反转来退刀，因此要求主轴能正反转。车床主轴的旋转方向可通过机械手柄来控制。

4）主轴电动机采用直接起动，为了缩短停车时间，主轴停车时采用能耗制动。

5）车削加工时，由于刀具与工件温度高，所以需要冷却。为此，设有冷却泵电动机且要求冷却泵电动机应在主轴电动机起动后方可选择起动与否；当主轴电动机停止时，冷却泵电动机应立即停止。

6）为实现溜板箱的快速移动，由单独的刀架快速移动电动机拖动，采用点动控制。

7）应配有安全照明电路和必要的联锁保护环节。

C6140T 型卧式车床由三台三相笼型异步电动机拖动，即主电动机 M1、冷却泵电动机 M2 和刀架快速移动电动机 M3。

2. C6140T 型卧式车床电气原理图分析

C6140T 型卧式车床的电气原理图如图 3-6 所示。

(1) 主电路分析

C6140T 型卧式车床共有三台电动机，其控制电路的主电路部分如图 3-7 所示。

合上断路器 QF1。

按下按钮 SB2，交流接触器 KM1 主触点闭合，M1 直接起动运行。

交流接触器 KM1 主触点闭合后，交流接触器 KM2 主触点闭合，再合上断路器 QF2，M2 直接起动运行。

按下按钮 SB3，交流接触器 KM3 主触点闭合，M3 直接起动运行。

冷却泵电动机 M2 由 KM2 和断路器 QF2 控制。刀架快速移动电动机 M3 由交流接触器 KM3 控制，并由熔断器 FU1 实现短路保护。

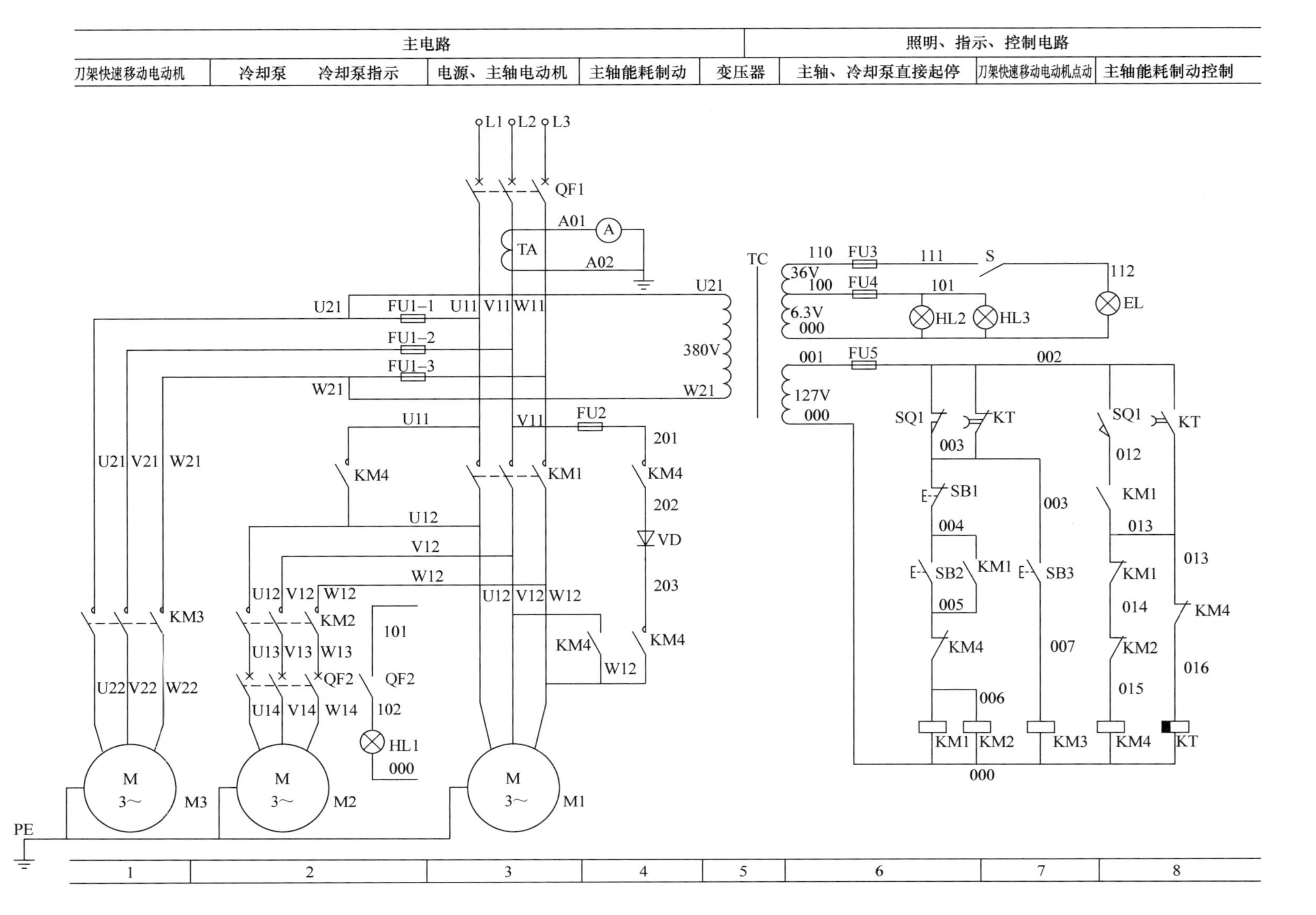

图3-6 C6140T型卧式车床的电气原理图

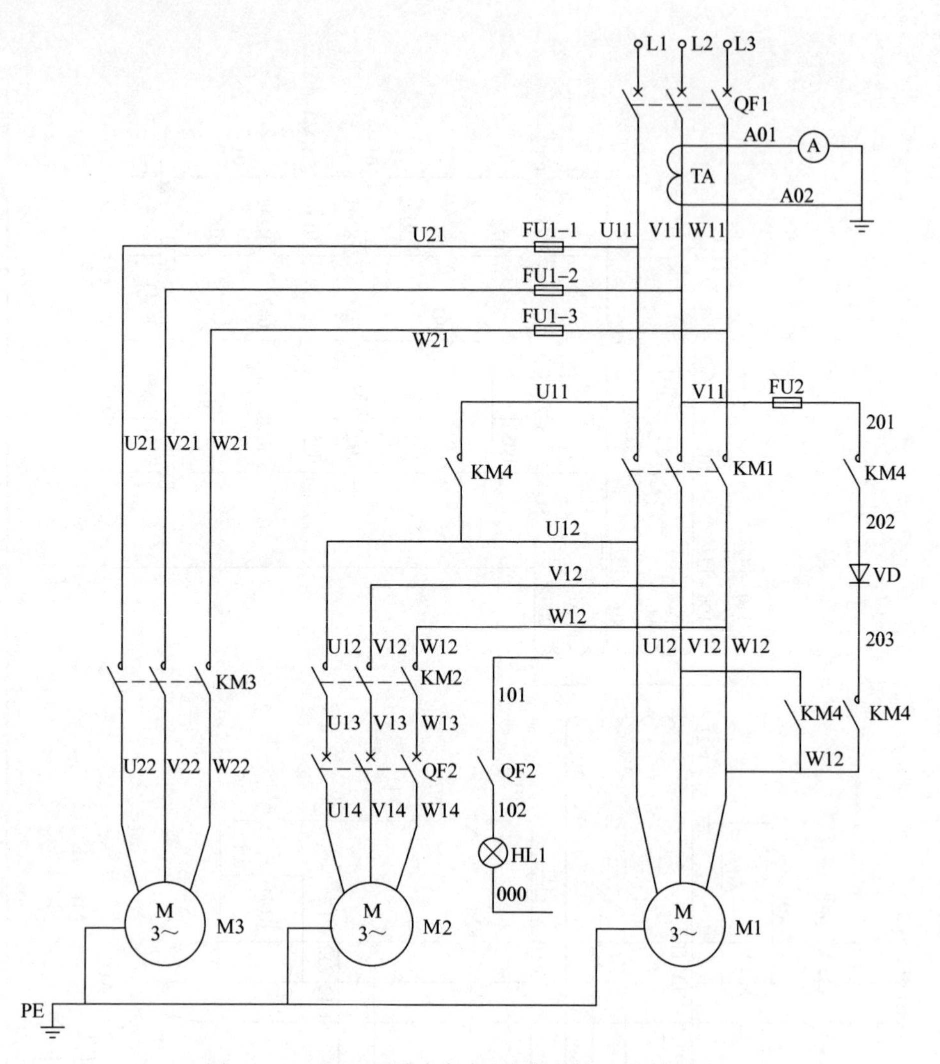

图 3-7　C6140T 型卧式车床电气控制的主电路部分

（2）控制电路分析

控制电路的电源是控制变压器 TC 提供的交流电压 127V。C6140T 型卧式车床的控制电路部分如图 3-8 所示。

1）M1、M2 直接起动。合上 QF1→按下 SB2→KM1、KM2 线圈得电并自锁→KM1 主触点闭合→M1 直接起动。

KM2 主触点闭合→合上 QF2→ M2 直接起动。

2）M3 直接起动。合上 QF1→按下 SB3→KM3 线圈得电→ KM3 主触点闭合→M3 直接起动（点动）。

3）M1 能耗制动

合上 SQ1→KT 线圈得电→
- KT 动断（常闭）触点断开→KM1、KM2 线圈断电
- 断开三相交流电源
- KT 动合（常开）触点闭合

KM4 线圈得电→{ KM4 主触点闭合，M1 通入直流电进行能耗制动
KM4 常闭触点断开→KT 线圈断电→延时一定时间后，KT 延时常开触点复位，KM4 线圈断电，KM4 主触点断开，制动结束 }

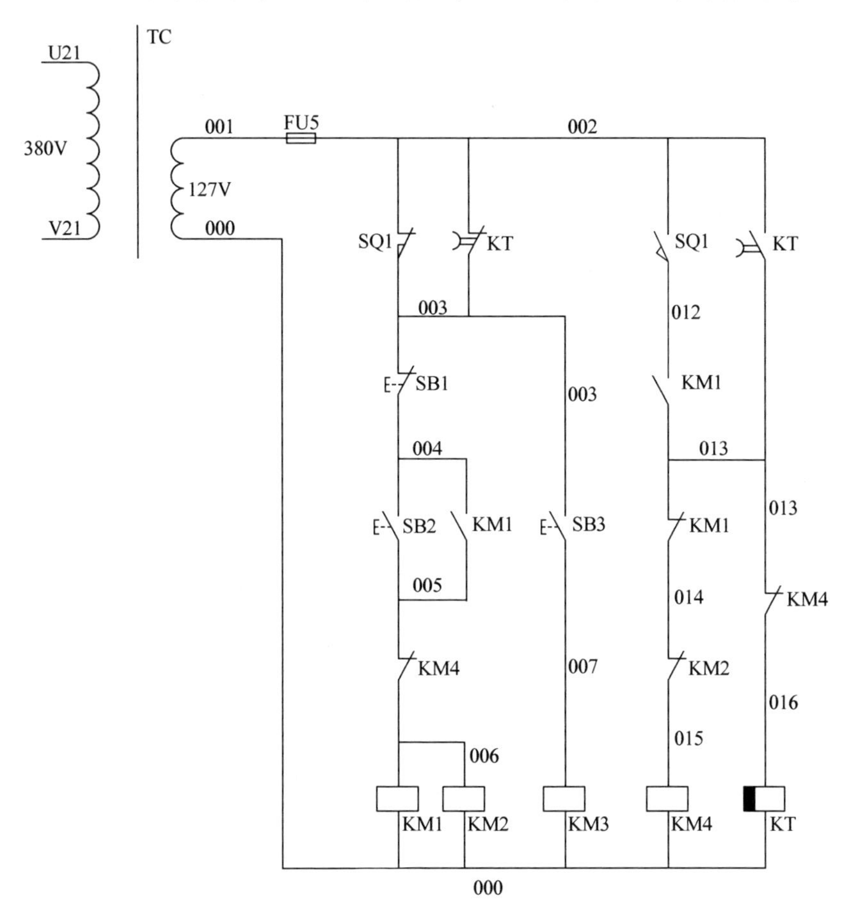

图 3-8　C6140T 型卧式车床的控制电路部分

（3）照明指示电路

照明指示电路如图 3-9 所示，电源变压器 TC 将 380V 的交流电压降到 36V 的安全电压，供照明用。照明电路由开关 S 控制灯泡 EL。熔断器 FU3 用作照明电路的短路保护。

6.3V 电压供给冷却泵电动机 M2 运行指示灯 HL1、电源指示灯 HL2、分度照明灯 HL3 作为电源。

（4）车床电动机工作电流监测回路

车床电动机工作电流监测回路如图 3-10 所示，由电流互感器 TA 配合电流表 A 监视电动机的工作电流。

（5）总结

1）主轴电动机采用单向直接起动，单管能耗制动。能耗制动时间用断电延时型时间继电器控制。

2）主轴电动机和冷却泵电动机在主电路中保证顺序联锁关系。

3）用电流互感器检测电流，监视电动机的工作电流。

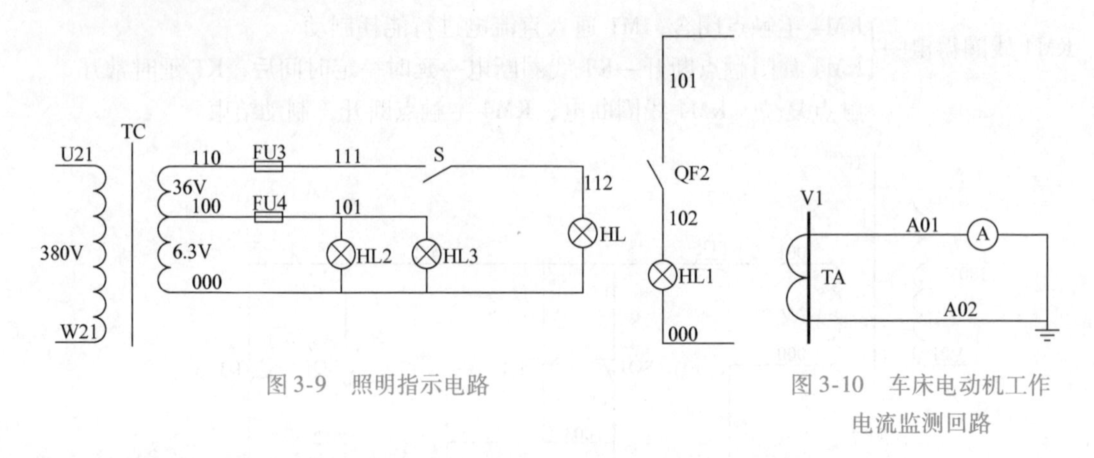

图 3-9　照明指示电路

图 3-10　车床电动机工作电流监测回路

3. C6140T 型卧式车床电气电路的常见故障分析与检修

（1）主轴电动机 M1 不能起动

主轴电动机 M1 不能起动的原因可能是：控制电路没有电压；控制电路中的熔断器 FU5 熔断；接触器 KM1 未吸合。

按下起动按钮 SB2，接触器 KM1 若不动作，故障必定在控制电路。如按钮 SB1、SB2 的触点接触不良，接触器线圈断开，就会导致 KM1 不能通电动作。可用电阻法依次测量 001—002—003—004—005—006—000，以判断电路中是否有断路。

在实际检测中，应在充分试车情况下尽量缩小故障区域。对于电动机 M1 不能起动的故障现象，若刀架快速移动正常，则故障将限于 003—004—005—006—000 之间。

当按 SB2 后，若接触器 KM1 吸合，但主轴电动机不能起动，则故障原因必定在主电路中。可依次检查进线电源、QF1、接触器 KM1 主触点及三相电动机的接线端子等是否接触良好。

在查找故障时，对于同一线号至少有两个相关接线连接点的，应根据电路逐一测量，判断是属于连接点故障还是同一线号两连接点之间的导线故障。

尽量采用电压法检测控制电路的故障，当故障找到之后，应断开电源再排除故障。

（2）主轴电动机能运转但不能自锁

当按下按钮 SB2 时，电动机能运转，但松开按钮后电动机即停转。这是由于接触器 KM1 的辅助动合（常开）触点接触不良或位置偏移、卡阻现象引起的故障。这时只要修整或更换接触器 KM1 的辅助动合（常开）触点即可排除故障。辅助动合（常开）触点的连接导线松脱或断开也会使电动机不能自锁。用电阻法测量 004—005 两点间的连接情况。

（3）主轴电动机不能停车

造成这种故障的原因可能有接触器 KM1 的主触点熔焊；停止按钮 SB1 击穿或电路中 003、004 两点连接导线短路；接触器铁心表面粘有污垢。可采用下列方法判明是哪种原因造成电动机 M1 不能停车：若断开 QF1，接触器 KM1 释放，则说明故障为 SB1 击穿或导线短路；若接触器过一段时间释放，则故障为铁心表面粘有污垢；若断开 QF1，接触器 KM1 不释放，则故障为主触点熔焊，打开接触器灭弧罩，可直接观察到该故障。根据具体故障情况采取相应措施。

（4）刀架快速移动电动机不能运转

按下点动按钮 SB3，若接触器 KM3 未吸合，故障必然在控制电路中。这时可检查点动按钮 SB3 或接触器 KM3 的线圈是否断路。用电阻法检测 003—007—000 各点之间的连接情况。

（5）M1 能起动，不能能耗制动

起动主轴电动机 M1 后，若要实现能耗制动，只需踩下位置开关 SQ1 即可。若踩下位置开关 SQ1，不能实现能耗制动，其故障现象通常有两种：一种是电动机 M1 能自然停车；另一种是电动机 M1 不能停车，仍然转动不停。

踩下位置开关 SQ1，不能实现能耗制动，其故障范围可能在主电路，也可能在控制电路中。可用如下方法加以判别。

1）由故障现象确定。当踩下位置开关 SQ1 时，若电动机能自然停车，说明控制电路中 KT（002—003 之间）能断开，时间继电器 KT 线圈得过电，不能制动的原因在于接触器 KM4 是否动作。KM4 动作，故障点在主电路中；KM4 不动作，故障点在控制电路中。

当踩下位置开关 SQ1 时，若电动机不能停车，说明控制电路中 KT（002—003 之间）不能断开，致使接触器 KM1 线圈不能断电释放，从而造成电动机不停车。故障点在控制电路中，这时可以检查继电器 KT 线圈是否得电。

2）由电器的动作情况确定。当踩下位置开关 SQ1 进行能耗制动时，反复观察电器 KT 和 KM4 的衔铁有无吸合动作。若 KT 和 KM4 的衔铁先后吸合，则故障点肯定在主电路的能耗制动支路中；若 KT 和 KM4 的衔铁有一个不吸合，则故障点必在控制电路的能耗制动支路中。

例 3-1　主轴电动机 M1 不能起动。

（1）故障现象　主轴电动机不能起动，KM1 线圈不得电。

（2）故障分析　首先用万用表电压档测量变压器 TC 是否有 380V 电压输入，如果没有，故障范围在以下电路中（见图 3-11）：

L1→QF1→U11→FU1—1→U21→TC

L3→QF1→W11→FU1—3→W21→TC

如果有 380V 输入，则测量变压器是否有 127V 输出。若没有则变压器有故障；如果有，则故障范围在以下电路中（见图 3-12）：

001→FU5→002→{SQ1（002—003）；KT（002—003）}→003→SB1→004→{SB2→005→KM4（005—006）→；KM1（004—005）↑}

→006→KM1 线圈→000

（3）故障测量（假设故障是 KM4 动断（常闭）触点下端的 006 断开）　用万用表测量图 3-12 所示电路。

1）电阻法。断开 FU5，按下 SB2 或 KM1 动合（常开）触点，将一根表笔固定在 TC 的 001 上，另外一根表笔依次测量 002、003、004、005、006。正常情况是电阻值应近似为“0”。按照假设测到 005 时电阻值应近似为“0”，测到 KM1 线圈的 006 时电阻应近似为“∞”。

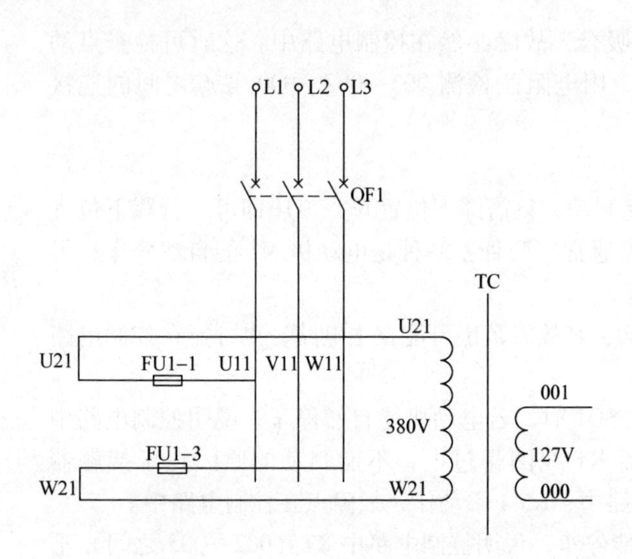

图 3-11 电源、变压器回路

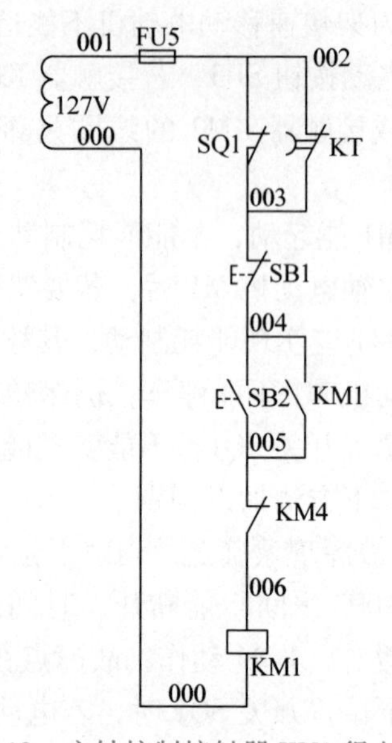

图 3-12 主轴控制接触器 KM1 得电电路

2）电压法。按下 SB2，将一根表笔固定在 TC 的 000 上，另外一根表笔依次测量 001、002、003、004、005、006。正常情况是电压值应近似为 127V。按照假设测到 005 时电压值应近似为 127V，测到 KM1 线圈的 006 时电压应为 0V。

故障点：KM4（005—006）到 KM1 线圈的 006。

例 3-2 主轴电动机不能制动。

（1）故障现象 主轴电动机不能制动。

（2）故障分析 主轴电动机制动电路分两部分，即主电路与控制电路。

制动主电路故障范围如下所述，图 3-13 所示为制动主电路。

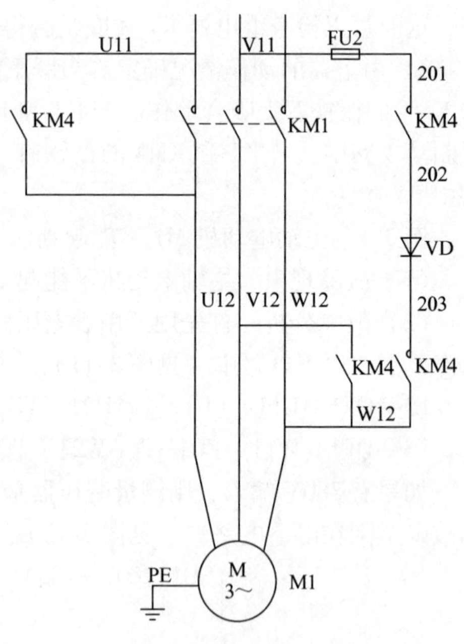

图 3-13 制动主电路

V11→FU2→201→KM4（201—202）→202→VD→203→KM4（203—W12）→

$\begin{cases}\text{W12} \\ \text{KM4（W12—V12）→V12→M1→U12→KM4（U12—U11）→U11}\end{cases}$

图 3-14 所示为制动控制电路。

制动控制电路故障按以下步骤分析：

1）KT 动作情况。观察 KT 线圈是否得电，若得电，则故障不在 KT 线圈得电回路中；若不得电，则故障在 KT 线圈得电回路中。

KT 线圈得电回路：002→SQ1（002—012）→012→KM1（012—013）→013→KM4（013—016）→016→KT 线圈→000。

观察 KT 得电后是否自锁，若自锁，则故障不在 KT 自锁回路中；若不自锁，则故障在

KT 自锁回路中。

KT 自锁回路：002→KT（002—013）→013。

2）KM4 动作情况。若 KM4 线圈不得电，故障就在 KM4 得电回路中。

KM4 线圈得电回路：002→KT（002—013）→013→KM1（013—014）→014→KM2（014—015）→015→KM4 线圈→000。

KM4 得电回路中含有 KT 自锁回路，如 KT 自锁，则故障只在 013→KM1（013—014）→014→KM2（014—015）→015→KM4 线圈→000 中。

（3）故障测量　用电阻法或电压法测量以上电路，其中需要注意的是在使用电阻法测量时应防止寄生回路产生的误判断。寄生回路如图 3-15 所示。设 016 线断开，测量 KM4（013—016）→016→KT 线圈时，原则上电阻应近似为“∞”，而实际测量时电阻值为 KM4 与 KT 线圈的串联值。这时可用手按下 KM1 或 KM2，使 KM1 或 KM2 动断（常闭）触点断开，这样就断开了寄生回路。

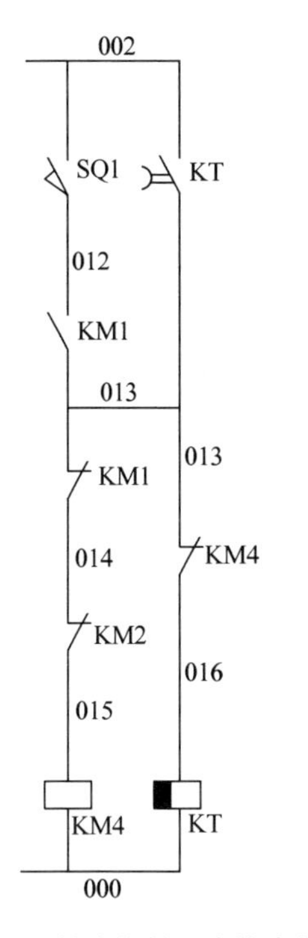

图 3-14　制动控制电路故障范围

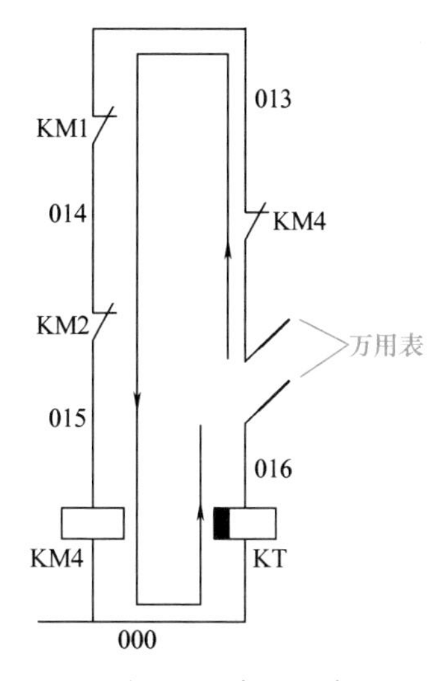

图 3-15　寄生回路

3.2.5　技能训练与成绩评定

1. 技能训练

人为设置 1 ~ 2 个故障，学生分组进行故障检查与排除练习。

（1）故障现象

针对下列故障现象分析故障范围，编写检修流程，按照检修步骤排除故障。

1）按下 SB2，主轴不能起动。

2）按下 SB2，接触器 KM1 不能吸合，KM2 能吸合。

3）按下 SB2，主轴点动运行。

4）压下位置开关 SQ1，主轴电动机不能立即停止。

（2）检修步骤及工艺要求

1）在教师指导下对车床进行操作，熟悉 C6140T 型卧式车床各元器件的位置、电路走向。

2）观察、理解教师示范的检修流程。

3）在 C6140T 型卧式车床上人为设置自然故障。故障的设置应注意以下几点：

① 人为设置的故障必须是车床在工作中由于受外界因素影响而造成的自然故障。

② 不能设置更改电路或更换元器件等非自然故障。

③ 设置故障不能损坏电路元器件，不能破坏电路美观；不能设置易造成人身事故的故障；尽量不设置易引起设备事故的故障。

2. 成绩评定

在 C6140T 型卧式车床电气电路中设置 1 ~ 2 个故障，学生观察故障现象，分析原因和故障范围，用电阻法或电压法进行故障检查与排除。C6140T 型卧式车床排故评分标准见表 3-3。

表 3-3　C6140T 型卧式车床排故评分标准

序号	内　容	评分标准	配分	扣分	得分
1	观察故障现象	有两个故障。观察不出故障现象，每个扣 10 分	20		
2	分析故障	分析和判断故障范围，每个故障占 20 分。每一个故障，范围判断不正确每次扣 10 分；范围判断过大或过小，每超过一个元器件或导线标号扣 5 分，扣完 20 分为止	40		
3	排除故障	不能排除故障，每个扣 20 分	40		
4	其他	不能正确使用仪表扣 10 分；拆卸无关的元器件、导线端子，每次扣 5 分；扩大故障范围，每个故障扣 5 分；违反电气安全操作规程，造成安全事故者酌情扣分；修复故障过程中超时，每超时 5min 扣 5 分	从总分倒扣		

开始时间		结束时间		成绩		评分人	

3.2.6　思考题

1）在 C6140T 型卧式车床中，若主轴电动机 M1 只能点动，则可能的故障原因是什么？

2）试述 C6140T 型卧式车床主轴电动机 M1 的控制特点及制动过程，其中时间继电器 KT 的作用是什么？

3）C6140T 型卧式车床电气控制具有哪些保护环节？

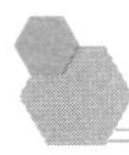

实训任务 3.3 X62W 型万能卧式铣床电气电路的故障检修

3.3.1 实训目标

（1）总目标

能运用万用表检查 X62W 型万能卧式铣床常见电气电路故障。

（2）具体目标

1）了解 X62W 型万能卧式铣床的工作状态及操作方法。

2）能识读 X62W 型万能卧式铣床的电气原理图，熟悉铣床电气元器件的分布位置和走线情况。

3）能根据故障现象分析故障原因，确定故障范围。

4）能用电压法检查 X62W 型万能卧式铣床常见故障，排除故障并能通电试车。

3.3.2 实训内容

在 40min 内排除两个 X62W 型万能卧式铣床电气电路的故障。

3.3.3 实训工具、仪表和器材

1）工具：尖嘴钳，剥线钳，螺钉旋具（十字槽、一字槽）等。

2）仪表：万用表，绝缘电阻表，钳形电流表。

3）器材：X62W 型万能卧式铣床或 X62W 型万能卧式铣床模拟电气控制柜。

3.3.4 实训指导

1. X62W 型万能卧式铣床

（1）主要结构及运动形式

万能卧式铣床是一种通用的多用途机床，可用来加工平面、斜面、沟槽；装上分度头后，可以铣切直齿轮和螺旋面；加装回转工作台，可以铣切凸轮和弧形槽。铣床的控制是机械与电气一体化的控制。

X62W 型万能卧式铣床型号的含义如下：

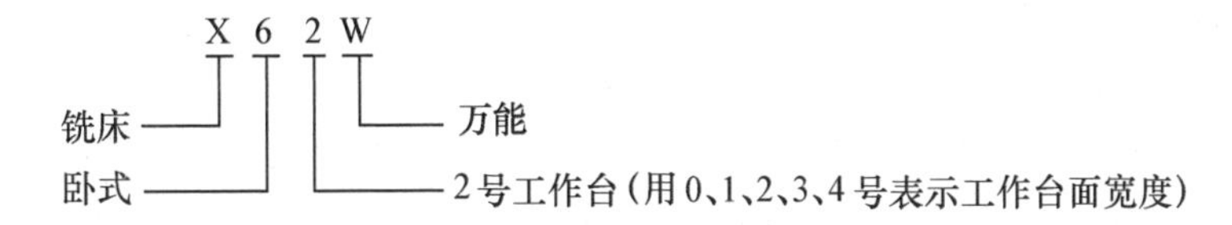

X62W 型万能卧式铣床的结构示意图如图 3-16 所示。它主要由床身、主轴、刀杆、悬梁、工作台、转盘、横溜板、升降台、底座等部分组成。在床身的前面有垂直导轨，升降台可沿垂直导轨上下移动；在升降台上面的水平导轨上，装有可在平行于主轴轴线方向移动

(前后移动)的溜板;溜板上部有可转动的转盘,工作台装于溜板上部转盘上的导轨上,做垂直于主轴轴线方向的移动(左右移动)。工作台上有T形槽来固定工件,因此,安装在工作台上的工件可以在三个坐标的6个方向(上下、左右、前后)调整位置或进给。

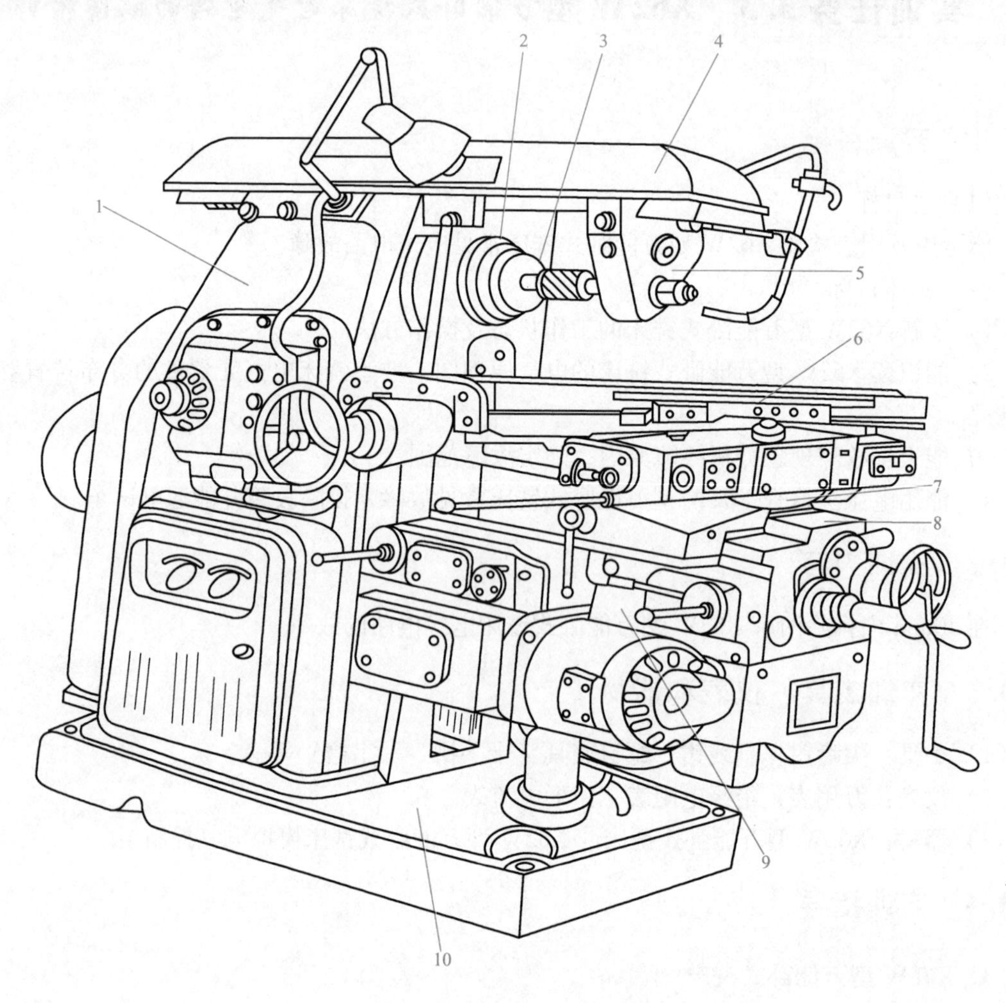

图3-16 X62W型万能卧式铣床结构示意图

1—床身 2—主轴 3—刀杆 4—悬梁 5—刀杆支架 6—工作台 7—转盘
8—横溜板 9—升降台 10—底座

铣削是一种高效率的加工方式。铣床主轴带动铣刀的旋转运动是主运动;铣床工作台的横向(前后)、纵向(左右)和垂直(上下)6个方向的运动是进给运动;铣床其他的运动,如工作台的旋转运动属于辅助运动。

(2)X62W型万能卧式铣床的电气控制要求

X62W型万能卧式铣床由3台电动机驱动:M1为主轴电动机,主轴的旋转运动由M1驱动;M2为进给电动机,机床的进给运动和辅助运动由M2驱动;M3为冷却泵电动机,将切削液输送到机床切削部位。

1)铣削加工有顺铣和逆铣,但变换不频繁,因此,主轴电动机M1的正反转由换向开关SA3控制。停车时采用电磁离合器制动,以实现准确停车。

2）铣床的工作台有6个方向的进给运动和快速移动，由进给电动机M2采用正反转控制，同一时间6个方向的进给运动中只能有一种运动产生，采用机械手柄和位置开关配合的方式实现6个方向进给运动的联锁。进给的快速移动通过电磁离合器和机械挂挡来完成。为扩大加工能力，工作台上可加装回转工作台，回转工作台的回转运动由进给电动机经传动机构驱动。

3）主轴运动和进给运动采用变速盘进行速度选择，为保证变速齿轮能很好地啮合，调整变速盘时采用变速冲动控制。

4）为了更换铣刀方便、安全，设置换刀开关SA1。换刀时，一方面将主轴制动，另一方面将控制电路切断，避免出现人身事故。

5）有必要的短路、过载保护。

2. X62W 型万能卧式铣床电气原理图分析

X62W 型万能卧式铣床电气原理图如图3-17所示。X62W 型万能卧式铣床上各转换开关位置与触点通断情况见表3-4。

表3-4 X62W 型万能卧式铣床各转换开关位置与触点通断情况

主轴换向开关

触点	位置		
	正转	停止	反转
SA3-1	-	-	+
SA3-2	+	-	-
SA3-3	+	-	-
SA3-4	-	-	+

回转工作台控制开关

触点	位置	
	接通	断开
SA2-1	-	+
SA2-2	+	-
SA2-3	-	+

主轴换刀制动开关

触点	位置	
	接通	断开
SA1-1	+	-
SA1-2	-	+

工作台纵向进给开关

触点	位置		
	左	停	右
SQ5-1	-	-	+
SQ5-2	+	+	-
SQ6-1	+	-	-
SQ6-2	-	+	+

工作台垂直与横向进给开关

触点	位置		
	前、下	停	后、上
SQ3-1	+	-	-
SQ3-2	-	+	+
SQ4-1	-	-	+
SQ4-2	+	+	-

注：“+”表示触点接通；“-”表示触点断开。

（1）主电路分析

主轴电动机M1由交流接触器KM1控制，SA3作为M1的换向开关；进给电动机M2通过操纵手柄和机械离合器的配合实现工作台前后、左右、上下6个方向的进给运动和快速移动，其正反转由接触器KM3、KM4来实现；冷却泵电动机M3用手动开关QS2控制，当M1起动后M3才能起动；3台电动机共用熔断器FU1作为短路保护；FR1、FR2、FR3分别为三台电动机提供过载保护。

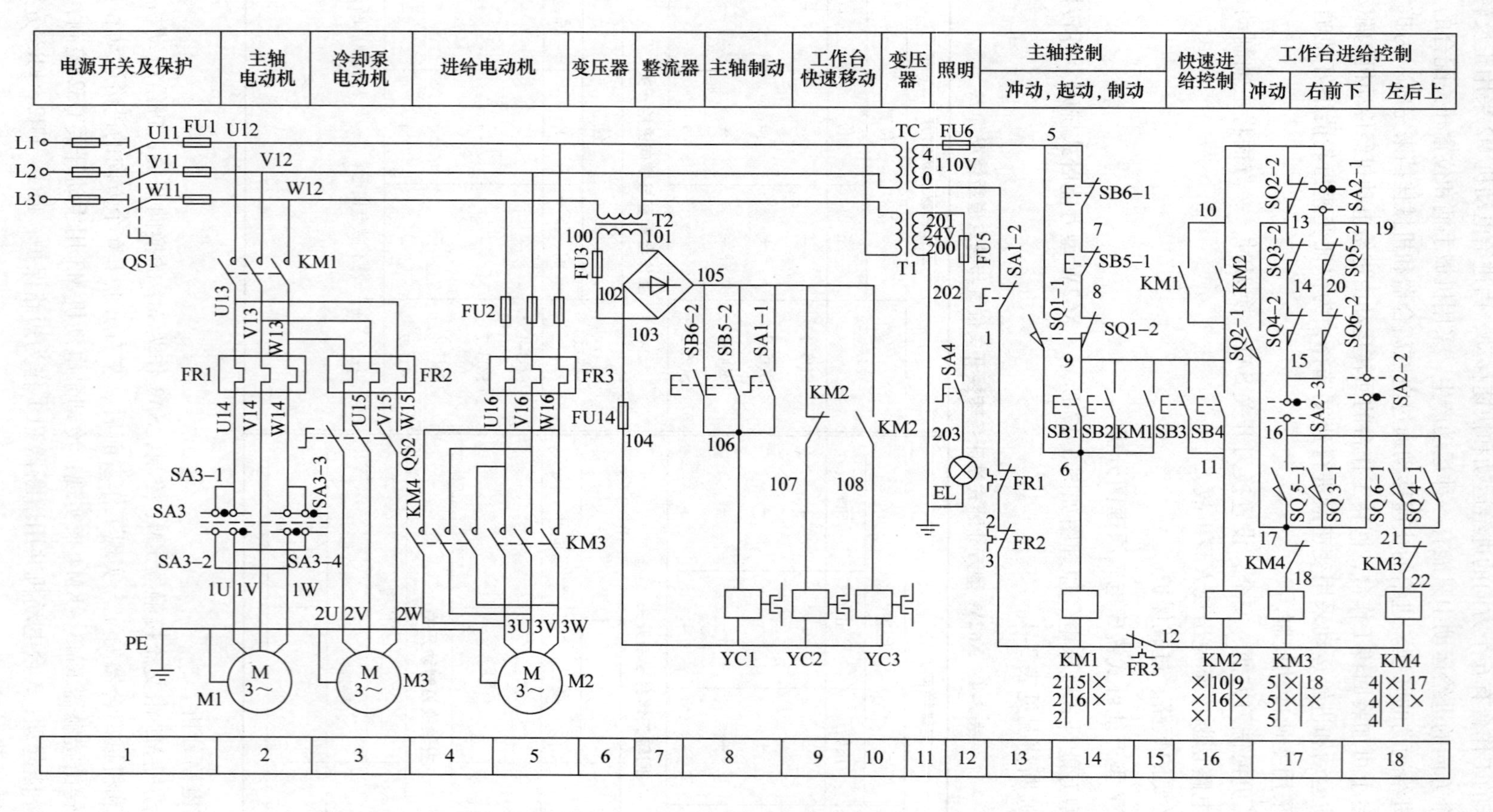

图3-17　X62W型万能卧式铣床电气原理图

（2）控制电路分析

控制电路的电源由控制变压器 TC 输出 110V 交流电压供电。

1）主轴电动机 M1 的控制。为方便操作，主轴电动机的起动、停止以及快速进给控制均采用两地控制方式，一组安装在工作台上，另一组安装在床身上。

① 主轴电动机 M1 的起动。主轴电动机起动之前，根据加工工艺要求确定是顺铣还是逆铣，先将换向开关 SA3 扳到所需的转向位置。然后，按下主轴起动按钮 SB1 或 SB2，接触器 KM1 线圈通电，衔铁吸合并自锁，主轴电动机 M1 直接起动运行。

KM1 的辅助动合（常开）触点（9—10）闭合，接通控制电路的进给电路电源，保证了只有先起动主轴电动机，才可起动进给电动机，避免工件或刀具的损坏。

② 主轴电动机 M1 的制动。为了使主轴准确停车，主轴采用电磁离合器制动。当按下停止按钮 SB5 或 SB6 时，接触器 KM1 断电释放，电动机 M1 断电。按钮按到底时，停止按钮的动合（常开）触点 SB5-2 或 SB6-2 接通，电磁离合器 YC1 吸合，将摩擦片压紧，对主轴电动机进行制动，直到主轴停止转动，才可松开停止按钮。

制动电磁离合器 YC1 装在主轴传动系统与 M1 转轴相连的第一根传动轴上，一般主轴的制动时间不超过 0.5s。

③ 主轴变速冲动。主轴的变速是通过改变齿轮的传动比实现的。变速由一个变速手柄和一个变速盘来实现，有 18 级不同转速（30~1500r/min）。为使变速时齿轮组能很好地重新啮合，设置变速冲动环节。在需要变速时，将变速手柄拉出，使齿轮组脱离啮合；再转动蘑菇形变速手轮，调到所需转速上，将变速手柄复位。在手柄复位的过程中，压动位置开关 SQ1，SQ1 的动断（常闭）触点（8—9）先断开，动合（常开）触点（5—6）后闭合，接触器 KM1 线圈瞬时通电，主轴电动机做瞬时点动，利于齿轮的重新啮合。当手柄复位后，SQ1 复位，断开主轴瞬时点动电路，完成变速冲动工作。如果点动一次齿轮还不能啮合，可重复进行上述动作。

④ 主轴换刀控制。在上刀或换刀时，主轴应处于制动状态，以避免发生事故。只要将换刀制动开关 SA1 拨至“接通”位置，其动断（常闭）触点 SA1-2（0—1）断开控制电路，保证在换刀时机床没有任何动作；其动合（常开）触点 SA1-1（105—106）接通 YC1，使主轴处于制动状态。换刀结束后，要记住将 SA1 扳回“断开”位置。

2）进给电动机 M2 的控制。工作台的进给运动分为工作进给和快速进给。工作进给只有在主轴起动后才可进行；快速进给是点动控制，即使不起动主轴也可进行。在正常进给运动控制时，回转工作台控制开关 SA2 应转至断开位置。SQ5、SQ6 控制工作台向右和向左运动，SQ3、SQ4 控制工作台向前、向下和向后、向上运动。

进给驱动系统用了两个电磁离合器 YC2 和 YC3，都安装在进给传动链中的第四根轴上。当左边的离合器 YC2 吸合时，连接工作台的进给传动链；当右边的离合器 YC3 吸合时，连接快速移动传动链。

① 工作台的纵向（左、右）进给运动。起动主轴，当纵向进给手柄扳向右边时，联动机构将电动机的传动链拨向工作台下面的丝杠，使电动机的动力通过该丝杠作用于工作台，同时压下位置开关 SQ5，接触器 KM3 线圈通过 10→SQ2-2→13→SQ3-2→14→SQ4-2→15→SA2-3→16→SQ5-1→17→KM4 动断（常闭）触点→18→KM3 线圈路径得电吸合，进给电动机 M2 正转，带动工作台向右运动。

同理，当纵向进给手柄扳向左时，SQ6 被压下，接触器 KM4 线圈得电，进给电动机 M2 反转，工作台向左运动。

进给到位将手柄扳至中间位置，SQ5 或 SQ6 复位，KM3 或 KM4 线圈断电，电动机的传动链与左右丝杠脱离，M2 停转。若在工作台左右极限位置装设限位挡铁，当挡铁碰撞到手柄连杆时，把手柄推至中间位置，电动机 M2 停转实现终端保护。

② 工作台的垂直（上、下）与横向（前、后）进给运动。工作台的垂直与横向进给运动由一个十字手柄操纵，该手柄有五个位置，即上、下、前、后、中间。当手柄向上或向下时，传动机构将电动机传动链和升降台上下移动丝杠相连；当手柄向前或向后时，传动机构将电动机传动链与溜板下面的丝杠相连；手柄在中间位时，传动链脱开，电动机停转。手柄扳至前、下位置，压下位置开关 SQ3；手柄扳至后、上位置，压下位置开关 SQ4。

将十字手柄扳到向上（或向后）位，SQ4 被压下，接触器 KM4 得电吸合，进给电动机 M2 反转，带动工作台做向上（或向后）运动。KM4 线圈得电路径为：10→SA2-1→19→SQ5-2→20→SQ6-2→15→SA2-3→16→SQ4-1→21→KM3 动断（常闭）触点→22→KM4 线圈。

同理，将十字手柄扳到向下（或向前）位，SQ3 被压下，接触器 KM3 得电吸合，进给电动机 M2 正转，带动工作台做向下（或向前）运动。

③ 进给变速冲动。进给变速只有各进给手柄均在零位时才可进行。在改变工作台进给速度时，为使齿轮易于啮合，需要进给电动机瞬时点动一下。其操作顺序是：先将进给变速的蘑菇形手柄拉出，转动变速盘，选择好速度，然后将手柄继续向外拉到极限位置，随即推回原位，变速结束。就在手柄拉到极限位置的瞬间，位置开关 SQ2 被压动，SQ2-2 先断开，SQ2-1 后接通，接触器 KM3 经 10→SA2-1→19→SQ5-2→20→SQ6-2→15→SQ4-2→14→SQ3-2→13→SQ2-1→17→KM4 动断（常闭）触点→18→KM3 线圈路径得电，进给电动机瞬时正转。在手柄推回原位时 SQ2 复位，故进给电动机只瞬动一下。

④ 工作台快速移动。为提高生产效率，减少生产辅助工时，在不进行铣削加工时，可使工作台快速移动。当工作台工作进给时，再按下快速移动按钮 SB3 或 SB4（两地控制），接触器 KM2 得电吸合，其动断（常闭）触点（9 区）断开电磁离合器 YC2，将齿轮传动链与进给丝杠分离；KM2 动合（常开）触点（10 区）接通电磁离合器 YC3，将电动机 M2 与进给丝杠直接搭合。YC2 的失电以及 YC3 的得电，使进给传动系统跳过了齿轮变速链，电动机直接驱动丝杠套，工作台按进给手柄的方向快速进给。松开 SB3 或 SB4，KM2 断电释放，快速进给过程结束，恢复原来的进给传动状态。

由于在接触器 KM1 的动合（常开）触点（16 区）上并联了 KM2 的一个动合（常开）触点，故在主轴电动机不起动的情况下，也可实现快速进给调整工件。

⑤ 回转工作台的控制。当需要加工螺旋槽、弧形槽和弧形面时，可在工作台上加装回转工作台。使用回转工作台时，先将回转工作台控制开关 SA2 扳到“接通”位置，再将工作台的进给操纵手柄全部扳到中间位，按下主轴起动按钮 SB1 或 SB2，接触器 KM1 得电吸合，主轴电动机 M1 起动，接触器 KM3 线圈经 10→SQ2-2→13→SQ3-2→14→SQ4-2→15→SQ6-2→20→SQ5-2→19→SA2-2→17→KM4 动断（常闭）触点→18→KM3 线圈路径得电吸合，进给电动机 M2 正转，带动回转工作台做旋转运动。回转工作台只能沿一个方向做回转运动。

进给变速和回转工作台工作时，两个进给操作手柄必须处于中间位置，电路途经 SQ3 ~ SQ6 四个位置开关的动断（常闭）触点。扳动工作台任一进给手柄，都会使 M2 停止工作，实现了机械与电气配合的联锁控制。

3）冷却泵及照明电路控制。主轴电动机起动后，扳动组合开关 QS2 可控制冷却泵电动机 M3。照明电路由变压器提供 24V 电压，用开关 SA4 控制，熔断器 FU5 作为照明电路的短路保护。

3. X62W 型万能卧式铣床电气电路的常见故障分析与检修

（1）主轴电动机 M1 不能起动

这种故障分析和前面有关的机床故障分析类似。首先检查各开关是否处于正常工作位置，然后检查三相电源、熔断器、热继电器的动断（常闭）触点、两地起停按钮以及接触器 KM1 的情况，观察有无电器损坏、接线脱落、接触不良、线圈断路等现象。另外，还应检查主轴变速冲动开关 SQ1，由于开关位置移动甚至撞坏或动断（常闭）触点 SQ1 - 2 接触不良而引起电路的故障也不少见。

X62W型万能卧式铣床常见电气故障检修

（2）工作台各个方向都不能进给

铣床工作台的进给运动是通过进给电动机 M2 的正反转配合机械传动来实现的。若各个方向都不能进给，多是由于进给电动机 M2 不能起动引起的。检修故障时，首先检查回转工作台的控制开关 SA2 是否处在“断开”位置。若没问题，接着检查控制主轴电动机的接触器 KM1 是否已吸合动作。因为只有接触器 KM1 吸合后，控制进给电动机 M2 的接触器 KM3、KM4 才能得电。如果接触器 KM1 不能得电，则表明控制回路电源有故障，可检测控制变压器 TC 的一次、二次绕组和电源电压是否正常，熔断器是否熔断。待电压正常，接触器 KM1 吸合，主轴旋转后，若各个方向仍无进给运动，可扳动进给手柄至各个运动方向，观察其相关的接触器是否吸合，若吸合，则表明故障发生在主回路和进给电动机上，常见的故障有接触器主触点接触不良、主触点脱落、机械卡死、电动机接线脱落和电动机绕组断路等。除此以外，由于经常扳动操作手柄，开关受到冲击，使位置开关 SQ3、SQ4、SQ5、SQ6 的位置发生变动或被撞坏，使电路处于断开状态。变速冲动开关 SQ2 - 2 在复位时不能闭合接通，或接触不良，也会使工作台没有进给。

（3）工作台能向左、右进给，不能向前、后、上、下进给。

铣床控制工作台各个方向的开关是互相联锁的，使之只有一个方向的运动。因此这种故障的原因可能是控制左右进给的位置开关 SQ5 或 SQ6 由于经常被压合，使螺钉松动、开关移位、触点接触不良、开关机构卡住等，使电路断开或开关不能复位闭合，电路 19—20 或 15—20 断开。这样当操作工作台向前、后、上、下运动时，位置开关 SQ3 - 2 或 SQ4 - 2 也被压开，切断了进给接触器 KM3、KM4 的通路，造成工作台只能左、右运动，而不能前、后、上、下运动。

检修故障时，用万用表电阻档测量 SQ5 - 2 或 SQ6 - 2 的接触导通情况，查找故障部位，修理或更换元器件，就可排除故障。注意在测量 SQ5 - 2 或 SQ6 - 2 的接通情况时，应操纵前后上下进给手柄，使 SQ3 - 2 或 SQ4 - 2 断开，否则通过 10—13—14—15—20—19 的导通，会误认为 SQ5 - 2 或 SQ6 - 2 接触良好。

（4）工作台能向前、后、上、下进给，不能向左、右进给。

出现这种故障的原因及排除方法可参照上面说明进行分析，不过故障元件可能是位置开关的动断（常闭）触点 SQ3－2 或 SQ4－2。

（5）工作台不能快速移动，主轴制动失灵。

这种故障往往是电磁离合器工作不正常所致。首先应检查接线有无松脱，整流变压器 T2、熔断器 FU3、FU4 的工作是否正常，整流器中的四个整流二极管是否损坏。若有二极管损坏，将导致输出直流电压偏低，吸力不够。其次，电磁离合器线圈是用环氧树脂粘合在电磁离合器的套管内，散热条件差，易发热而烧毁。另外，由于离合器的动摩擦片和静摩擦片经常摩擦，因此它们是易损件，检修时也不可忽视这些问题。

（6）变速时不能冲动控制。

这种故障的多数原因是冲动位置开关 SQ1 或 SQ2 经常受到频繁冲击，使开关位置改变（压不上开关），甚至开关底座被撞坏或接触不良，使电路断开，从而造成主轴电动机 M1 或进给电动机 M2 不能瞬时点动。出现这种故障时，修理或更换开关，并调整好开关的动作距离，即可恢复冲动控制。

3.3.5　技能训练与成绩评定

1. 技能训练

在 X62W 型万能卧式铣床电气电路中设置 1～2 个故障，学生观察故障现象，分析原因和故障范围，用电阻法或电压法进行故障检查与排除。

合理设置故障，试车检测并排除。针对以下故障现象分析故障范围，用万用表检测并排除故障。

（1）故障现象

针对下列故障现象分析故障范围，编写检修流程，按照检修步骤排除故障。

1）主轴电动机没有换刀制动状态。

2）主轴变速无变速冲动状态。

3）在工作台前按下主轴电动机起动按钮 SB2，M1 不工作。

4）横向和纵向进给工作正常，但无快速进给。

5）工作台能左右进给，但不能上下进给。

6）工作台能向上进给，但不能向下进给。

（2）检修步骤及工艺要求

1）在教师指导下对铣床进行操作，熟悉铣床各元器件的位置、电路走向。

2）观察、理解教师示范的检修流程。

3）在 X62W 型万能卧式铣床上人为设置自然故障。故障的设置应注意以下几点：

① 人为设置的故障必须是铣床在工作中由于受外界因素影响而造成的自然故障。

② 不能设置更改电路或更换元器件等非自然故障。

③ 设置故障不能损坏电路元器件，不能破坏电路美观；不能设置易造成人身事故的故障；尽量不设置易引起设备事故的故障。

2. 成绩评定

在 X62W 型万能卧式铣床电气电路中设置 1～2 个故障，学生观察故障现象，分析原因和故障范围，并用万用表进行故障检查与排除。X62W 型万能卧式铣床排故评分标准见表 3-5。

表 3-5　X62W 型万能卧式铣床排故评分标准

序号	内　　容	评 分 标 准	配分	扣分	得分
1	观察故障现象	有两个故障。观察不出故障现象，每个扣 10 分	20		
2	分析故障	分析和判断故障范围，每个故障占 20 分。每一个故障，范围判断不正确每次扣 10 分；范围判断过大或过小，每超过一个元器件或导线标号扣 5 分，扣完 20 分为止	40		
3	排除故障	不能排除故障，每个扣 20 分	40		
4	其他	不能正确使用仪表扣 10 分；拆卸无关的元器件、导线端子，每次扣 5 分；扩大故障范围，每个故障扣 5 分；违反电气安全操作规程，造成安全事故者酌情扣分；修复故障过程中超时，每超时 5min 扣 5 分	从总分倒扣		
开始时间		结束时间		成绩		评分人	

3.3.6　思考题

1）如何用万用表测量万能转换开关 SA1、SA2、SA3 各触点的通断情况？

2）主轴变速冲动与进给变速冲动的电路实现有什么不同？

3）在 X62W 型万能卧式铣床电路中有哪些联锁与保护？为什么要有这些联锁与保护？它们是如何实现的？

4）简述工作台向左进给时电路的工作过程。

5）如果 X62W 型万能卧式铣床的工作台能纵向（左右）进给，但不能横向（前后）和垂直（上下）进给，试分析故障原因。

6）X62W 型万能卧式铣床主轴为满足顺铣和逆铣的工艺要求，需正反转控制，采用的方法是（　　）。

A. 操作前，通过换向开关进行方向预选

B. 通过正反接触器改变相序控制电动机正反转

C. 通过机械方法改变其传动链

D. 其他方法

7）工作台没有采取制动措施，是因为（　　）。

A. 惯性小　　B. 速度不高且用丝杠传动　　C. 有机械制动

8）工作台进给必须在主轴起动后才允许，是为了（　　）。

A. 安全的需要　　B. 加工工艺的需要　　C. 电路安装的需要

9）若主轴未起动，工作台（　　）。

A. 不能有任何进给　　B. 可以进给　　C. 可以快速进给

10）当用回转工作台加工时，两个操作手柄均置于零位，控制开关 SA2 置于回转工作台方式，则有（　　）。

A. SA2－1、SA2－3 断开，SA2－2 闭合

B. SA2－1、SA2－3 闭合，SA2－2 断开

C. SA2－1、SA2－2 断开，SA2－3 闭合

实训任务3.4 X6132型万能升降台铣床电气电路的故障检修

3.4.1 实训目标

（1）总目标

能运用万用表检测X6132型万能升降台铣床常见电气电路故障。

（2）具体目标

1）了解X6132型万能升降台铣床的工作状态及操作方法。

2）能看懂机床电路图，能识读X6132万能升降台铣床的电气原理图，熟悉铣床电气元器件的分布位置和走线情况。

3）能根据故障现象分析X6132型万能升降台铣床常见电气电路故障原因，确定故障范围。

4）能按照正确的检测步骤，用万用表检查并排除X6132型万能升降台铣床常见电气电路故障。

3.4.2 实训内容

在40min内排除两个X6132型万能升降台铣床电气控制电路的故障。

3.4.3 实训工具、仪表和器材

1）工具：尖嘴钳，剥线钳，螺钉旋具（十字槽、一字槽）等。

2）仪表：万用表，绝缘电阻表，钳形电流表。

3）器材：X6132型万能升降台铣床或X6132型万能升降台铣床模拟电气控制柜。

3.4.4 实训指导

1. X6132型万能升降台铣床

（1）认识X6132型万能升降台铣床的结构

X6132型万能升降台铣床主要构造由床身、悬梁及刀杆支架、工作台、溜板和升降台等几部分组成。X6132型万能升降台铣床外形如图3-18所示。

箱形的床身固定在底座上，在床身内装有主轴传动机构及主轴变速操纵机构。在床身的顶部有水平导轨，其上装有带着一个或两个刀杆支架的悬梁。刀杆支架用来支承安装铣刀心轴的一端，而心轴的另一端则固定在主轴上。在床身的前方有垂直导轨，一端悬持的升降台可沿垂直导轨做上下移动。在升降台上面的水平导轨上，装有可平行于主轴轴线方向移动（横向移动）的溜板。工作台可沿溜板上部转动部分的导轨在垂直于主轴轴线的方向移动（纵向移动）。这样，安装在工作台上的工件可以在三个方向调整位置或完成进给运动。此外，由于转动部分对溜板可绕垂直轴线转动一个角度（通常为±45°），这样，工作台于水平面上除能平行或垂直于主轴轴线方向进给外，还能在倾斜方向进给，从而完成铣螺旋槽的加工。

（2）认识X6132型万能升降台铣床的运动

主运动是铣刀的旋转运动。进给运动是工件相对于铣刀的移动，包括工作台的左右、上下和前后进给运动；工作台装上附件回转工作台可作旋转进给运动。

工作台用来安装夹具和工件。在横向溜板的水平导轨上，工作台可沿导轨左、右移动。在升降台的水平导轨上，工作台可沿导轨前、后移动。升降台依靠下面的丝杠，可沿床身前面的导轨同工作台一起上、下移动。

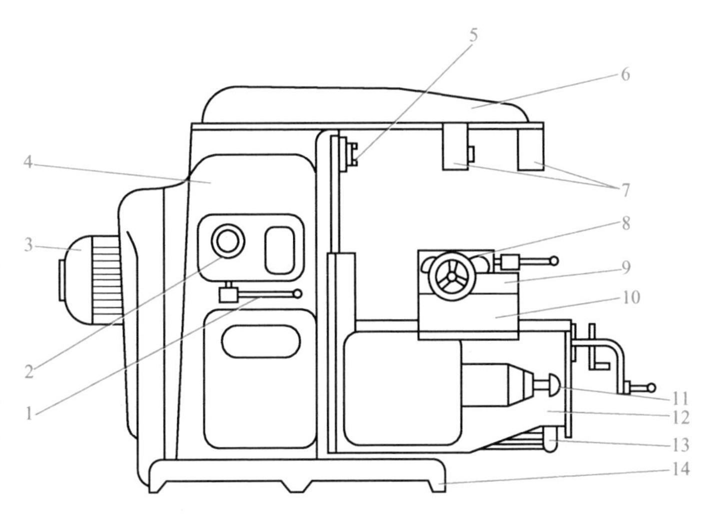

图3-18　X6132型万能升降台铣床外形

1—主轴变速手柄　2—主轴变速盘　3—主轴电动机　4—床身　5—主轴　6—悬梁　7—刀杆支架　8—工作台　9—转动部分　10—溜板　11—进给变速手柄及变速盘　12—升降台　13—进给电动机　14—底盘

其他运动有：几个进给方向的快移运动；工作台沿上下、前后、左右方向的手摇移动；转盘使工作台向左、右转动±45°以及悬梁及刀杆支架的水平移动。除几个进给方向的快移运动由电动机拖动外，其余均为手动。

进给速度与快移速度的区别，在于进给速度低、快移速度高。在机械方面通过电磁离合器改变传动链来实现。

（3）分析铣床加工对控制电路的要求——从运动情况看电气控制要求

1）主运动——铣刀的旋转运动。为能满足顺铣和逆铣两种铣削加工方式的需要，要求主轴电动机能够实现正反转，但转动方向不需要经常改变，仅在加工前预选主轴转动方向而在加工过程中不改变。主轴电动机在主电路中采用倒顺开关改变电源相序。

铣削加工是多刀多刃不连续切削，负载会波动。为减轻负载波动的影响，往往在主轴传动系统中加入飞轮，使转动惯量加大，但为实现主轴快速停车，主轴电动机应设有停车制动。同时，主轴在上刀时，也应使主轴制动，为此，本铣床采用电磁离合器控制主轴停车制动和主轴上刀制动。

为适应铣削加工的需要，主轴转速与进给速度应有较宽的调节范围。X6132型万能升降台铣床采用机械变速，即通过改变主轴箱的传动比来实现变速。为保证变速时齿轮易于啮合，减少对齿轮的冲击，要求变速时电动机有冲动控制。

2）进给运动——工件相对于铣刀的移动。工作台的垂直方向、横向和纵向三个方向的运动由同一台进给电动机拖动，而三个方向的选择是由操纵手柄改变传动链来实现的。每个方向又有正反向的运动，这就要求进给电动机能正反转。而且，同一时间只允许工作台沿一个方向移动，故应有联锁保护。

纵向、横向、垂直方向与回转工作台的联锁：为了保证机床、刀具的安全，在使用回转工作台加工时，不允许工件做纵向、横向和垂直方向的进给运动。为此，各方向进给运动之间应具有联锁环节。

在铣削加工中，为了不使工件和铣刀碰撞发生事故，要求进给运动一定要在铣刀旋转时才能进行，因此要求主轴电动机和进给电动机之间要有可靠的联锁，即进给运动要在铣刀开始旋转之后进行，加工结束必须在铣刀停转前停止进给运动。

为适应铣削加工时操作者的正面与侧面操作要求，机床应对主轴电动机的起动与停止及工作台的快速移动控制，具有两地操作的性能。

工作台上下、左右、前后六个方向的运动应具有限位保护。

铣削加工中，为了延长刀具的寿命和提高加工质量，针对不同的工件材料，有时需要切削液对工件和刀具进行冷却润滑，因此采用转换开关控制冷却泵电动机单向旋转。

2. X6132 型万能升降台铣床电气原理图分析

X6132 型万能升降台铣床电气原理图如图 3-19 所示。

表 3-6 列出了 X6132 型万能升降台铣床的主要电气元器件及用途。

表 3-6 X6132 型万能升降台铣床的主要电气元器件及用途

序号	符号	名称及用途
1	M1	主轴电动机
2	M2	冷却泵电动机
3	M3	进给电动机
4	Q1	电源开关
5	Q2	冷却泵电动机起停用转换开关
6	SA1	主轴正反转用转换开关
7	SA2	主轴制动和松开用主令开关
8	SA3	回转工作台转换开关
9	SB1	主轴停止制动按钮
10	SB2	主轴停止制动按钮
11	SB3	快速移动按钮
12	SB4	快速移动按钮
13	SB5	主轴起动按钮
14	SB6	主轴起动按钮
15	SQ1	向右运动用微动开关
16	SQ2	向左运动用微动开关
17	SQ3	向下、向前运动用微动开关
18	SQ4	向上、向后运动用微动开关
19	SQ5	进给变速冲动微动开关
20	SQ6	主轴变速冲动微动开关
21	SQ7	横向运动微动开关
22	SQ8	升降运动微动开关
23	YC1	主轴制动离合器
24	YC2	进给电磁离合器
25	YC3	快速移动电磁离合器
26	YC4	横向进给电磁离合器
27	YC5	升降运动电磁离合器

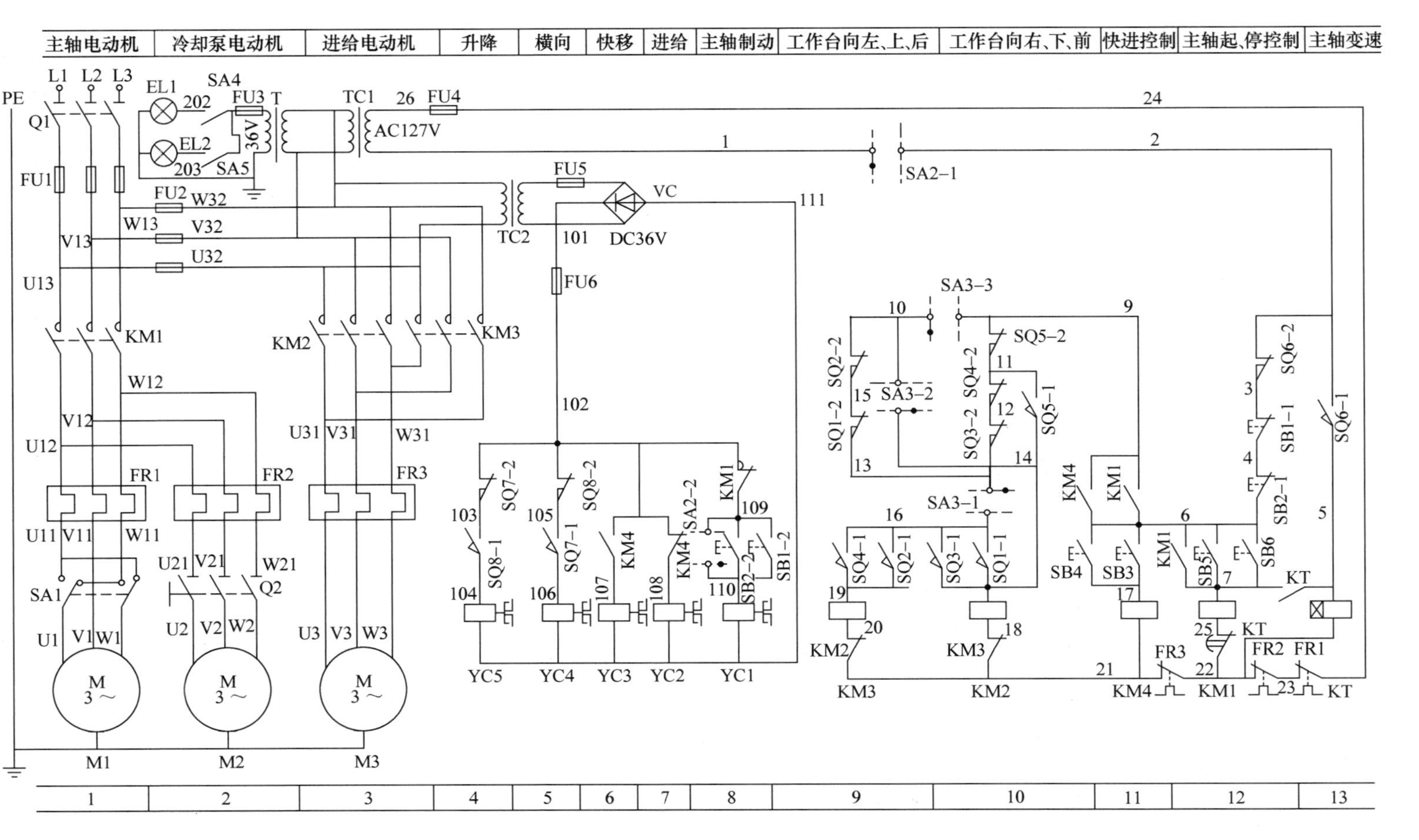

图3-19 X6132型万能升降台铣床电气原理图

(1) 主轴电动机的控制

1) 主轴电动机的起动。为了操作方便，主轴电动机的起动与停止在两处中的任何一处均可操作，一处设在工作台的前面，另一处设在床身的侧面。主轴电动机的控制如图3-20所示。起动前，先将主轴换向开关SA1旋转到所需要的旋转方向，然后按下起动按钮SB5或SB6，接触器KM1因线圈通电而吸合，其动合（常开）辅助触点（6—7）闭合进行自锁，动合（常开）主触点闭合，电动机M1便拖动主轴旋转。在主轴起动的控制电路中串联有热继电器FR1和FR2的动断（常闭）触点（22—23）和（23—24）。这样，当电动机M1和M2中有任一台电动机过载，热继电器动断（常闭）触点的动作将使两台电动机都停止运行。

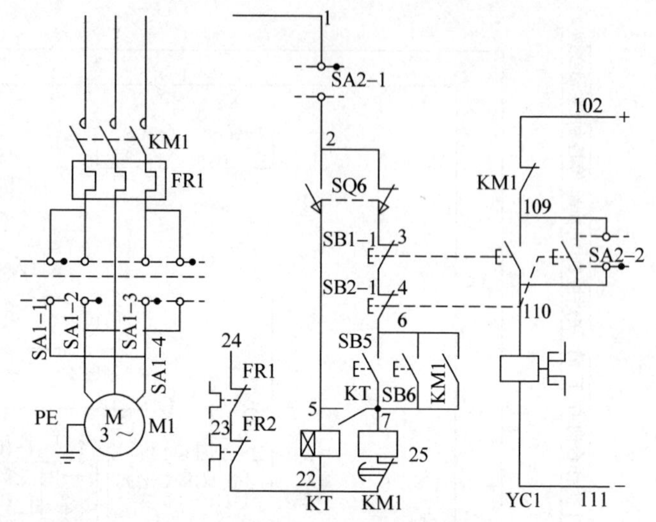

图3-20 主轴电动机的控制

主轴起动的控制回路为：1→SA2－1→SQ6－2→SB1－1→SB2－1→SB5（或SB6）→KM1线圈→KT→22→FR2→23→FR1→24。

2) 主轴的停车制动。按下停止按钮SB1或SB2，其动断（常闭）触点（3—4）或（4—6）断开，接触器KM1因断电而释放，但主轴电动机因惯性仍然在旋转。按停止按钮时应按到底，这时其动合（常开）触点（109—110）闭合，主轴制动离合器YC1因线圈通电而吸合，使主轴制动，迅速停止旋转。

3) 主轴的变速冲动。主轴变速时，首先将变速操纵盘上的变速操作手柄拉出，然后转动变速盘，选好速度后再将变速操作手柄推回。在把变速操作手柄推回到原来位置的过程中，通过机械装置使冲动开关SQ6－1闭合一次，SQ6－2断开。SQ6－2（2—3）断开，切断了KM1接触器自锁回路，SQ6－1瞬时闭合，时间继电器KT线圈通电，其动合（常开）触点（5—7）瞬时闭合，使接触器KM1瞬时通电，主轴电动机瞬时转动，以利于变速齿轮进入啮合位置；同时，时间继电器KT线圈通电，其动断（常闭）触点（25—22）延时断开，又断开KM1接触器线圈电路，以防止由于操作者延长推回手柄的时间而导致电动机冲动时间过长、变速齿轮转速高而发生打坏轮齿的现象。

主轴变速时不必先按停止按钮再变速。这是因为在把变速手柄推回到原来位置的过程中，通过机械装置使SQ6－2（2—3）触点断开，使接触器KM1因线圈断电而释放，电动机M1停止转动。

4) 换刀时的主轴制动。为了使主轴在换刀时不随意转动，换刀前应将主轴制动。将转换开关SA2扳到换刀位置，它的一个触点（1—2）断开了控制电路的电源，以保证人身安全；另一个触点（109—110）接通了主轴制动电磁离合器YC1，使主轴不能转动。换刀后再将转换开关SA2扳回工作位置，使触点SA2－1（1—2）闭合，触点SA2－2（109—110）断开，断开主轴制动离合器YC1，接通控制电路电源。

(2) 进给电动机的控制

合上电源开关 Q1，起动主轴电动机 M1，接触器 KM1 吸合自锁，进给控制电路有电压，就可以起动进给电动机 M3。

1）工作台纵向（左、右）进给运动的控制。先将回转工作台的转换开关 SA3 扳在“断开”位置，这时，回转工作台转换开关 SA3 触点的通断情况见表 3-7。

表 3-7　回转工作台转换开关 SA3 触点通断情况

触　　点	回转工作台位置	
	接　　通	断　　开
SA3－1（13—16）	－	+
SA3－2（10—14）	+	－
SA3－3（9—10）	－	+

由于 SA3－1（13—16）闭合，SA3－2（10—14）断开，SA3－3（9—10）闭合，所以这时工作台的纵向、横向和垂直方向进给的控制如图 3-21 所示。

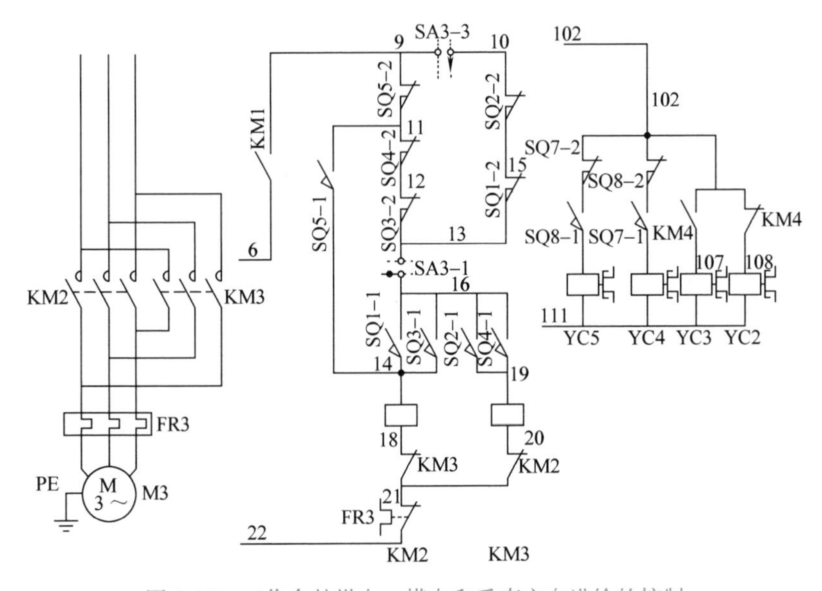

图 3-21　工作台的纵向、横向和垂直方向进给的控制

将工作台纵向运动手柄扳到右边位置（见图 3-22）时，一方面机械机构将进给电动机的传动链和工作台纵向移动机构相连接，另一方面压下向右进给的微动开关 SQ1，其动断（常闭）触点 SQ1－2（13—15）断开，动合（常开）触点 SQ1－1（14—16）闭合。触点 SQ1－1 的闭合使正转接触器 KM2 因线圈通电而吸合，进给电动机 M3 正向旋转，拖动工作台向右移动。

向右进给的控制回路是：9→SQ5－2→SQ4－2→SQ3－2→SA3－1→SQ1－1→KM2 线圈→KM3→21。

当将纵向进给手柄向左扳动时，一方面机械机构将进给电动机的传动链和工作台纵向移动机构相连接，另一方面压下向左进给的微动开关 SQ2，其动断（常闭）触点 SQ2－2（10—15）断开，动合（常开）触点 SQ2－1（16—19）闭合。触点 SQ2－1 的闭合使反转接触器 KM3 因线圈通电而吸合，进给电动机 M3 就反向转动，拖动工作台向左移动。

向左进给的控制回路是：9→SQ5－2→11→SQ4－2→12→SQ3－2→13→SA3－1→16→SQ2－1→19→KM3 线圈→20→KM2→21。

当将纵向进给手柄扳回到中间位置（或称零位）时，一方面纵向运动的机械机构脱开，另一方面微动开关 SQ1 和 SQ2 都复位，其动合（常开）触点断开，接触器 KM2 和 KM3 释放，进给电动机 M3 停止，工作台也停止。

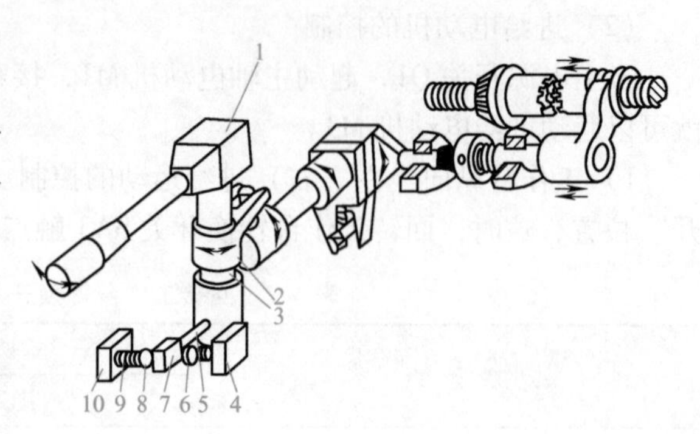

图 3-22 工作台纵向进给操纵机构图

1—手柄 2—叉子 3—垂直轴 4—微动开关 SQ1 5、9—弹簧 6、8—可调螺钉 7—压块 10—微动开关 SQ2

在工作台的两端各有一块挡铁，当工作台移动到挡铁碰动纵向进给手柄时，会使纵向进给手柄回到中间位置，实现自动停车，这就是终端限位保护。调整挡铁在工作台上的位置，可以改变停车的终端位置。

2）工作台横向（前、后）和垂直方向（上、下）进给运动的控制。首先也要将回转工作台转换开关 SA3 扳到“断开”位置，这时的控制电路也如图 3-21 所示。

操纵工作台横向进给运动和垂直方向进给运动的手柄为十字手柄，有两个，分别装在工作台左侧的前、后方。它们之间有机构连接，只需操纵其中的任意一个即可。手柄有上、下、前、后和零位共五个位置。进给也是由进给电动机 M3 拖动。扳动十字手柄时，通过连动机构压下相应的位置开关 SQ3 或 SQ4，与此同时，操纵鼓轮压下 SQ7 或 SQ8，使电磁离合器 YC4 或 YC5 通电，电动机 M3 起动，实现横向（前、后）进给或垂直方向（上、下）进给运动。

当将十字手柄扳到向下或向前位置时，一方面通过电磁离合器 YC4 或 YC5 将进给电动机 M3 的传动链和相应的机构连接，另一方面压下微动开关 SQ3，其动断（常闭）触点 SQ3－2（12—13）断开，动合（常开）触点 SQ3－1（14—16）闭合，正转接触器 KM2 因线圈通电而吸合，进给电动机 M3 正向转动。当十字手柄压向 SQ3 时，若向前压，则同时触压 SQ7，使电磁离合器 YC4 通电，工作台向前移动；若向下压，则同时触压 SQ8，使电磁离合器 YC5 通电，接通垂直方向传动链，工作台向下移动。

十字手柄向下、向前时的控制回路是：6→KM1→9→SA3－3→10→SQ2－2→15→SQ1－2→13→SA3－1→16→SQ3－1→KM2 线圈→18→KM3→21。

十字手柄向下、向前时的控制回路相同，但电磁离合器通电不一样。向下时触压 SQ8，电磁离合器 YC5 通电；向前时触压 SQ7，电磁离合器 YC4 通电，改变传动链。

当将十字手柄扳到向上或向后位置时，一方面压下微动开关 SQ4，其动断（常闭）触点 SQ4－2（11—12）断开，动合（常开）触点 SQ4－1（16—19）闭合，反转接触器 KM3 因线圈通电而吸合，进给电动机 M3 反向转动；另一方面操纵鼓轮压下微动开关 SQ7 或 SQ8。十字手柄若向后，则压下 SQ7，使 YC4 通电，接通向后传动链，在进给电动机 M3 反向转动下，工作台向后移动；十字手柄若向上，则压下 SQ8，使电磁离合器 YC5 通电，接通向上传动链，在进给电动机 M3 反向转动下，工作台向上移动。

十字手柄向上、向后时的控制回路是：6→KM1→9→SA3－3→10→SQ2－2→15→SQ1－2→13→SA3－1→16→SQ4－1→19→KM3 线圈→20→KM2→21。

十字手柄向上、向后时的控制回路相同，电动机 M3 反转，但电磁离合器通电不一样。向上时，在压 SQ4 的同时压下 SQ8，电磁离合器 YC5 通电；向后时，在压 SQ4 的同时压下 SQ7，电磁离合器 YC4 通电，改变传动链。

当手柄回到中间位置时，机械机构都已脱开，各开关也都已复位，接触器 KM2 和 KM3 都已释放，所以进给电动机 M3 停止运行，工作台也停止移动。

工作台前后移动和上下移动均有限位保护，其原理和前面介绍的纵向移动限位保护的原理相同。

3）工作台的快速移动。在进行对刀时，为了缩短对刀时间，应快速调整工作台的位置，也就是将工作台快速移动。工作台快速移动的控制电路如图 3-23 所示。

主轴起动以后，将操纵工作台进给的手柄扳到所需的运动方向，工作台就按操纵手柄指定的方向作进给运动。这时如按下快速移动按钮 SB3 或 SB4，接触器 KM4 因线圈通电而吸合，KM4 在直流电路中的动断（常闭）触点（102—108）断开，进给电磁离合器 YC2 失电。KM4 在直流电路中的动合（常开）触点（102—107）闭合，快速移动电磁离合器 YC3 通电，接通快速移动传动链。工作台按原操作手柄指定的方向快速移动。当松开快速移动按钮 SB3 或 SB4 时，接触器 KM4 因线圈断电而释放，快速移动电磁离合器 YC3 因 KM4 的动合（常开）触点（102—107）断开而分离，进给电磁离合器 YC2 因 KM4 的动断（常闭）触点（102—108）闭合而接通进给传动链，工作台就以原进给的速度和方向继续移动。

4）进给变速冲动。为了使进给变速时齿轮容易啮合，进给也有变速冲动。进给变速冲动控制电路如图 3-24 所示。变速前也应先起动主轴电动机 M1，使接触器 KM1 吸合，它在进给变速冲动控制电路中的动合（常开）触点（6—9）闭合，为变速冲动做准备。

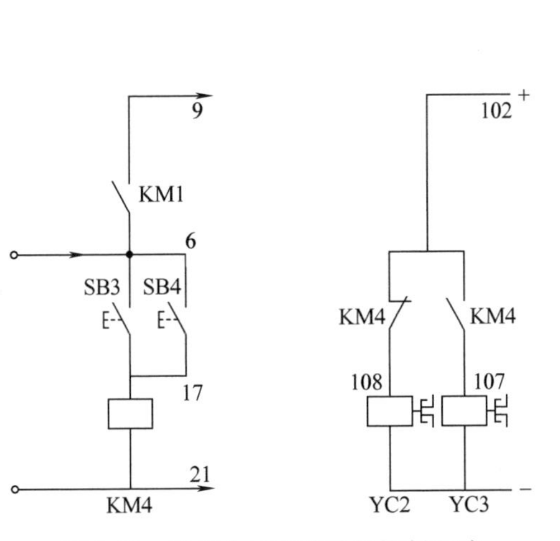

图 3-23 工作台快速移动的控制电路

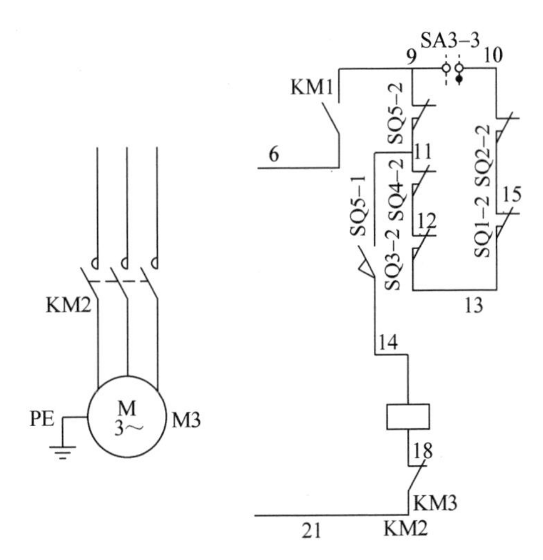

图 3-24 进给变速冲动控制电路

变速时将变速盘往外拉到极限位置，再把它转到所需的速度，最后将变速盘往里推。在推的过程中挡块压一下微动开关SQ5，其动断（常闭）触点SQ5－2（9—11）断开一下，同时，其动合（常开）触点SQ5－1（11—14）闭合一下，接触器KM2短时吸合，进给电动机M3就转动一下。当将变速盘推到原位时，变速后的齿轮已顺利啮合。

变速冲动的控制回路是：6→KM1→9→SA3－3→10→SQ2－2→15→SQ1－2→13→SQ3－2→12→SQ4－2→11→SQ5－1→14→KM2线圈→18→KM3→21。

5）回转工作台的控制。回转工作台是机床的附件，在铣削圆弧和凸轮等曲线时，可在工作台上安装回转工作台进行铣切。回转工作台由进给电动机M3经纵向传动机构拖动，在开动回转工作台前，先将回转工作台转换开关SA3转到“接通”位置，由表3-7可见，SA3的触点SA3－1（13—16）断开，SA3－2（10—14）闭合，SA3－3（9—10）断开。这时，回转工作台的控制电路如图3-25所示。工作台的进给操作手柄都扳到中间位置。按下主轴起动按钮SB5或SB6，接触器KM1吸合并自锁，回转工作台的控制电路中KM1的动合（常开）辅助触点（6—9）也同时闭合，接触器KM2也紧接着吸合，进给电动机M3正向转动，拖动回转工作台转动。因为只有接触器KM2吸合，KM3不能吸合，所以回转工作台只能沿一个方向转动。

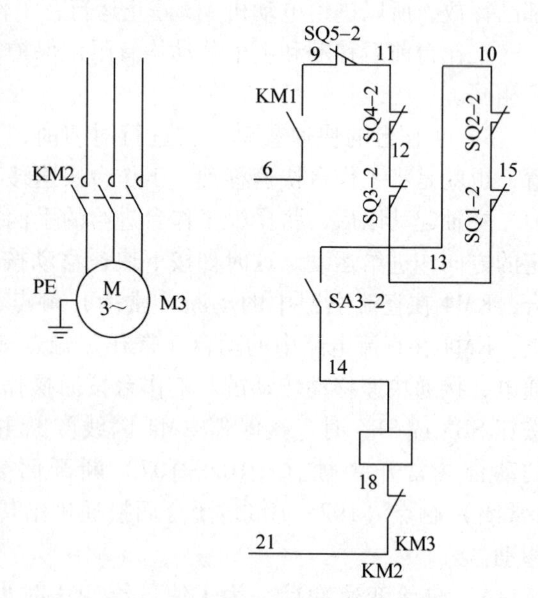

图3-25 回转工作台的控制电路

回转工作台的控制回路是：6→KM1→9→SQ5－2→11→SQ4－2→12→SQ3－2→13→SQ1－2→15→SQ2－2→10→SA3－2→14→KM2线圈→18→KM3→21。

6）主轴运动与进给的联锁。只有主轴电动机M1起动后才可能起动进给电动机M3。主轴电动机起动时，接触器KM1吸合并自锁，KM1动合（常开）辅助触点（6—9）闭合，进给控制电路有电压，这时才可能使接触器KM2或KM3吸合而起动进给电动机M3。如果工作中的主轴电动机M1停车，进给电动机也立即跟着停车。这样，可以防止在主轴不转时，工件与铣刀相撞而损坏机床。

工作台不能沿几个方向同时移动。工作台沿两个以上方向同时进给容易造成事故。由于工作台的左右移动是由一个纵向进给手柄控制的，同一时间内不会又向左又向右。工作台的上、下、前、后是由同一个十字手柄控制的，同一时间内这四个方向也只能沿一个方向进给。所以只要保证两个操纵手柄都不在零位时，工作台不会沿两个方向同时进给即可。控制电路中的联锁解决了这一问题。在联锁电路中，将纵向进给手柄可能压下的微动开关SQ1和SQ2的动断（常闭）触点SQ1－2（13—15）和SQ2－2（10—15）串联在一起，再将垂直进给和横向进给的十字手柄可能压下的微动开关SQ3和SQ4的动断（常闭）触点SQ3－2（12—13）和SQ4－2（11—12）串联在一起，并将这两个串联电路再并联起来，以控制接触器KM2和KM3的线圈通路。如果两个操作手柄都不在零位，则有不同的支路的两个微动开关被压下，其动断（常闭）触点的断开使两条并联的支路都断开，进给电动机 M3 因接触器 KM2 和 KM3 的线圈都不能通电而不能转动。

进给变速时两个进给操纵手柄都必须在零位。为了安全起见，进给变速冲动时不能有进给移动。当进给变速冲动时，短时间压下微动开关 SQ5，其动断（常闭）触点 SQ5－2（9—11）断开，其动合（常开）触点 SQ5－1（11—14）闭合。两个进给手柄可能压下的微动开关 SQ1 或 SQ2、SQ3 或 SQ4 的四个动断（常闭）触点 SQ1－2、SQ2－2、SQ3－2 和 SQ4－2 是串联在一起的，如果有一个进给操纵手柄不在零位，则因微动开关动断（常闭）触点的断开而使接触器 KM2 不能吸合，进给电动机 M3 也就不能转动，防止了进给变速冲动时工作台的移动。

7）回转工作台的转动与工作台的进给运动不能同时进行。由图 3-25 可知，当回转工作台的转换开关 SA3 转到“接通”位置时，两个进给手柄可能压下的微动开关 SQ1 或 SQ2、SQ3 或 SQ4 的四个动断（常闭）触点 SQ1－2、SQ2－2、SQ3－2 或 SQ4－2 是串联在一起的。如果有一个进给操纵手柄不在零位，则因开关动断（常闭）触点的断开而使接触器 KM2 不能吸合，进给电动机 M3 不能运转，回转工作台也就不能转动。只有两个操纵手柄恢复到零位，进给电动机 M3 方可运转，回转工作台方可转动。

（3）照明电路

在图 3-19 所示电路中，照明变压器 T 将 380V 的交流电压降到 36V 的安全电压，供照明用。照明电路由开关 SA4、SA5 分别控制灯泡 EL1、EL2。熔断器 FU3 用作照明电路的短路保护。

整流变压器 TC2 输出低压交流电，经桥式整流电路 VC 给五个电磁离合器提供 36V 直流电源。控制变压器 TC1 输出 127V 交流控制电压。

3. X6132 型万能升降台铣床电气电路的常见故障分析与检修

（1）主轴电动机 M1 不能起动

1）转换开关 SA2 在断开位置。

2）SQ6、SB1、SB2、SB5 或者 SB6、KT 延时触点中有任意一个接触不良。

3）热继电器 FR1、FR2 动作后没有复位，导致它们的动断（常闭）触点不能导通。

（2）主轴电动机不能变速冲动或冲动时间过长

1）不能变速冲动的原因可能是 SQ6－1 触点或者时间继电器 KT 的触点接触不良。

2）冲动时间过长的原因是时间继电器 KT 的延时太长。

（3）工作台各个方向都不能进给

1）KM1 的辅助触点 KM1（6—9）接触不良。

2）热继电器 FR3 动作后没有复位。

（4）进给不能实现变速冲动

如果工作台能沿各个方向正常进给，那么故障的原因可能是 SQ5－1 动合（常开）触点损坏。

（5）工作台能够左、右和前、下运动而不能后、上运动

由于工作台能左右运动，所以 SQ1、SQ2 没有故障；由于工作台能够向前、向下运动，所以 SQ7、SQ8、SQ3 没有故障。故障的原因可能是 SQ4 位置开关的动合（常开）触点 SQ4－1 接触不良。

（6）工作台能够左、右和前、后运动而不能上、下运动

由于工作台能左右运动，所以 SQ1、SQ2 没有故障；由于工作台能前后运动，所以 SQ3、SQ4、SQ7、YC4 没有故障。因此故障的原因可能是 SQ8 动合（常开）触点接触不良或 YC5 线圈损坏。

（7）工作台不能快速移动

如果工作台能够正常进给，那么故障的原因可能是 SB3 或 SB4、KM4 动合（常开）触点或 YC3 线圈损坏。

例 3-3　主轴电动机 M1 不能起动。

（1）故障现象　主轴电动机不能起动，KM1 线圈不得电。

（2）故障分析　首先用万用表电压档测量变压器 TC 是否有 380V 电压输入，如果没有，则故障范围在以下电路中（见图 3-26）：

L2→Q1→V14→FU1→V13→FU2→V32→TC

L3→Q1→W14→FU1→W13→FU2→W32→TC

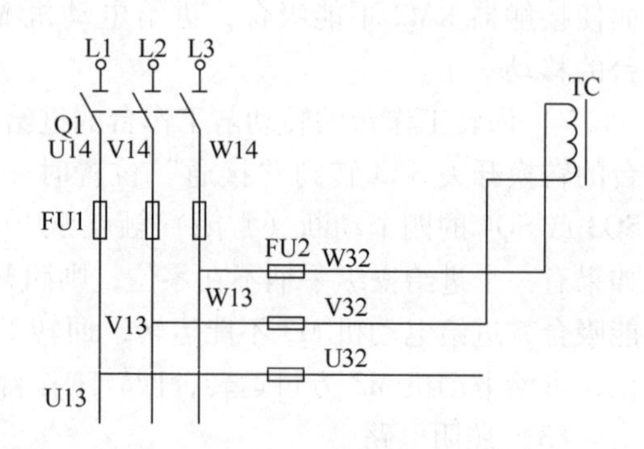

图 3-26　电源、变压器回路

如果有 380V 输入，测量变压器是否有 127V 输出，若没有则变压器有故障；如果有则故障范围在以下电路中（见图 3-27）：

1→SA2－1→2→SQ6－2→3→SB1－1→4→SB2－1→6→

$\begin{cases}\text{SB5}\\\text{SB6}\\\text{KM1（6—7）}\end{cases}$ →7→KM1 线圈→25→KT（25—22）→22→FR2→23→FR1→24→FU4→26

（3）故障测量（假设故障是 SB1－1 下端的 4 断开）　用万用表测量图 3-27 所示电路。

1）电阻法。断开 FU4，按下 SB5、SB6 或 KM1 动合（常开）触点，将一根表笔固定在 TC 的 1 点上，另外一根表笔依次测量 2、3、4、6、7、25、22、23、24 各点，正常情况下 2、3、4、6、7 各点的电阻值应近似为“0”；25、22、23、24 各点的电阻值应近似为 KM1 线圈电阻值。按照假设，测到 3 点时电阻值应近似为“0”，测到 SB2－1 的 4 点时电阻应近似为“∞”。

2）电压法。按下 SB5、SB6 或 KM1 动合（常开）触点，将一根表笔固定在 TC 的 26 点上，另外一根表笔依次测量 2、3、4、6、7、25、22、23、24 各点，正常情况下 2、3、4、6、7 各点的电压值应近似为 127V；25、22、23、24 各点的电压值应近似为 0V。按照假设，测到 3 点时电压值应近似为 127V，测到 SB2－1 的 4 点时电压应为 0V。

故障点：SB1－1 到 SB2－1 的 4 点。

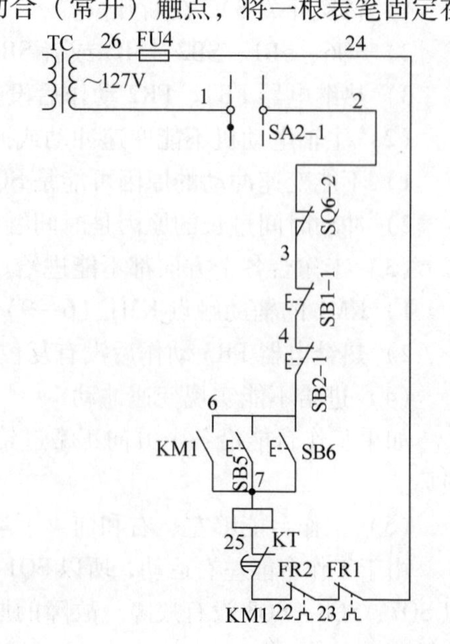

图 3-27　主轴控制接触器 KM1 得电回路

3.4.5 技能训练与成绩评定

1. 技能训练

在 X6132 型万能升降台铣床电气电路中设置 1 ~ 2 个故障，学生观察故障现象，分析原因和故障范围，用电阻法或电压法进行故障检查与排除。

合理设置故障，试车检测并排除故障。针对以下故障现象分析故障范围，用万用表检测并排除故障。

（1）故障现象

针对下列故障现象分析故障范围，编写检修流程，按照检修步骤排除故障。

1）按下 SB5、SB6 主轴不能起动。

2）按下 SB3、SB4 工作台不能快进。

3）按下 SB5、SB6 主轴不能起动，压下 SQ6 主轴可以变速冲动。

4）工作台可以向右、向下、向前运动，不能向左、向上、向后运动。

（2）检修步骤及工艺要求

1）在教师指导下对铣床进行操作，熟悉铣床各元器件的位置、电路走向。

2）观察、理解教师示范的检修流程。

3）在 X6132 型万能升降台铣床上人为设置自然故障。故障的设置应注意以下几点：

① 人为设置的故障必须是铣床在工作中由于受外界因素影响而造成的自然故障。

② 不能设置更改电路或更换元器件等非自然故障。

③ 设置故障不能损坏电路元器件，不能破坏电路美观；不能设置易造成人身事故的故障；尽量不设置易引起设备事故的故障。

X6132 型万能升降台铣床电器位置图如图 3-28 所示，供检修、调试时参考。

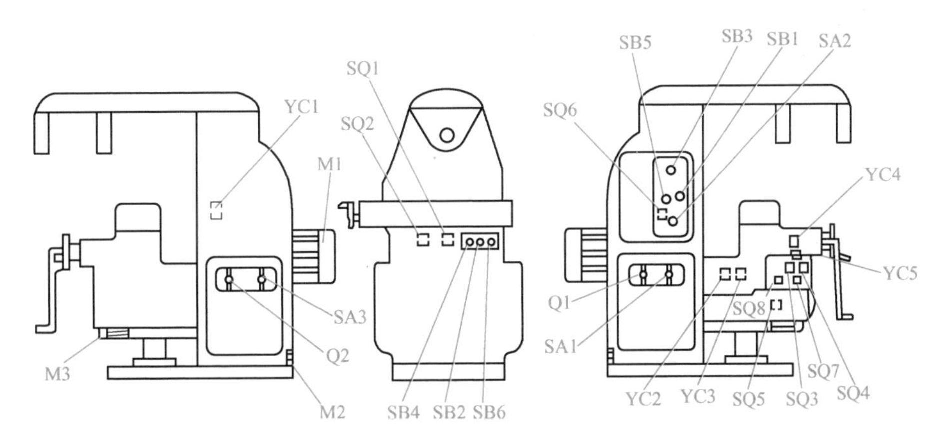

图 3-28 X6132 型万能升降台铣床电器位置图

2. 成绩评定

在 X6132 型万能升降台铣床电气电路中设置 1 ~ 2 个故障，学生观察故障现象，分析原因和故障范围，用电阻法或电压法进行故障检查与排除。X6132 型万能升降台铣床排故评分标准见表 3-8。

表 3-8　X6132 型万能升降台铣床排故评分标准

序号	内　容	评 分 标 准	配分	扣分	得分
1	观察故障现象	有两个故障。观察不出故障现象，每个扣 10 分	20		
2	分析故障	分析和判断故障范围，每个故障占 20 分。每一个故障，范围判断不正确每次扣 10 分；范围判断过大或过小，每超过一个元器件或导线标号扣 5 分，扣完 20 分为止	40		
3	排除故障	不能排除故障，每个扣 20 分	40		
4	其他	不能正确使用仪表扣 10 分；拆卸无关的元器件、导线端子，每次扣 5 分；扩大故障范围，每个故障扣 5 分；违反电气安全操作规程，造成安全事故者酌情扣分；修复故障过程中超时，每超时 5min 扣 5 分	从总分倒扣		
开始时间		结束时间		成绩	评分人

3.4.6　思考题

1）在 X6132 型万能升降台铣床电路中有哪些联锁与保护？它们是如何实现的？

2）在 X6132 型万能升降台铣床电路中，电磁离合器 YC1、YC2、YC3 的作用是什么？

3）X6132 型万能升降台铣床主轴变速能否在主轴停止或主轴旋转时进行？为什么？

4）如果 X6132 型万能升降台铣床的工作台能纵向（左右）进给，但不能横向（前后）和垂直方向（上下）进给，试分析故障原因。

5）说明 X6132 型万能升降台铣床控制电路中回转工作台的控制过程及联锁保护的原理。

实训任务 3.5　Z3040 型摇臂钻床电气电路的故障检修

3.5.1　实训目标

（1）总目标

能运用万用表检测 Z3040 型摇臂钻床常见电气电路故障。

（2）具体目标

1）了解 Z3040 型摇臂钻床的工作状态及操作方法。

2）能看懂机床电路图，能识读 Z3040 型摇臂钻床的电气原理图，熟悉钻床电气元器件的分布位置和走线情况。

3）能根据故障现象分析 Z3040 型摇臂钻床常见电气电路故障原因，确定故障范围。

4）能按照正确的检测步骤，用万用表检查并排除 Z3040 型摇臂钻床常见电气电路故障。

3.5.2　实训内容

在 40min 内排除两个 Z3040 型摇臂钻床电气控制电路的故障。

3.5.3　实训工具、仪表和器材

1）工具：尖嘴钳，剥线钳，螺钉旋具（十字槽、一字槽）等。

2）仪表：万用表，绝缘电阻表，钳形电流表。

3）器材：Z3040 型摇臂钻床或 Z3040 型摇臂钻床模拟电气控制柜。

3.5.4　实训指导

1. Z3040 型摇臂钻床

钻床是一种用途广泛的万能机床。钻床的结构形式很多，有立式钻床、卧式钻床、深孔钻床及台式钻床等。摇臂钻床是一种立式钻床，在钻床中具有一定代表性，主要用于对大型零件进行钻孔、扩孔、铰孔和攻螺纹等，适用于成批或单件生产的机械加工车间。摇臂钻床的运动形式有主运动（主轴旋转）、进给运动（主轴纵向移动）、辅助运动（摇臂沿外立柱的垂直移动，主轴箱沿摇臂的径向移动，摇臂与外立柱一起相对于内立柱的回转运动）。Z3040 型摇臂钻床的主要结构与运动示意图如图 3-29 所示。

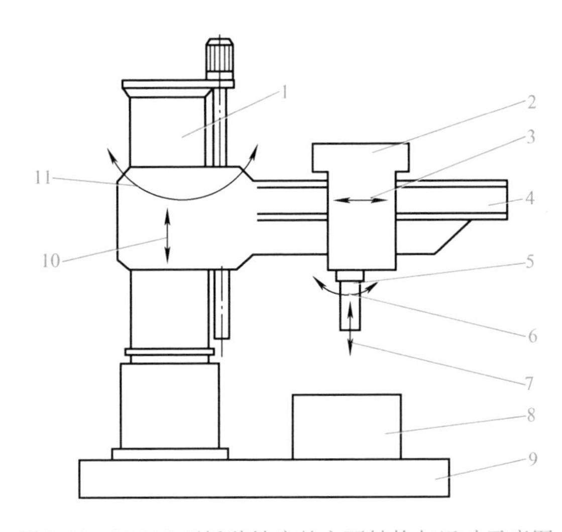

图 3-29　Z3040 型摇臂钻床的主要结构与运动示意图

1—内外立柱　2—主轴箱　3—主轴箱沿摇臂径向运动　4—摇臂　5—主轴　6—主轴旋转运动　7—主轴纵向进给　8—工作台　9—底座　10—摇臂升降运动　11—摇臂回转运动

Z3040 型摇臂钻床具有两套液压控制系统，一套是操纵机构液压系统，一套是夹紧机构液压系统。前者安装在主轴箱内，用以实现主轴正反转、停车制动、空档、预选及变速；后者安装在摇臂背后的电器盒下部，用以夹紧或松开主轴箱、摇臂及立柱。

（1）操纵机构液压系统

该系统液压油由主轴电动机拖动齿轮泵送出。由主轴变速、正反转及空档操作手柄来改变两个操纵阀的相互位置，对液压油进行不同的分配，获得不同的动作。操作手柄有五个空间位置：上、下、内、外和中间位置。其中上为空档，下为变速，外为正转，内为反转，中间位置为停车。而主轴转速及主轴进给量各由一个旋钮预选，然后再操作手柄。

起动主轴时，首先按下主轴电动机起动按钮，主轴电动机起动旋转，拖动齿轮泵，送出液压油，然后操纵手柄扳至所需转向位置，于是改变两个操纵阀的相互位置，使一股液压油将制动摩擦离合器松开，为主轴旋转创造条件；另一股液压油压紧正转（反转）摩擦离合器，接通主轴电动机到主轴的传动链，驱动主轴正转或反转。

在主轴正转或反转过程中，也可旋转变速旋钮，改变主轴转速或主轴进给量。

主轴停车时，将操作手柄扳回到中间位置，这时主轴电动机仍拖动齿轮泵旋转，但整个液压系统为低压油，无法松开制动摩擦离合器，在制动弹簧作用下制动摩擦离合器压紧，使制动轴上的齿轮不能转动，实现主轴停车。所以主轴停车时主轴电动机仍然旋转，只是不能将动力传到主轴。

主轴变速与进给变速：将操作手柄扳至“变速”位置，于是改变两个操纵阀的相互位置，使齿轮泵送出的液压油进入主轴转速预选阀和主轴进给量预选阀，然后进入各变速液压缸。各变速液压缸为差动液压缸，具体哪个液压缸上腔进油或回油，取决于所选定的主轴转速和进给量大小。与此同时，另一条油路系统推动拨叉缓慢移动，逐渐压紧主轴正转摩擦离合器，接通主轴电动机到主轴的传动链，使主轴缓慢转动，称为缓速。缓速的目的在于使滑移齿轮能比较顺利地进入啮合位置，避免出现齿顶齿现象。当变速完成，松开操作手柄，此时将在弹簧作用下由“变速”位置自动复位到主轴“停车”位置，这时便可操纵主轴正转或反转，主轴将在新的转速或进给量下工作。

主轴空档：将操作手柄扳向“空档”位置，这时由于两个操纵阀相互位置改变，液压油使主轴传动系统中滑移齿轮处于中间脱开位置。这时，可用手轻便地转动主轴。

（2）夹紧机构液压系统

主轴箱、立柱和摇臂的夹紧与松开是由液压泵电动机拖动液压泵送出液压油，推动活塞和菱形块来实现的。其中主轴箱和立柱的夹紧或松开由一个油路控制，而摇臂的夹紧松开因与摇臂升降构成自动循环，所以由另一个油路单独控制。这两个油路均由电磁阀控制。欲夹紧或松开主轴箱及立柱时，首先起动液压泵电动机，拖动液压泵，送出液压油，在电磁阀控制下，使液压油经二位六通阀流入夹紧或松开油腔，推动活塞和菱形块实现夹紧或松开。由于液压泵电动机是点动控制，所以主轴箱和立柱的夹紧与松开是点动的。

2. Z3040 型摇臂钻床电气原理图分析

图 3-30 所示为 Z3040 型摇臂钻床电气原理图。图中 M1 为主轴电动机，M2 为摇臂升降电动机，M3 为液压泵电动机，M4 为冷却泵电动机。

（1）主电路分析

主电路中 M1 为单方向旋转，由接触器 KM1 控制，主轴的正反转则由机床液压系统操纵机构配合正反转摩擦离合器实现，并由热继电器 FR1 作为电动机长期过载保护。

M2 由正、反转接触器 KM2、KM3 控制实现正反转。控制电路保证在操纵摇臂升降时，首先使液压泵电动机 M3 起动，供出液压油，经液压系统将摇臂松开，然后才使电动机 M2 起动，拖动摇臂上升或下降。当移动到位后，控制电路又保证 M2 先停下，再自动通过液压系统将摇臂夹紧，最后液压泵电动机 M3 才停下。M2 为短时工作，不用设长期过载保护。

M3 由接触器 KM4、KM5 实现正反转控制，并有热继电器 FR2 作为长期过载保护。

M4 电动机容量小，0.125kW，由开关 SA1 控制。

（2）控制电路分析

控制电路中，由按钮 SB1、SB2 与 KM1 构成主轴电动机 M1 的单方向旋转起动控制电

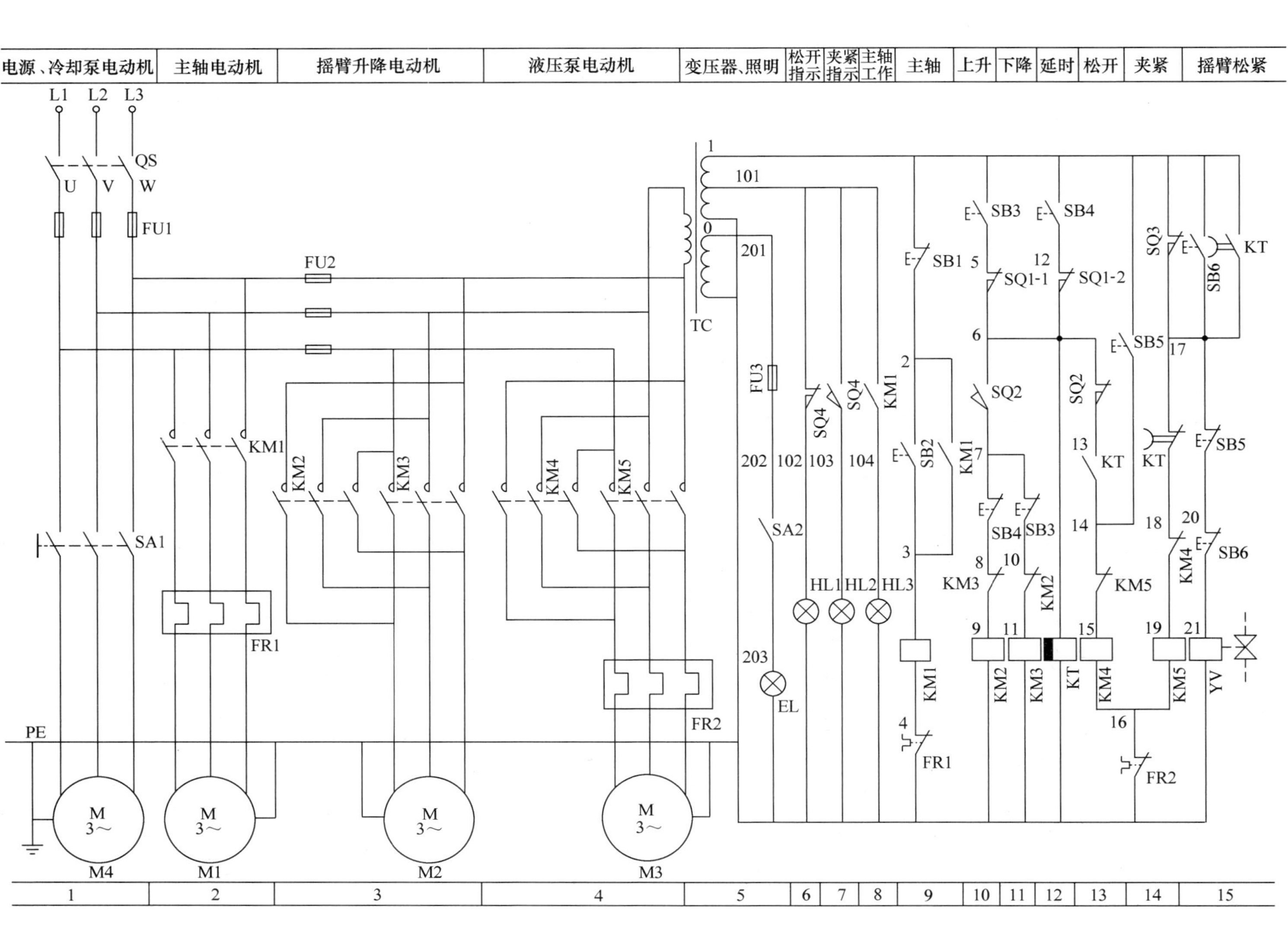

图3-30　Z3040型摇臂钻床电气原理图

路。M1 起动后，指示灯 HL3 亮，表示主轴电动机在旋转。

由摇臂上升按钮 SB3、下降按钮 SB4 及正反转接触器 KM2、KM3 组成具有双重互锁的电动机正反转点动控制电路。摇臂的升降控制须与夹紧机构液压系统紧密配合，所以与液压泵电动机的控制有密切关系。下面以摇臂的上升为例分析摇臂升降的控制。

按下摇臂上升按钮 SB3（点动按钮），时间继电器 KT 线圈通电，触点 KT（1—17）、KT（13—14）立即闭合，使电磁阀 YV、KM4 线圈同时通电，液压泵电动机起动，拖动液压泵送出液压油，并经二位六通阀进入松开油腔，推动活塞和菱形块，将摇臂松开。同时，活塞杆通过弹簧片压上位置开关 SQ2，发出摇臂松开信号，即触点 SQ2（6—7）闭合，SQ2（6—13）断开，使 KM2 通电，KM4 断电。于是电动机 M3 停止旋转，液压泵停止供油，摇臂维持松开状态；同时 M2 起动旋转，带动摇臂上升。所以 SQ2 是用来反映摇臂是否松开并发出松开信号的器件。

当摇臂上升到所需位置时，松开按钮 SB3，KM2 和 KT 断电，M2 电动机停止旋转，摇臂停止上升。但由于触点 KT（17—18）经 1 ~ 3s 延时闭合，触点 KT（1—17）经同样延时断开，所以 KT 线圈断电经 1 ~ 3s 延时后，KM5 通电，此时 YV 通过 SQ3 仍然得电。M3 反向起动，拖动液压泵，供出液压油，经二位六通阀进入摇臂夹紧油腔，向相反方向推动活塞和菱形块，将摇臂夹紧。同时，活塞杆通过弹簧片压下位置开关 SQ3，使触点 SQ3（1—17）断开，使 KM5 断电，液压泵电动机 M3 停止运转，摇臂夹紧完成。所以 SQ3 为摇臂夹紧信号开关。

时间继电器 KT 是为保证夹紧动作在摇臂升降电动机停止运转后进行而设的，KT 延时长短根据摇臂升降电动机切断电源到停止的惯性大小来调整。

摇臂升降的极限保护由位置开关 SQ1 来实现。SQ1 有两对动断（常闭）触点，当摇臂上升或下降到极限位置时相应触点动作，切断对应上升或下降接触器 KM2 或 KM3 线圈的电源，使 M2 停止运转，摇臂停止移动，实现极限位置保护。开关 SQ1 的两对触点平时应调整在同时接通位置；一旦动作时，应使一对触点断开，而另一对触点仍保持闭合，SQ1 - 1 实现上限位保护；SQ1 - 2 实现下限位保护。

摇臂自动夹紧程度由位置开关 SQ3 控制。如果夹紧机构液压系统出现故障不能夹紧，那么触点 SQ3（1—17）断不开，或者 SQ3 开关安装调整不当，摇臂夹紧后仍不能压下 SQ3，这时都会使电动机 M3 处于长时间过载状态，易将电动机烧毁，为此 M3 采用热继电器 FR2 作为过载保护。

主轴箱和立柱松开与夹紧的控制：主轴箱和立柱的夹紧与松开是同时进行的。当按下松开按钮 SB5 时，KM4 通电，M3 电动机正转，拖动液压泵送出液压油，这时 YV 处于断电状态，液压油经二位六通阀进入主轴箱和立柱的松开油腔，推动活塞和菱形块，使主轴箱和立柱的夹紧装置松开。在松开的同时通过位置开关 SQ4 控制指示灯发出信号。当主轴箱与立柱松开时，开关 SQ4 不受压，SQ4 的动断（常闭）触点（101—102）闭合，指示灯 HL1 亮，表示确已松开，可使主轴箱和立柱移动。当主轴箱和立柱被夹紧时，将压下 SQ4，其动合（常开）触点（101—103）闭合，指示灯 HL2 亮，此时可以进行钻削加工。

机床安装后接通电源，可利用主轴箱和立柱的夹紧与松开来检查电源相序。当电源相序正确后，再调整电动机 M2 的接线。

（3）Z3040 型摇臂钻床电器位置示意图

Z3040 型摇臂钻床电器位置示意图如图 3-31 所示，供检修、调试时参考。Z3040 型摇臂

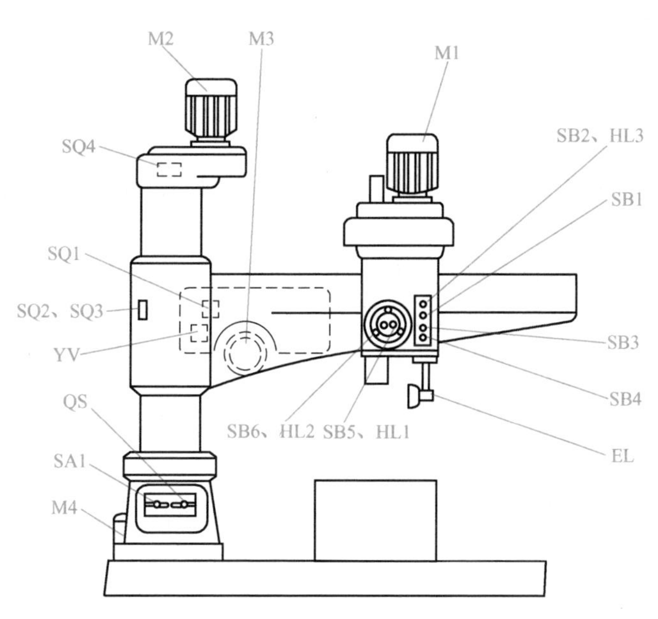

图 3-31　Z3040 型摇臂钻床电器位置示意图

钻床主要电气元器件见表 3-9。

表 3-9　Z3040 型摇臂钻床主要电气元器件

序　号	符　号	名称及用途
1	EL	照明灯
2	M1	主轴电动机
3	M2	摇臂升降电动机
4	M3	液压泵电动机
5	M4	冷却泵电动机
6	QS	电源开关
7	SA1	冷却泵电动机用转换开关
8	SB1	主轴停止按钮
9	SB3	摇臂上升按钮
10	SB4	摇臂下降按钮
11	SB2、HL3	主轴电动机起动按钮及指示灯
12	SB5、HL1	主轴箱和立柱松开按钮及指示灯
13	SB6、HL2	主轴箱和立柱夹紧按钮及指示灯
14	SQ1	摇臂升降限位用位置开关
15	SQ2、SQ3	摇臂松开、夹紧用位置开关
16	SQ4	主轴箱与立柱松开或夹紧用位置开关
17	YV	电磁阀

3. Z3040 型摇臂钻床电气电路的常见故障分析与检修

Z3040 型摇臂钻床电气电路比较简单，其电气控制的特殊环节是摇臂的运动。摇臂在上升或下降时，摇臂的夹紧机构先自动松开，在上升或下降到预定位置后，其夹紧机构又要将摇臂自动夹紧在立柱上。这个工作过程是由电气、机械和液压系统紧密配合实现的。所以，在维修和调试时，不仅要熟悉摇臂运动的电气过程，而且更要注重掌握机电液配合的调整方法和步骤。

（1）摇臂不能上升（或下降）

1）首先检查位置开关 SQ2 是否动作，若已动作，即 SQ2 的动合（常开）触点（6—7）已闭合，则说明故障发生在接触器 KM2 或摇臂升降电动机 M2 上；若 SQ2 没有动作，而这种情况较常见，实际上此时摇臂已经放松，但由于活塞杆压不上 SQ2，使接触器 KM2 不能吸合，升降电动机不能得电旋转，摇臂不能上升。

2）液压系统发生故障，如液压泵卡死、不转，油路堵塞或气温太低时油的黏度增大，使摇臂不能完全松开，压不上 SQ2，摇臂也不能上升。

3）电源的相序接反，按摇臂上升按钮 SB3，液压泵电动机反转，使摇臂夹紧，压不上 SQ2，摇臂也就不能上升或下降。

排除故障时，若判断是位置开关 SQ2 的位置改变造成的，则应与机械、液压维修人员配合，调整好 SQ2 的位置并紧固。

（2）摇臂不能夹紧

1）位置开关 SQ3 安装位置不准确，或紧固螺钉松动造成 SQ3 过早动作，使液压泵电动机 M3 在摇臂还未充分夹紧时就停止工作。

2）接触器 KM5 线圈回路出现故障。

（3）立柱、主轴箱不能夹紧（松开）

立柱、主轴箱的夹紧或松开是同时进行的，立柱、主轴箱不能夹紧或松开可能是因油路堵塞、接触器 KM4 或 KM5 线圈回路出现故障造成的。

（4）立柱、主轴箱夹紧不能保持

按 SB6 按钮，立柱、主轴箱能夹紧，但放开按钮后，立柱、主轴箱却松开。立柱、主轴箱的夹紧和松开，都采用菱形块结构。故障多为机械原因造成，可能是因菱形块和承压块的角度方向装错，或者因距离不合适造成的。如果菱形块立不起来，则是因为夹紧力调得太大或夹紧液压系统压力不够所致。作为电气维修人员，掌握一些机械、液压知识将给维修带来方便，避免盲目检修并能缩短机床停机时间。

（5）摇臂上升或下降位置开关失灵

位置开关 SQ1 失灵分两种情况：

1）位置开关损坏、触点不能因开关动作而闭合、接触不良，使电路不能正常工作。电路断开后，信号不能传递，不能使摇臂上升或下降。

2）位置开关不能动作，触点熔焊，使电路始终呈接通状态。当摇臂上升或下降到极限位置后，摇臂升降电动机堵转，发热严重，由于电路中未设过载保护元件，将会导致电动机绝缘损坏。

（6）主轴电动机刚起动运转，熔断器就熔断

按主轴起动按钮 SB2，主轴电动机刚旋转，就发生熔断器熔断故障。原因可能是机械机构发生卡阻现象，或者是钻头被铁屑卡住，造成电动机堵转，负载太大，主轴电动机电流剧增，热继电器来不及动作，使熔断器熔断。也可能因为电动机本身的故障造成熔断器熔断。

排除故障时，应先退出主轴，根据空载运行情况，区别故障现象，找出原因。

例 3-4 主轴电动机 M1 不能起动。

（1）故障现象 主轴电动机不能起动，KM1 线圈不得电。

（2）故障分析 首先用万用表电压档测量变压器 TC 是否有 380V 电压输入，如果没有，则故障范围在以下电路中（见图 3-32）：

L2→QS→V11→FU1→V12→FU2→V21→TC

L3→QS→W11→FU1→W12→FU2→W21→TC

如果有 380V 输入，测量变压器是否有 127V 输出，若没有则变压器有故障；如果有，则故障范围在以下电路中（见图 3-33）：

$$1 \rightarrow SB1 \rightarrow 2 \rightarrow \begin{cases} SB2 \\ KM1\ (2-3) \end{cases} \rightarrow 3 \rightarrow KM1\text{ 线圈} \rightarrow FR1 \rightarrow 0$$

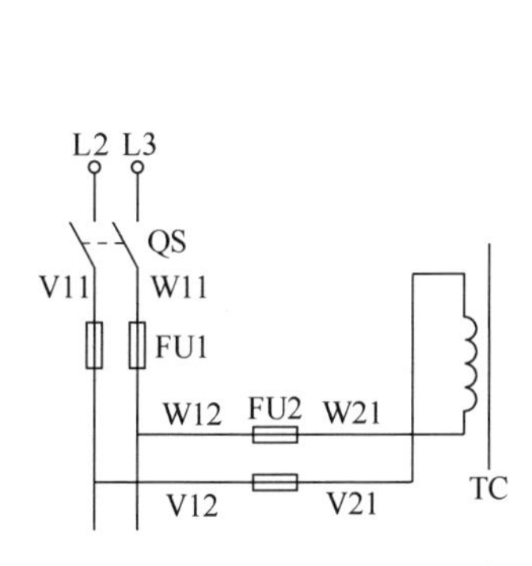

图 3-32 电源、变压器回路

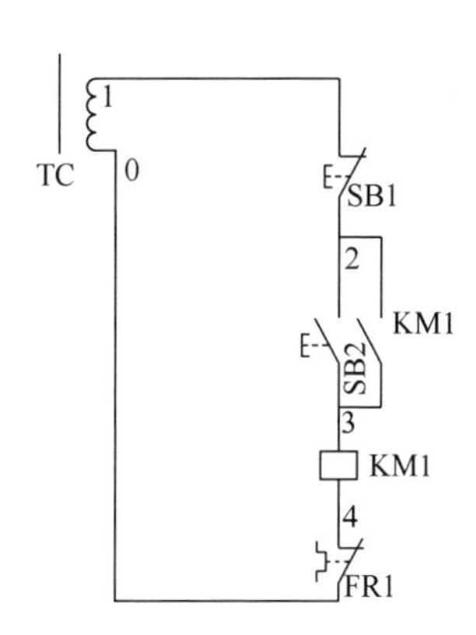

图 3-33 主轴控制接触器 KM1 得电电路

（3）故障测量（假设故障是 KM1 线圈下端的 4 断开） 用万用表测量图 3-33 所示电路。

1）电阻法。断开 TC 上的 0 点，按下 SB2 或 KM1 动合（常开）触点，将一根表笔固定在 TC 的 1 上，另外一根表笔依次测量 2、3、4、0 各点，正常情况下 2、3 两点的电阻值应近似为“0”；4、0 两点的电阻值应近似为 KM1 线圈电阻值。按照假设，测到 3 点时电阻值应近似为“0”，测到 FR1 动断（常闭）触点 4 点时电阻值应近似为“∞”。

2）电压法。按下 SB2 或 KM1 动合（常开）触点，将一根表笔固定在 TC 的 0 点上，另外一根表笔依次测量 2、3、4、0 各点，正常情况下 2、3 两点的电压值应近似为 127V；4、0 两点的电压值应近似为 0V。按照假设，测到 KM1 线圈输入点 3 时电压值应近似为 127V，测到 KM1 线圈输出点 4 时电压值应近似为 127V，测到 FR1 动断（常闭）触点 4 点时电压值应为 0V。

故障点：KM1 线圈到 FR1 动断（常闭）触点的 4 点。

3.5.5 技能训练与成绩评定

1. 技能训练

在 Z3040 型摇臂钻床电气电路中设置 1 ~ 2 个故障，学生观察故障现象，分析原因和故障范围，用电阻法或电压法进行故障检查与排除。

合理设置故障，试车检测并排除。针对以下故障现象分析故障范围，用万用表检测并排除故障。

（1）故障现象

针对下列故障现象分析故障范围，编写检修流程，按照检修步骤排除故障。

1）按下 SB2 主轴不能起动。

2）按下 SB3 摇臂不能上升。

3）按下 SB5 液压泵不工作。

（2）检修步骤及工艺要求

1）在教师指导下对钻床进行操作，熟悉钻床各元器件的位置、电路走向。

2）观察、理解教师示范的检修流程。

3）在 Z3040 型摇臂钻床上人为设置自然故障。故障的设置应注意以下几点：

① 人为设置的故障必须是钻床在工作中由于受外界因素影响而造成的自然故障。

② 不能设置更改电路或更换元器件等非自然故障。

③ 设置故障不能损坏电路元器件，不能破坏电路美观；不能设置易造成人身事故的故障；尽量不设置易引起设备事故的故障。

2. 成绩评定

在 Z3040 型摇臂钻床电气电路中设置 1～2 个故障，学生观察故障现象，分析原因和故障范围，用万用表进行故障检查与排除。Z3040 型摇臂钻床排故评分标准见表 3-10。

表 3-10　Z3040 型摇臂钻床排故评分标准

序号	内　容	评 分 标 准			配分	扣分	得分
1	观察故障现象	有两个故障。观察不出故障现象，每个扣 10 分			20		
2	分析故障	分析和判断故障范围，每个故障占 20 分。每一个故障，范围判断不正确每次扣 10 分；范围判断过大或过小，每超过一个元器件或导线标号扣 5 分，扣完 20 分为止			40		
3	排除故障	不能排除故障，每个扣 20 分			40		
4	其他	不能正确使用仪表扣 10 分；拆卸无关的元器件、导线端子，每次扣 5 分；扩大故障范围，每个故障扣 5 分；违反电气安全操作规程，造成安全事故者酌情扣分；修复故障过程中超时，每超时 5min 扣 5 分			从总分倒扣		
开始时间		结束时间		成绩		评分人	

3.5.6　思考题

1）Z3040 型摇臂钻床在摇臂升降的过程中，液压泵电动机和摇臂升降电动机应如何配合工作？以摇臂上升为例叙述电路的工作情况。

2）在修理 Z3040 型摇臂钻床后，若摇臂升降电动机的三相电源相序接反会发生什么事故？

3）在 Z3040 型摇臂钻床中各位置开关的作用是什么？结合电路工作情况进行说明。

项目 3 相关知识点

常用机床电气电路的故障检修方法

1. 如何阅读机床电气原理图

掌握阅读机床电气原理图的方法和技巧，对于分析电气电路、排除机床电路故障是十分有意义的。机床电气原理图一般由主电路、控制电路、照明电路及指示电路等几部分组成。阅读方法如下。

1）主电路的分析。阅读主电路时，关键是先了解主电路中有哪些用电设备，它们所起的主要作用，由哪些电器来控制，采取哪些保护措施。

2）控制电路的分析。阅读控制电路时，根据主电路中接触器的主触点编号，很快找到相应的线圈以及控制电路，依次分析出电路的控制功能。从简单到复杂，从局部到整体，最后综合起来分析，就可以全面读懂控制电路。

3）照明电路的分析。阅读照明电路时，查看变压器的电压比及照明灯的额定电压。

4）指示电路的分析。阅读指示电路时，了解这部分的内容，很重要的一点是：当电路正常工作时，该电路是机床正常工作状态的指示；当机床出现故障时，该电路是机床故障信息反馈的依据。

2. 机床电气电路故障的检查步骤

（1）修理前的调查研究

1）问。询问机床操作人员故障发生前后的情况如何，有利于根据电气设备的工作原理来判断发生故障的部位，分析出故障的原因。

2）看。观察熔断器内的熔体是否熔断；其他电气元器件是否有烧毁、发热、断线情况；导线连接螺钉是否松动；触点是否氧化、积尘等。要特别注意高电压、大电流的地方，活动机会多的部位，容易受潮的接插件等。

3）听。电动机、变压器、接触器等，正常运行的声音和发生故障时的声音是有区别的。听声音是否正常，可以帮助寻找故障的范围、部位。

4）摸。电动机、电磁线圈、变压器等发生故障时，温度会显著上升，可切断电源后用手去触摸、判断元器件是否正常。

要特别注意：不论电路通电还是断电，都不能用手直接去触摸金属触点！必须借助仪表来测量。

（2）从机床电气原理图进行分析

首先熟悉机床的电气电路，结合故障现象，对电路工作原理进行分析，便可以迅速判断出有可能发生故障的范围。

（3）检查方法

根据故障现象分析，先弄清属于主电路的故障还是控制电路的故障，属于电动机的故障还是控制设备的故障。当确认故障以后，应该进一步检查电动机或控制设备。必要时可采用替代法，即用好的电动机或用电设备来替代故障设备。属于控制电路的，应该先进行一般的外观检查，检查控制电路的相关电气元器件。如接触器、继电器、熔断器等有无裂痕、烧痕、接线脱落、熔体熔断等，同时用万用表检查线圈有无断线、烧毁，触点是否熔焊。

外观检查找不到故障时，将电动机从电路中卸下，对电路逐步检查。可以进行通电吸合试验，观察机床电气元器件是否按要求顺序动作。若发现某部分动作有问题，就在该部分找故障点，逐步缩小故障范围，直到排除全部故障为止，决不能留下隐患。

有些电气元器件的动作是由机械配合或靠液压推动的，应会同机修人员进行检查处理。

（4）无电气原理图时的检查方法

首先，查清不动作的电动机的工作电路。在不通电的情况下，以该电动机的接线盒为起点开始查找，顺着电源线找到相应的控制接触器。然后，以此接触器为核心，一路从主触点开始，继续查到三相电源，查清主电路；一路从接触器线圈的两个接线端子开始向外延伸，弄清电路的来龙去脉。必要的时候，边查找边画出草图。若需拆卸，则要记录拆卸的顺序、电器的结构等，再采取排除故障的措施。

（5）在检修机床电气电路故障时应注意的问题

1）检修前应将机床清理干净。

2）将机床电源断开。

3）电动机不能转动，要从电动机有无通电、控制电动机的接触器是否吸合入手，决不能立即拆修电动机。通电检查时，一定要先排除短路故障，在确认无短路故障后方可通电，否则，会造成更大的事故。

4）当需要更换熔断器的熔体时，新熔体必须与原熔体型号相同，不得随意扩大容量，以免造成意外的事故或留下更大的后患。熔体的熔断，说明电路存在较大的冲击电流，如短路、严重过载、电压波动很大等。

5）热继电器的动作、烧毁，也要求先查明过载原因，否则，故障还是会重现。修复后一定要按技术要求重新整定保护值，并要进行可靠性试验，以避免失控。

6）用万用表电阻档测量触点、导线通断时，量程置于 $R\times1$ 档。

7）如果要用绝缘电阻表检测电路的绝缘电阻，则应断开被测支路与其他支路的联系，避免影响测量结果。

8）在拆卸元器件及端子连线时，特别是对不熟悉的机床，一定要仔细观察，理清控制电路，千万不能蛮干。要及时做好记录、标号，以便复原，避免在安装时发生错误。螺钉、垫片等放在盒子里，被拆下的线头要做好绝缘包扎，以免造成人为的事故。

9）试车前先检测电路是否存在短路现象。在正常的情况下进行试车，应当注意人身及设备安全。

10）机床故障排除后，一切要恢复到原来的样子。

3. 机床电气电路故障检查的常用方法

检查故障的方法有电压测量法、电阻测量法、短接法、等效替代法等。

（1）电压测量法

电压测量法指利用万用表电压档，通过测量机床电气电路上某两点间的电压值来判断故障点的范围或故障元器件的方法。

1）电压分阶测量法。电压分阶测量法如图3-34所示。

断开主电路，接通控制电路的电源。若按下起动按钮SB2，接触器KM1不吸合，则说明控制电路有故障。

检查时把万用表扳到交流电压500V档位上。首先用万用表测量1、7两点间的电压，若电压为380V，则说明控制电路的电源正常。然后按住起动按钮SB2不放，同时将黑色表笔接到点7上，红色表笔依次接到2、3、4、5、6各点上，分别测量2—7、3—7、4—7、5—7、6—7两点间的电压。根据其测量结果即可找出故障原因。电压分阶测量法查找故障原因见表3-11。

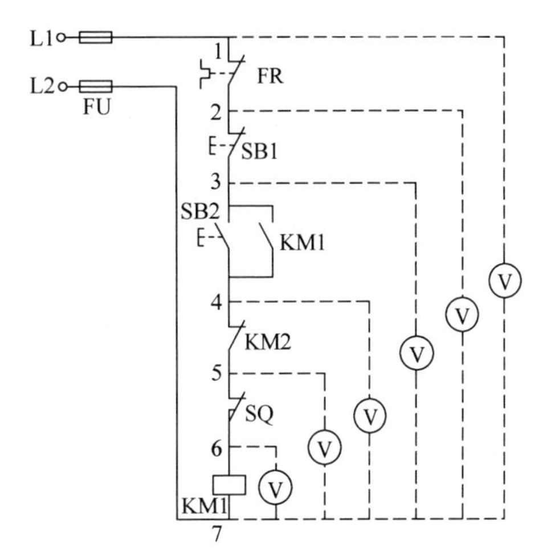

图3-34　电压分阶测量法

表3-11　电压分阶测量法查找故障原因

故障现象	测试状态	分阶电压/V					故障原因
		2—7	3—7	4—7	5—7	6—7	
按下SB2时，KM1不吸合	按下SB2不放	0	0	0	0	0	FR动断（常闭）触点接触不良
		380	0	0	0	0	SB1动断（常闭）触点接触不良
		380	380	0	0	0	SB2动合（常开）触点接触不良
		380	380	380	0	0	KM2动断（常闭）触点接触不良
		380	380	380	380	0	SQ动断（常闭）触点接触不良
		380	380	380	380	380	KM1线圈断路

这种测量方法如台阶一样依次测量电压，所以叫电压分阶测量法。

2）电压分段测量法。电压分段测量法如图3-35所示。

断开主电路，接通控制电路的电源。若按下起动按钮SB2，接触器KM1不吸合，则说明控制电路有故障。

检查时把万用表扳到交流电压500V档位上。首先用万用表测量1、7两点间的电压，若电压为380V，则说明控制电路的电源正常。然后按住起动按钮SB2不放，同时将万用表的红、黑表笔逐段测量相邻两点1—2、2—3、3—4、4—5、5—6、6—7间的电压，根据其测量结果即可找出故障原因。电压分段测量法查找故障原因见表3-12。

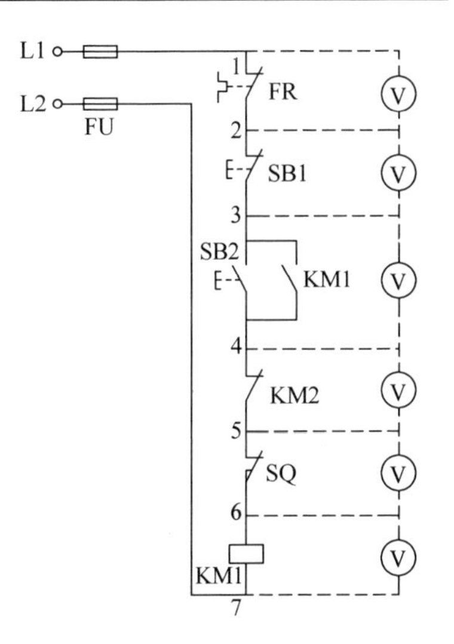

图3-35　电压分段测量法

表 3-12　电压分段测量法查找故障原因

故障现象	测试状态	分段电压/V						故障原因
		1—2	2—3	3—4	4—5	5—6	6—7	
按下 SB2 时，KM1 不吸合	按下 SB2 不放	380	0	0	0	0	0	FR 动断（常闭）触点接触不良
		0	380	0	0	0	0	SB1 动断（常闭）触点接触不良
		0	0	380	0	0	0	SB2 动合（常开）触点接触不良
		0	0	0	380	0	0	KM2 动断（常闭）触点接触不良
		0	0	0	0	380	0	SQ 动断（常闭）触点接触不良
		0	0	0	0	0	380	KM1 线圈断路

（2）电阻测量法

电阻测量法指利用万用表电阻档，通过测量机床电气电路上某两点间的电阻值来判断故障点的范围或故障元器件的方法。

1）电阻分阶测量法。电阻分阶测量法如图 3-36 所示。

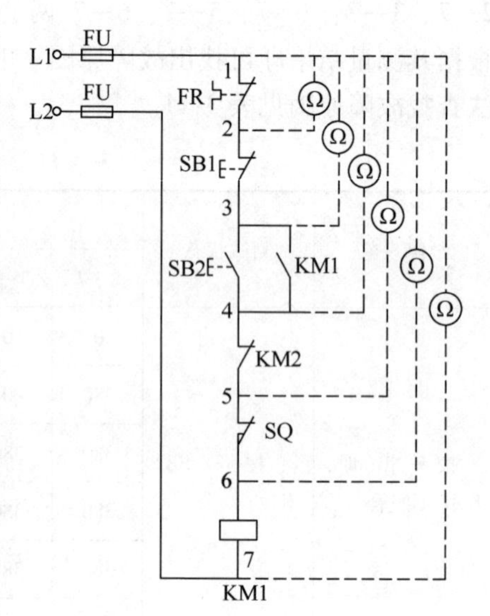

图 3-36　电阻的分阶测量法

按下起动按钮 SB2，接触器 KM1 不吸合，该电路有断路故障。

用万用表的电阻档检测前应先断开电源，然后按下 SB2 不放，先测量 1—7 两点间的电阻，如电阻值为“∞”，说明 1—7 之间的电路有断路。然后分阶测量 1—2、1—3、1—4、1—5、1—6 各点间电阻值。若电路正常，则各两点间的电阻值为“0”；当测量到某标号间的电阻值为“∞”，则说明表笔刚跨过的触点或连接导线断路。

根据其测量结果即可找出故障原因。电阻分阶测量法查找故障原因见表 3-13。

表 3-13　电阻分阶测量法查找故障原因

故障现象	测试状态	分阶电阻						故障原因
		1—2	1—3	1—4	1—5	1—6	1—7	
按下 SB2 时，KM1 不吸合	按下 SB2 不放	∞						FR 动断（常闭）触点接触不良
		0	∞					SB1 动断（常闭）触点接触不良
		0	0	∞				SB2 动合（常开）触点接触不良
		0	0	0	∞			KM2 动断（常闭）触点接触不良
		0	0	0	0	∞		SQ 动断（常闭）触点接触不良
		0	0	0	0	0	∞	KM 线圈损坏或接线端接触不良

2）电阻分段测量法。电阻分段测量法如图3-37所示。

检查时，先切断电源，按下起动按钮SB2，然后依次逐段测量相邻两标号点1—2、2—3、3—4、4—5、5—6点间的电阻。若电路正常，除6—7两点间的电阻值为KM1线圈电阻外，其余各标号间电阻应为“0”。如测得某两点间的电阻为“∞”，则说明这两点间的触点或连接导线断路。例如当测得2—3两点间电阻值为“∞”时，说明停止按钮SB1或连接SB1的导线断路。

根据其测量结果即可找出故障原因。电阻分段测量法查找故障原因见表3-14。

3）电阻测量法的注意事项。用电阻测量法检查故障时要注意以下几点：

① 用电阻测量法检查故障时一定要断开电源。

② 如果被测的电路与其他电路并联，必须将该电路与其他电路断开，即断开寄生回路，否则所测得的电阻值是不准确的。

③ 测量高电阻值的电气元器件时，把万用表的选择开关旋转至适当的电阻档位。

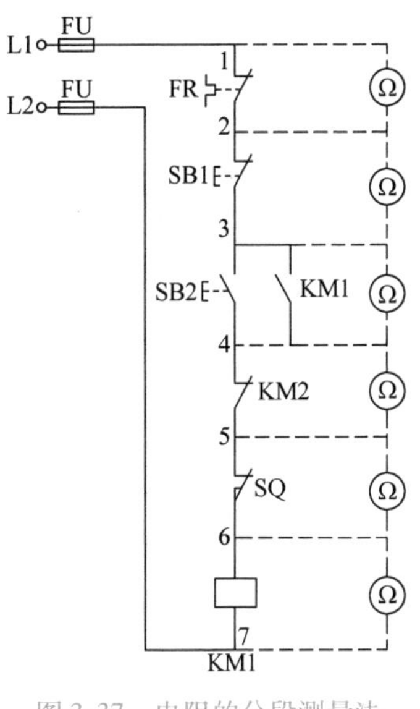

图3-37　电阻的分段测量法

表3-14　电阻分段测量法查找故障原因

故障现象	测试状态	分段电阻						故障原因
		1—2	2—3	3—4	4—5	5—6	6—7	
按下SB2时，KM1不吸合	按下SB2不放	∞						FR动断（常闭）触点接触不良
		0	∞					SB1动断（常闭）触点接触不良
		0	0	∞				SB2动合（常开）触点接触不良
		0	0	0	∞			KM2动断（常闭）触点接触不良
		0	0	0	0	∞		SQ动断（常闭）触点接触不良
		0	0	0	0	0	∞	KM线圈损坏或接线端接触不良

（3）短接法

短接法是指用导线将机床电路中两等电位点短接，以缩小故障范围，从而确定故障范围或故障点。

1）局部短接法。局部短接法如图3-38所示。

按下起动按钮SB2时，接触器KM1不吸合，说明该电路有断路故障。检查前先用万用表测量1—7两点间的电压值。若电压正常，可按下起动按钮SB2不放松，然后用一根绝缘良好的导线，分别短接标号相邻的两点，如短接1—2、2—3、3—4、4—5、5—6。当短接到某两点时，接触器KM1吸合，说明断路故障就在这两点之间。局部短接法查找故障原因见表3-15。

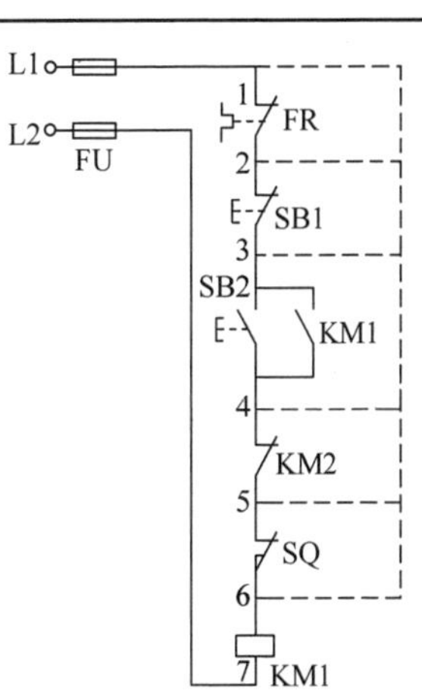

图3-38　局部短接法

表 3-15 局部短接法查找故障原因

故障现象	短接点标号	KM1 的动作	故 障 原 因
按下 SB2 时，KM1 不吸合	1—2	吸合	FR 动断（常闭）触点接触不良
	2—3	吸合	SB1 动断（常闭）触点接触不良
	3—4	吸合	SB2 动合（常开）触点接触不良
	4—5	吸合	KM2 动断（常闭）触点接触不良
	5—6	吸合	SQ 动断（常闭）触点接触不良

2）长短接法。长短接法如图 3-39 所示。

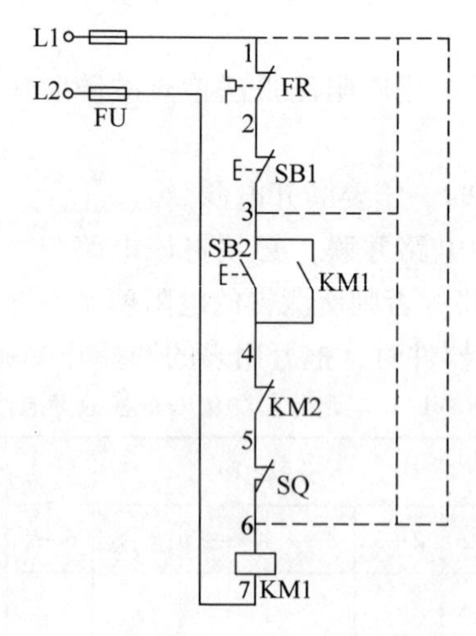

图 3-39 长短接法

长短接法是指一次短接两个或多个触点，检查断路故障的方法。

当 FR 的动断（常闭）触点和 SB1 的动断（常闭）触点同时接触不良时，若用上述局部短接法短接 1—2 点，按下起动按钮 SB2，KM1 仍然不会吸合，此时可能会造成判断错误。而采用长短接法将 1—6 短接，若 KM1 吸合，则说明 1—6 这段电路中有断路故障，然后短接 1—3 和 3—6，若短接 1—3 时 KM1 吸合，则说明故障在 1—3 段范围内。再用局部短接法短接 1—2 和 2—3，就能很快地排除电路的断路故障。

长短接法可把故障点缩小到一个较小的范围，长短接法和局部短接法结合使用，可以很快找出故障点。

3）短接法的注意事项。用短接法检查故障时要注意以下几点：

① 短接法是用手拿绝缘导线带电操作的，所以一定要注意安全，避免触电事故发生。

② 短接法只适用于检查压降极小的导线和触点之类的断路故障。对于压降较大的电器，如电阻、线圈、绕组等断路故障，不能采用短接法，否则会出现短路故障。

③ 对于机床的某些要害部位，必须在保障电气设备或机械部位不会出现事故的情况下才能使用短接法。

项目4

电气控制电路的设计、安装与调试

项目目标

1）掌握电气控制电路的设计方法，培养综合运用电气控制专业知识解决实际工程技术问题的能力。

2）培养学生从事设计工作的整体观念，通过较为完整的工程实践基本训练，为全面提高综合素质及增强工作适应能力打下坚实的基础。

3）通过设计电路过程，培养解决工程技术问题的能力。

4）用不同方法和策略完成任务，敢于质疑，用创新思维去解决问题。

项目任务

根据控制要求，设计典型环节电气控制电路的电气原理图，并进行安装与调试。

实训任务4.1 典型环节电气控制电路的设计、安装与调试

4.1.1 实训目标

能够用经验设计法设计典型环节电气控制系统电路图，并进行安装与调试。

4.1.2 实训内容

图4-1所示是三条传送带组成的运输机的工作示意图。

1. 对电气控制的要求

1）电动机起动顺序为3号、2号、1号，即顺序起动，并要有一定的时间间隔，以防止货物在传送带上堆积，造成后面传送带重载起动。

2）电动机停车顺序为1号、2号、3号，即逆序停止，以保证停车后传送带上不残存货物。

3）不论2号或3号哪一台电动机出现过载故障，1号电动机必须停车，以免继续进料，造成货物堆积。

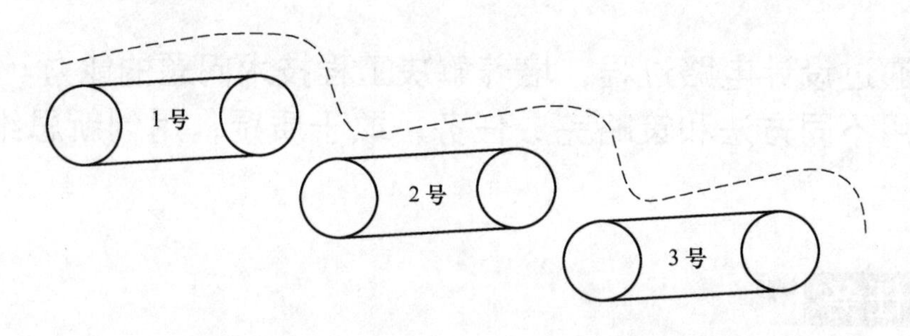

图4-1 三条传送带组成的运输机的工作示意图

2. 设计任务

1）根据控制要求，完成电气原理图的设计，要有必要的保护环节。

2）进行电路优化，完成控制要求。

3）写出控制电路的设计过程。

设计提示：在两台电动机顺序起动、逆序停止的控制电路上进行改进。

4.1.3 实训工具、仪表和器材

1）工具：尖嘴钳，斜嘴钳，剥线钳，螺钉旋具（十字槽、一字槽）等。

2）仪表：万用表，绝缘电阻表。

3）器材：三相笼型异步电动机3台，交流接触器，热继电器，按钮，电源开关，熔断器，时间继电器，中间继电器及导线等。

4.1.4　实训指导

1. 主电路的设计

三条传送带分别由三台电动机拖动，均采用三相笼型异步电动机。由于电网容量足够大，且三台电动机不同时起动，故采用直接起动。由于不经常起动、制动，对于制动时间和停车准确度也无特殊要求，因此制动时采用自由停车。

三台电动机都用熔断器作短路保护，用热继电器作过载保护。由此，设计出传送带运输机主电路如图4-2所示。

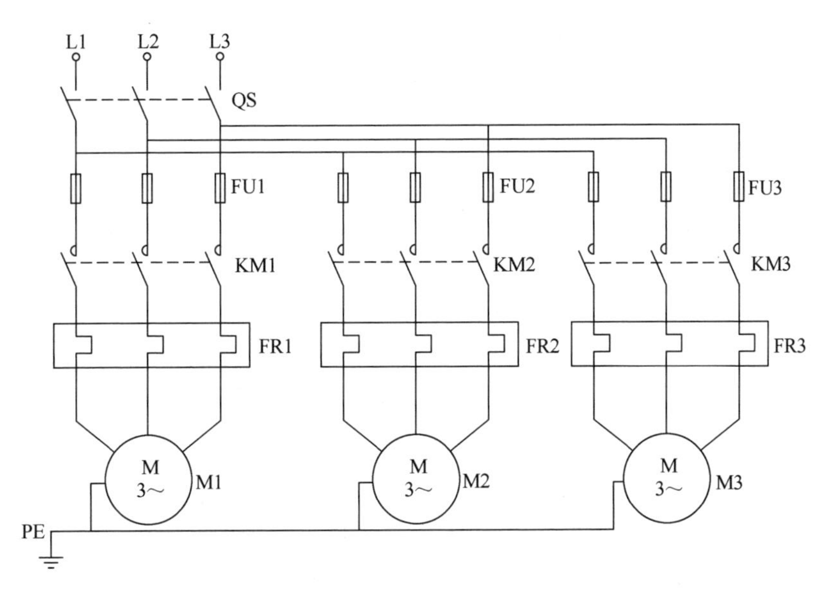

图4-2　传送带运输机主电路

2. 基本控制电路的设计

三台电动机由三个接触器KM1、KM2、KM3控制起、停。起动顺序为3号、2号、1号，可用3号接触器KM3的动合（常开）触点控制2号接触器KM2的线圈，用2号接触器KM2的动合（常开）触点控制1号接触器的KM1线圈。停止时顺序为1号、2号、3号，可用1号接触器KM1的动合（常开）触点与2号接触器KM2线圈支路中的停止按钮并联，用2号接触器KM2的动合（常开）触点与3号接触器线圈支路中的停止按钮并联。基本控制电路如图4-3所示。

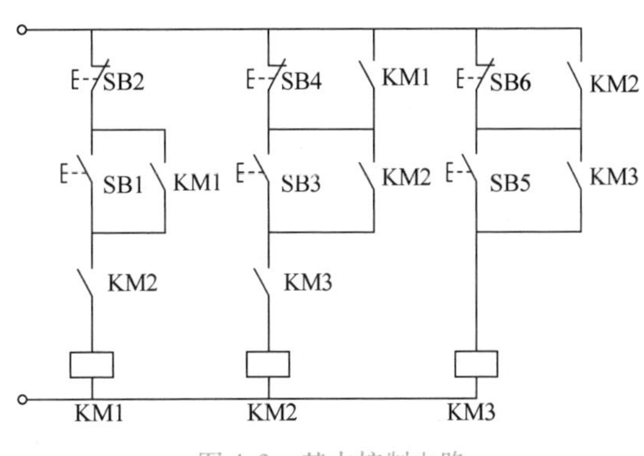

图4-3　基本控制电路

由图4-3可见，只有KM3线圈得电后，其辅助动合（常开）触点闭合，此时按下SB3，KM2线圈才能得电工作，然后按下SB1，KM1线圈得电工作，实现了三台电动机的顺序起动。同理，只有KM1线圈断电释放后，按下SB4，KM2线圈才能断电，然后按下SB6，KM3线圈断电，实现三台电动机的依次停车。

3. 联锁保护环节的设计

图4-3所示的基本控制电路显然是手动控制，为了实现自动控制，传送带运输机起动和停车可用行程参量或时间参量控制。由于传送带是回转运动的，检测行程比较困难，而用时间参量则比较方便，所以以时间为变化参量，利用时间继电器作为输出器件的控制信号。以通电延时型时间继电器的延时闭合的动合（常开）触点作起动信号，以断电延时型时间继电器的延时断开的动合（常开）触点作停车信号。为使三条传送带自动按顺序工作，采用中间继电器KA。控制电路的联锁部分如图4-4所示。

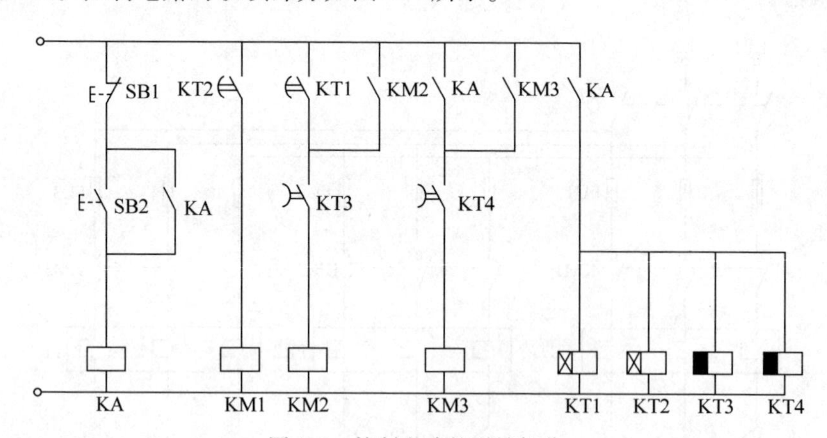

图4-4　控制电路的联锁部分

按下SB1发出停车指令时，KT1、KT2、KA同时断电，KA动合（常开）触点瞬时断开，KM2、KM3若不加自锁，则KT3、KT4的延时将不起作用，KM2、KM3线圈将瞬时断电，电动机不能按顺序停车，所以需加自锁环节。三个热继电器的动断（常闭）触点均串联在KA线圈支路中，无论哪一号传送带电动机过载，都能按1号、2号、3号顺序停车。电路失电压保护由KA实现。

4. 电路的校验

完整的控制电路如图4-5所示，其控制过程如下所述。

按下起动按钮SB2，KA通电吸合并自锁，KA动合（常开）触点闭合，接通时间继电器KT1～KT4，其中KT1、KT2为通电延时型，KT3、KT4为断电延时型。KT3、KT4的动合（常开）触点立即闭合，为KM2和KM3的线圈通电准备条件。中间继电器KA另一个动合（常开）触点闭合，与KT4一起接通KM3，电动机M3首先起动；经过一段时间，达到KT1的整定时间，则KT1的动合（常开）触点闭合，使KM2通电吸合，电动机M2起动；再经过一段时间，达到KT2的整定时间，则KT2的动合（常开）触点闭合，使KM1通电吸合，电动机M1起动。

按下停止按钮SB1，KA断电释放，4个时间继电器同时断电，KT1、KT2动合（常开）触点立即断开。KM1失电，电动机M1停车；由于KM2自锁，所以，只有达到KT3的整定时间，KT3断开，才使KM2断电，电动机M2停车；最后，达到KT4的整定时间，KT4的动合（常开）触点断开，使KM3线圈断电，电动机M3停车。

根据图4-5所示的控制电路，对电气元器件进行合理布局，绘制电气安装接线图。经检查无误后，再通电测试。

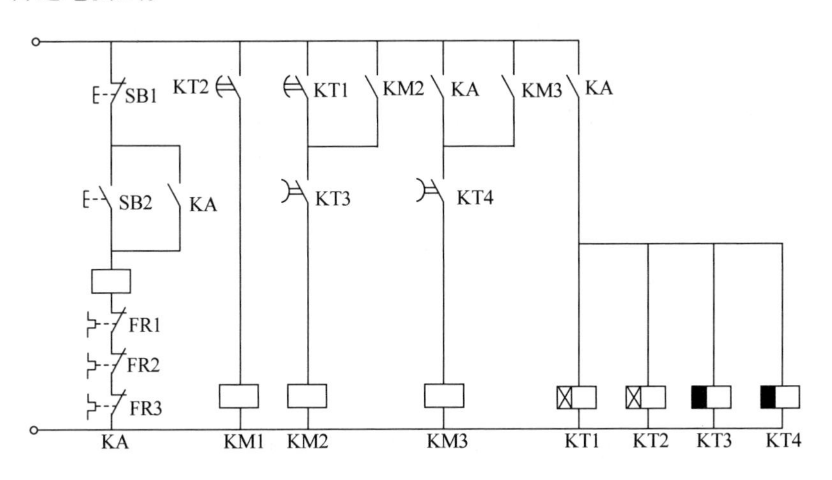

图 4-5　完整的控制电路图

4.1.5　技能训练与成绩评定

1. 技能训练

（1）训练要点

1）选择相对简单的设计课题，进行设计练习。

2）对自行设计的控制电路，进行电路的连接和调试，直至完成所要求的控制功能。

（2）设计任务

为两台异步电动机设计一个控制电路，其要求如下：

1）两台电动机互不影响地独立工作。

2）能同时控制两台电动机的起动与停止。

3）当一台电动机发生故障时，两台电动机均停止。

（3）实训要求

1）根据控制要求，完成电气原理图的设计，具有必要的保护环节。

2）选择电路元器件，进行电路的安装接线，完成电路连接。

3）通电调试及故障排除。

2. 成绩评定

（1）设计实训成绩评定

设计实训成绩评定分优、良、中、及格和不及格 5 个等级，由平时表现 20%、实践操作 50%、设计报告 20% 和答辩 10% 四个部分组成。

优：电路设计合理，符合工程要求。能正确选择和使用元器件。电路连接正确、美观，仪器使用熟练，方法得当。电路调试一次性成功，操作演示熟练。掌握运行原理，运行结果理想。独立正确地回答考核问题。

良：电路设计较符合需求，较熟练地使用元器件。电路连接较美观。较熟练地掌握仪器、仪表使用。能独立操作。掌握运行原理，能独立回答问题。

中：电路设计基本满足要求，能基本识别使用元器件的结构和作用。电路连接基本正确。电路调试存在局部问题，但经指导或改进后有正确的运行结果。基本掌握仪器、仪表的使用方法。掌握运行原理，能独立操作。基本能独立回答问题。

及格：电路设计在教师指导或同学帮助之下完成，基本正确。能基本识别元器件的结构和基本掌握其作用，勉强完成电路连接。电路经多次较正后调试成功。对仪器、仪表的使用不太熟练。掌握电路运行原理，勉强回答问题。

不及格：电路设计错误。不会使用元器件和相关仪表，不能正确连线，不会演示电路运行。回答问题错误较多。

（2）平时考核评定

1）迟到或早退一次扣2分。

2）旷课一节扣5分。

3）不遵守课堂纪律或不服从老师管理的，视情节轻重扣分不得低于2分。

4）不遵守实训室卫生规定，视情节轻重每次扣分不得低于2分。

5）损坏实验室设备视情节轻重扣分不得低于4分。

6）无正当理由，出勤率不足1/3者，实行一票否决，本实训总评成绩为不及格。

（3）实践操作考核评定

1）电路设计每一处错误扣5分。

2）元器件选择、布置与使用，每选错、用错一件扣5分。

3）电路安装不符合安装工艺，每一处扣5分。

4）电路调试违反调试程序和安全要求，每次扣5分。

5）独立分析并排除电路故障，每次加5分。

6）电路错误较多，安装质量低，完全不符合安装要求，调试最终不成功的，在时间允许的前提下，可拆除重装。

（4）设计报告考核评定

1）书写不认真或迟交，扣5分。

2）缺少设计过程和设计原理，扣5~10分。

3）没有设计参数，扣2~5分。

4）没有小结，扣5分。

5）抄袭现象严重，自己设计部分内容较少的，扣15分。

6）不交报告者不计本次成绩。

（5）答辩评定

答辩内容主要围绕本次设计的电路原理、元器件使用、元器件作用、电路安装、电路调试、故障分析等几个部分展开。问题可根据情况设3~5个不等。

1）回答基本上符合答案，稍有不完整但经启发后答对者，每道题酌情扣1~2分。

2）回答贴近答案，但不完整者，每道题扣3~4分。

3）回答不贴近答案，相差甚远者，不计分。

（6）评分表

电气控制电路设计部分评分记录见表4-1。

表4-1　电气控制电路设计部分评分记录

<table>
<tr><th colspan="2">内　容</th><th colspan="2">要　求</th><th>配　分</th><th>教师评分</th></tr>
<tr><td colspan="2">平时表现、安全文明</td><td colspan="2">遵守课堂纪律和实训规定，不违反安全操作规程，不带电作业连接电路，工具摆放整齐，保持工位整洁</td><td>20</td><td></td></tr>
<tr><td colspan="2">实践操作</td><td colspan="2">电路设计正确，通电调试成功或自行进行故障检测排除</td><td>50</td><td></td></tr>
<tr><td colspan="2">答辩</td><td colspan="2">回答问题流利、回答内容符合宗旨。对设计系统理解透彻，熟悉操作工艺及技术规范</td><td>10</td><td></td></tr>
<tr><td colspan="2">设计报告</td><td colspan="2">书写认真，有自己的设计过程。电路设计正确，原理清晰。元器件参数合理。报告条理性、逻辑性强，结构完整，无抄袭现象</td><td>20</td><td></td></tr>
<tr><td rowspan="2">总分</td><td>教师评分（100分）</td><td rowspan="2">总体评价</td><td colspan="3" rowspan="2">优□　良□　中□　及格□　不及格□</td></tr>
<tr><td>创新得分（加10分）</td></tr>
</table>

注：总体评价90~100分为优，80~89分为良，70~79分为中，60~69分为及格，60分以下为不及格。

4.1.6　思考题

1. 设计一个小车运行的控制电路，小车由三相交流异步电动机拖动，其动作要求如下：

1）小车由原位开始前进，到终端后自动停止。

2）在终端停留3s后自动返回原位停止。

3）要求在前进或后退途中的任意位置都能停止或起动。

2. 某机床由两台三相笼型异步电动机M1与M2拖动，其控制要求是：

1）M1起动20s后方可起动M2（M2可以直接起动）。

2）M2停车后方可使M1停车。

3）M1与M2起、停均要求两地控制。

试设计电气原理图并设置必要的保护环节。

实训任务4.2　机床电气控制电路的设计、安装与调试

4.2.1　实训目标

熟悉从原理图设计到电气控制柜安装和调试的整个过程，培养综合运用电气控制专业知识解决实际工程技术问题的能力。

4.2.2　实训内容

1. CW6163型卧式车床概述

CW6163型卧式车床属于普通的小型车床，性能优良，应用较广泛。其主轴的正反转由两组机械式摩擦片离合器控制，主轴的制动采用液压制动器；进给的纵向（左右）运动、横向（前后）运动及快速移动均由一个手柄控制。该车床可完成的工件最大车削直径为

630mm，最大长度为1500mm。

2. 对电气控制的要求

1）根据工件的最大长度要求，为了减少辅助工作时间，要求配备一台主轴电动机和一台刀架快速移动电动机。主轴运动的起、停要求两地控制。

2）车削时产生的高温，可由一台普通冷却泵电动机加以控制。

3）根据整个生产线状况，要求配备一套局部照明装置及必要的工作状态指示灯。

3. 设计任务

1）设计并绘制电气原理图，选择元器件，编制元器件目录清单。

2）设计并绘制工艺图，包括电器元器件布置图、电气安装接线图。

3）进行电气控制柜的安装接线和调试。

4）编制设计、使用说明书。

4.2.3 实训工具、仪表和器材

1）工具：尖嘴钳，斜嘴钳，剥线钳，螺钉旋具（十字槽、一字槽）等。

2）仪表：万用表，绝缘电阻表。

3）器材：机床电气控制柜。

4.2.4 实训指导

1. 电动机的选择

根据设计要求可知，本设计需配备三台电动机，分别为

1）主轴电动机M1，型号选定为Y160M－4，性能指标为：11kW、380V、22.6A、1460r/min。

2）冷却泵电动机M2，型号选定为JCB－22，性能指标为：0.125kW、0.43A、2790r/min。

3）刀架快速移动电动机M3，型号选定为Y90S－4，性能指标为：1.1kW、2.7A、1400r/min。

2. 电气原理图的设计

（1）主电路的设计

1）主轴电动机M1。根据设计要求，主轴电动机的正反转由机械式摩擦片离合器加以控制。根据车削工艺的特点，同时考虑到主轴电动机的功率较大，最后确定M1采用单向直接起动控制方式，由接触器KM进行控制。对M1设置过载保护（FR1），并采用电流表PA根据指示的电流监视其车削量。由于向车床供电的电源开关要装熔断器，所以电动机M1没有用熔断器进行短路保护。

2）冷却泵电动机M2及快速移动电动机M3。由前面可知，M2和M3的功率及额定电流均较小，因此可用交流中间继电器KA1和KA2来进行控制。在设置保护时，考虑到M3属于短时运行，故不需设置过载保护。

（2）控制电路电源的设计

考虑到安全可靠和满足照明及指示灯的要求，采用控制变压器TC供电，其一次侧为交

流 380V，二次侧为交流 127V、36V、6.3V。其中 127V 给接触器 KM 和中间继电器 KA1 及 KA2 的线圈供电，36V 给局部照明电路供电，6.3V 给指示灯电路供电。

（3）控制电路的设计

1）电动机 M1 控制电路的设计。根据设计要求，主轴电动机要求实现两地控制，因此，可在机床的床头操作板上和刀架拖板上分别设置起动按钮 SB3、SB4 和停止按钮 SB1、SB2 来进行控制。

2）电动机 M2、M3 控制电路的设计。根据设计要求和 M2、M3 需完成的工作任务，确定 M2 采用单向起、停控制方式，M3 采用点动控制方式。

（4）照明及信号指示电路的设计

照明设备用照明灯 EL、灯开关 S 和照明回路熔断器 FU3 构成。信号指示电路由两路构成：一路为三相电源接通指示灯 HL2（绿色），在电源开关 QS 接通以后立即发光，表示机床电路已处于供电状态；另一路为指示灯 HL1（红色），表示主轴电动机是否运行。两路指示灯 HL1 和 HL2 分别由接触器 KM 的动合（常开）和动断（常闭）触点进行切换通电显示。

由此，绘出 CW6163 型卧式车床的电气原理图如图 4-6 所示。

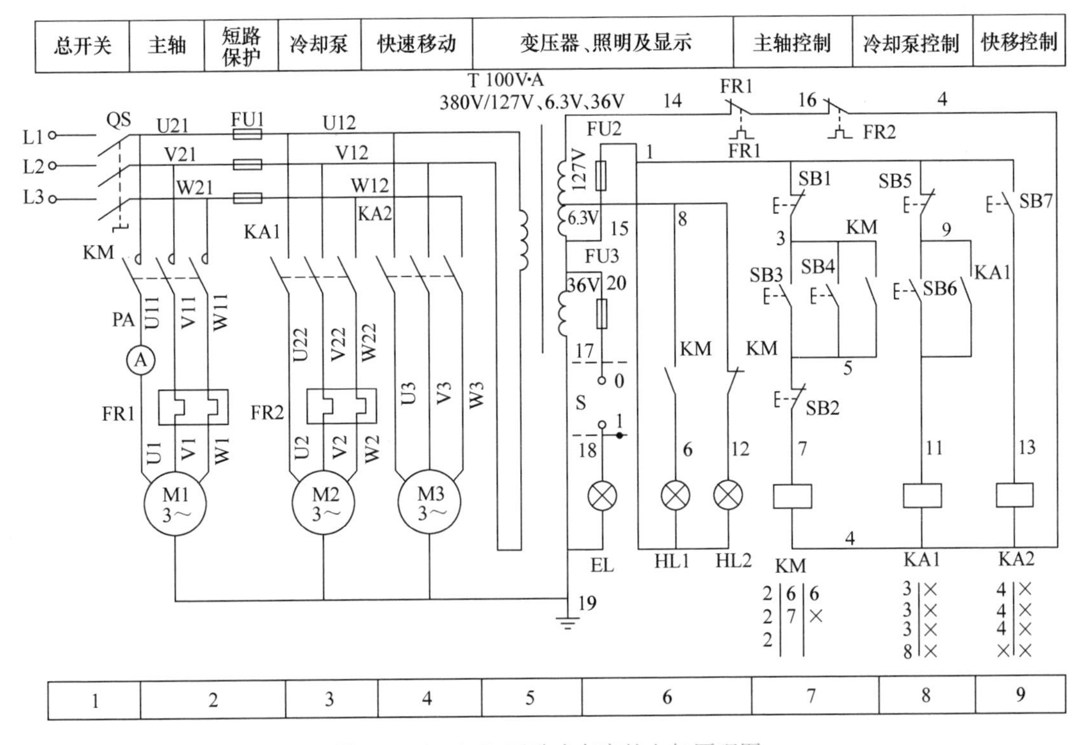

图 4-6　CW6163 型卧式车床的电气原理图

3. 元器件的选择

在电气原理图设计完毕之后，就可以根据电气原理图进行元器件的选择工作。

（1）电源开关 QS 的选择

QS 的作用主要是用于电源的引入及控制 M1 ~ M3 起、停等。因此 QS 的选择主要考虑电动机 M1 ~ M3 的额定电流和起动电流。由前面已知 M1 ~ M3 的额定电流数值，通过计算可得额定电流之和为 25.73A，同时考虑到，M2、M3 虽为满载起动，但功率较小，M1 虽功率较大，但为轻载起动。所以，QS 最终选择组合开关 HZ10－25/3 型，额定电流为 25A。

（2）热继电器 FR 的选择

根据电动机的额定电流进行热继电器的选择。

根据前面 M1 和 M2 的额定电流，热继电器的选择如下：

FR1 选用 JR20－25 型热继电器，热元件额定电流 25A，额定电流调节范围为 17～25A，工作时调整在 22.6A。

FR2 选用 JR20－10 型热继电器，热元件额定电流 0.53A，额定电流调节范围为 0.35A～0.53A，工作时调整在 0.43A。

（3）接触器的选择

根据负载回路的电压、电流，接触器所控制回路的电压及所需触点的数量等来进行接触器的选择。

本设计中，KM 主要对 M1 进行控制，而 M1 的额定电流为 22.6A，控制回路电源为 127V，需主触点三对，辅助动合（常开）触点两对，辅助动断（常闭）触点一对。所以，KM 选择 CJ10－40 型接触器，主触点额定电流为 40A，线圈电压为 127V。

（4）中间继电器的选择

本设计中，由于 M2 和 M3 的额定电流都很小，因此，可用交流中间继电器代替接触器进行控制。这里，KA1 和 KA2 均选择 JZ7－44 型交流中间继电器，动合（常开）、动断（常闭）触点各 4 个，额定电流为 5A，线圈电压为 127V。

（5）熔断器的选择

根据熔断器的额定电压、额定电流和熔体的额定电流等进行熔断器的选择。

本设计中熔断器有三个：FU1、FU2、FU3。

FU1 主要对 M2 和 M3 进行短路保护，M2 和 M3 的额定电流分别为 0.43A、2.7A。因此，熔体的额定电流为

$$I_{FU1} \geqslant (1.5 \sim 2.5) I_{Nmax} + \sum I_N$$

计算可得 $I_{FU1} \geqslant 7.18A$，因此，FU1 选择 RL1－15 型熔断器，熔体为 10A。

FU2、FU3 主要是对控制电路和照明电路进行短路保护，电流较小，因此选择 RL1－15 型熔断器，熔体为 2A。

（6）按钮的选择

根据需要的触点数目、动作要求、使用场合、颜色等进行按钮的选择。本设计中，SB3、SB4、SB6 选择 LA18 型按钮，颜色为黑色；SB1、SB2、SB5 也选择 LA18 型按钮，颜色为红色；SB7 的选择型号也相同，但颜色为绿色。

（7）照明及指示灯的选择

照明灯 EL 选择 JC 系列，交流 36V，40W，与灯开关 S 成套配置；指示灯 HL1 和 HL2 选择 ZSD－0 型，指标为 6.3V、0.25A，颜色分别为红色和绿色。

（8）控制变压器的选择

变压器选择 BK－100VA，380V、220V/127V、36V、6.3V。

综合以上的计算，给出 CW6163 型卧式车床的电气元器件明细表见表 4-2。

4. 绘制电气元器件布置图和电气安装接线图

依据电气原理图的布置原则，并结合 CW6163 型卧式车床的电气原理图的控制顺序对电气元器件进行合理布局，做到连接导线最短，导线交叉最少。

表 4-2　CW6163 型卧式车床的电气元器件明细表

符　号	名　称	型　号	规　格	数 量
M1	三相异步电动机	Y160M－4	11kW、380V、22.6A、1460r/min	1
M2	冷却泵电动机	JCB－22	0.125kW、0.43A、2790r/min	1
M3	三相异步电动机	Y90S－4	1.1kW、2.7A、1400r/min	1
QS	组合开关	HZ10－25/3	三极、500V、25A	1
KM	交流接触器	CJ10－40	40A、线圈电压 127V	1
KA1，KA2	交流中间继电器	JZ7－44	5A、线圈电压 127V	2
FR1	热继电器	JR20－25	热元件额定电流 25A、整定电流 22.6A	1
FR2	热继电器	JR20－10	热元件额定电流 0.53A、整定电流 0.43A	1
FU1	熔断器	RL1－15	500V、熔体 10A	1
FU2，FU3	熔断器	RL1－15	500V、熔体 2A	2
TC	控制变压器	BK－100	100VA，380V/127V、36V、6.3V	1
SB3，SB4，SB6	控制按钮	LA18	5A、黑色	3
SB1，SB2，SB5	控制按钮	LA18	5A、红色	3
SB7	控制按钮	LA18	5A、绿色	1
HL1，HL2	指示灯	ZSD－0	6.3V、绿色 1、红色 1	2
EL，S	照明灯及灯开关	JC 系列	36V、40W	2
PA	交流电流表	62T2	0～50A、直接接入	1

电气元器件布置图完成之后，再依据电气安装接线图的绘制原则及相应的注意事项，进行电气安装接线图的绘制。CW6163 型卧式车床电气元器件布置图如图 4-7 所示，CW6163 型卧式车床电气安装接线图如图 4-8 所示。

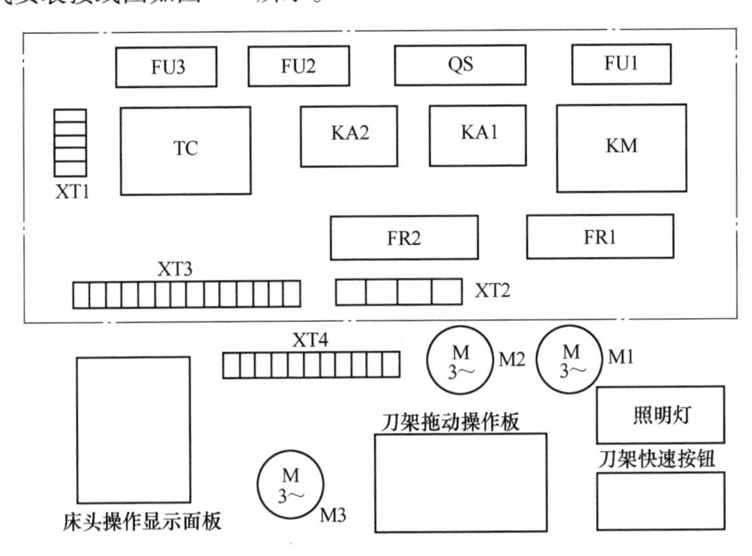

图 4-7　CW6163 型卧式车床电气元器件布置图

5. 电气控制柜的安装配线

(1) 制作安装底板

CW6163 型卧式车床电气电路较复杂，根据电气安装接线图，其制作的安装底板有柜内电器板（配电盘）、床头操作显示面板和刀架拖动操作板共三块。对于柜内电器板，可以采

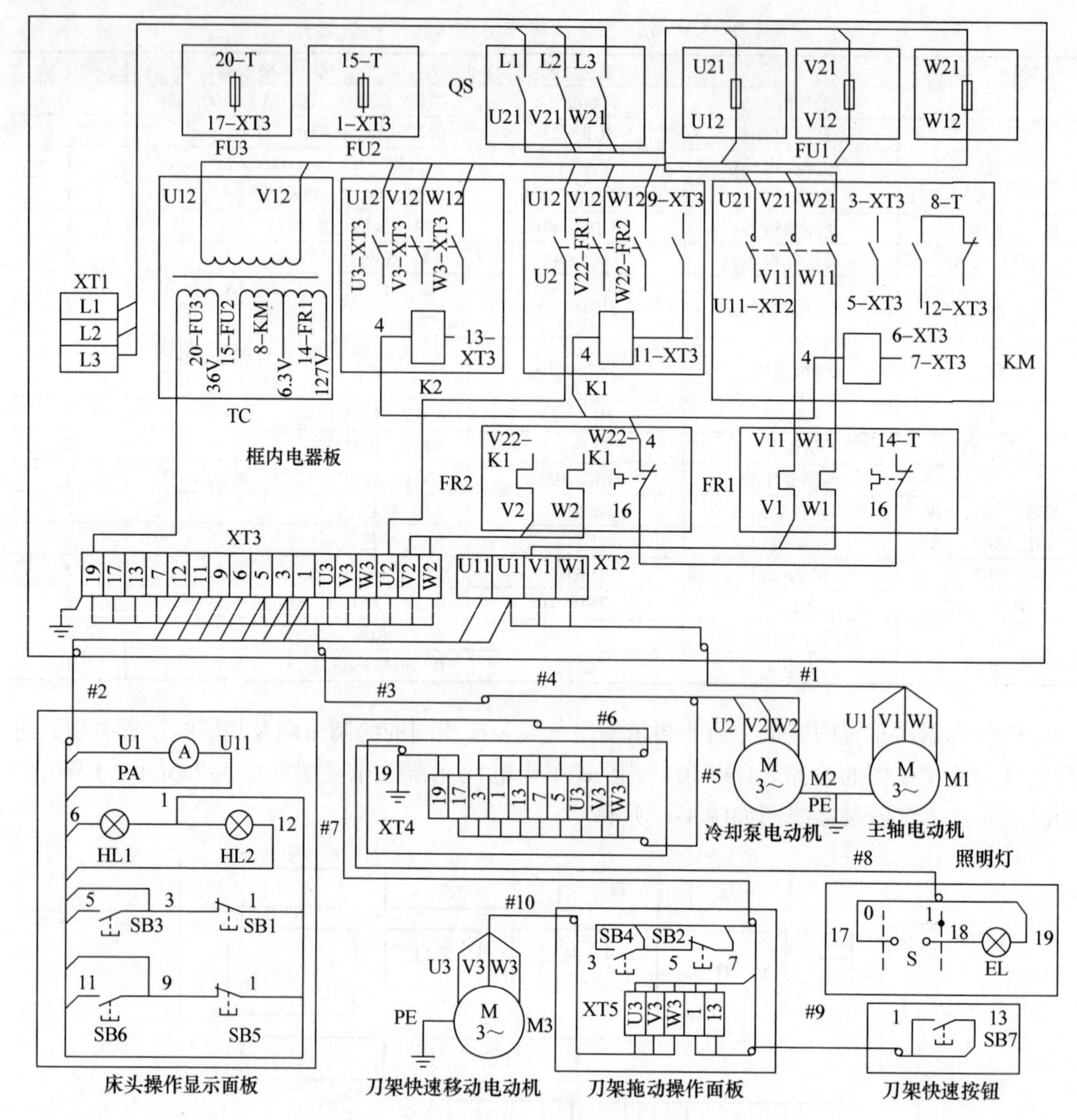

图4-8　CW6163型卧式车床电气安装接线图

用2～4mm镀锌钢板做其底板。

（2）选配导线

根据车床的特点，其电气控制柜的配线方式选用明配线。根据CW6163型卧式车床电气安装接线图中管内敷线明细表中已选配好的导线进行配线。

（3）规划安装线和弯电线管

根据安装的操作规程，首先在底板上规划要安装的尺寸以及电线管的走向，并根据安装尺寸锯割电线管，根据走线方向弯制电线管。

（4）安装元器件

根据安装尺寸线钻孔，并固定元器件。

（5）元器件的编号

根据车床的电气原理图给安装完毕的各元器件和连接导线进行编号，给出编号标志。

（6）接线

根据接线的要求，先接控制柜内的主电路、控制电路，再接柜外的其他电路和设备，包括床头操作显示面板、刀架拖动操作板、电动机和刀架快速按钮等。特殊的、需外接的导线接到接线端子板上，引入车床的导线需用金属导管保护。

6. 电气控制柜的安装检查

（1）常规检查

根据 CW6163 型卧式车床的电气原理图及电气安装接线图，对安装完毕的电气控制柜逐线检查，核对线号，防止错接、漏接；检查各接线端子是否有虚接情况，以及时改正。

（2）用万用表检查

在不通电的情况下，用万用表电阻档进行电路的通断检查。

1）检查控制电路。断开电动机 M1 主电路接在 QS 上的三根电源线 U21、V21、W21，再断开 FU1 之后与电动机 M2、M3 的主电路有关的三根电源线 U12、V12、W12，用万用表的 $R\times100$ 档，将两个表笔分别接到熔断器 FU1 两端，此时电阻应为零，否则有断路现象；各个相间电阻应为无穷大；断开 1、15 两条连接线（或取出 FU2 的熔体），分别按下 SB3、SB4、SB6、SB7，若测得一电阻值（依次为 KM、KA1、KA2 的线圈电阻），则 1—4 接线正确；按下接触器 KM、KA1 的触点架，此时测得的电阻仍为 KM、KA1 的线圈电阻，则 KM、KA1 自锁起作用，否则 KM、KA1 的动合（常开）触点可能虚接或漏接。

2）检查主电路。接上电动机 M1 主电路的三根电源线，断开控制电路（取出 FU1 的熔体），取下接触器的灭弧罩，合上开关 QS，将万用表的两个表笔分别接到 L1—L2、L2—L3、L3—L1，此时测得的电阻值应为无穷大，若某次测得为零，则说明对应两相接线短路；按下接触器 KM 的触点架，使其动合（常开）触点闭合，重复上述测量，则测得的电阻应为电动机 M1 两相绕组的阻值，三次测量的结果应一致，否则应进一步检查。

将万用表的两个表笔分别接到 U12—V12、U12—W12、V12—W12，此时测得的电阻值应为无穷大，否则有短路；分别按下 KA1、KA2 的触点架，使其动合（常开）触点闭合，重复上述测量，则测得的电阻应分别为电动机 M2、M3 两相绕组的阻值，三次测量的结果应一致，否则应进一步检查。

经上述检查如发现问题，应结合测量结果，分析电气原理图，排除故障之后再进行以下的步骤。

7. 电气控制柜的调试

经以上检查准确无误后，可进行通电测试。

4.2.5　技能训练与成绩评定

1. 技能训练

（1）训练要点

1）选择相对简单的机床电气电路设计课题，进行设计练习。

2）对设计的机床电气控制电路进行电路的安装接线和调试，达到所要求的控制功能。

（2）实训要求

1）根据控制要求，完成电气原理图的设计，绘制电器元器件布置图和安装接线图。

2）选择电路元器件，进行电路的安装接线，完成电路连接。

3）通电调试及故障排除。

2. 成绩评定

（1）设计实训成绩评定

设计实训总成绩评定分优、良、中、及格和不及格 5 个等级，由平时表现 20%、实践操作 50%、设计报告 20% 和答辩 10% 四个部分组成。

优：电路设计合理，符合工程要求。能正确选择和使用元器件。电路连接正确、美观，仪器使用熟练，方法得当。电路调试一次性成功，操作演示熟练。掌握运行原理，运行结果理想。独立正确地回答考核问题。

良：电路设计较符合需求，较熟练地使用元器件。电路连接较美观。较熟练地掌握仪器、仪表使用。能独立操作。掌握运行原理，能独立回答问题。

中：电路设计基本满足要求，能基本识别使用元器件的结构和作用。电路连接基本正确。电路调试存在局部问题，但经指导或改进后有正确的运行结果。基本掌握仪器、仪表的使用方法。掌握运行原理，能独立操作。基本能独立回答问题。

及格：电路设计在教师指导或同学帮助之下，基本正确。能基本识别元器件的结构和基本掌握其作用，勉强完成电路连接。电路经多次较正后调试成功。对仪器、仪表的使用不太熟练。掌握电路运行原理，勉强回答问题。

不及格：电路设计错误。不会使用元器件和相关仪表，不能正确连线，不会演示电路运行。回答问题错误较多。

（2）平时考核评定

1）迟到或早退一次扣 2 分。

2）旷课一节扣 5 分。

3）不遵守课堂纪律或不服从老师管理的，视情节轻重扣分不得低于 2 分。

4）不遵守实训室卫生规定，视情节轻重每次扣分不得低于 2 分。

5）损坏实验室设备视情节轻重扣分不得低于 4 分。

6）无正当理由，出勤率不足 1/3 者，实行一票否决，本实训总评成绩为不及格。

（3）实践操作考核评定

1）电路设计每一处错误扣 5 分。

2）元器件选择、布置与使用每选错、用错一件扣 5 分。

3）电路安装不符合安装工艺，每一处扣 5 分。

4）电路调试违反调试程序和安全要求，每次扣 5 分。

5）独立分析并排除电路故障，每次加 5 分。

6）电路错误较多，安装质量低，完全不符合安装要求，调试最终不成功的，在时间允许的前提下，可拆除重装。

（4）设计报告考核评定

1）书写不认真或迟交，扣 5 分。

2）缺少设计过程和设计原理，扣 5～10 分。

3）没有设计参数，扣 2～5 分。

4）没有小结，扣 5 分。

5）抄袭现象严重，自已设计部分内容较少的，扣 15 分。

6）不交报告者不计本次成绩。

（5）答辩评定

答辩内容主要围绕本次设计的电路原理、元器件使用、元器件作用、电路安装、电路调试、故障分析等几个部分展开。问题可根据情况设3～5个不等。

1）回答基本上符合答案，稍有不完整但经启发后答对者，每道题酌情扣1～2分。

2）回答贴近答案，但不完整者，每道题扣3～4分。

3）回答不贴近答案，相差甚远者，不计分。

（6）评分表

电气控制电路设计部分评分记录见表4-3。

表4-3　电气控制电路设计部分评分记录

<table>
<tr><th colspan="2">内　容</th><th colspan="2">要　求</th><th>配　分</th><th>教师评分</th></tr>
<tr><td colspan="2">平时表现、安全文明</td><td colspan="2">遵守课堂纪律和实训规定，不违反安全操作规程，不带电作业连接电路，工具摆放整齐，保持工位整洁</td><td>20</td><td></td></tr>
<tr><td colspan="2">实践操作</td><td colspan="2">电路设计正确，通电调试成功或自行进行故障检测排除</td><td>50</td><td></td></tr>
<tr><td colspan="2">答辩</td><td colspan="2">回答问题流利、回答内容符合宗旨。对设计系统理解透彻，熟悉操作工艺及技术规范</td><td>10</td><td></td></tr>
<tr><td colspan="2">设计报告</td><td colspan="2">书写认真，有自己的设计过程。电路设计正确，原理清晰。元器件参数合理。报告条理性、逻辑性强，结构完整，无抄袭现象</td><td>20</td><td></td></tr>
<tr><td rowspan="2">总分</td><td>教师评分（100分）</td><td rowspan="2">总体评价</td><td colspan="3" rowspan="2">优□　良□　中□　及格□　不及格□</td></tr>
<tr><td>创新得分（加10分）</td></tr>
</table>

注：总体评价90～100分为优，80～90分为良，70～80分为中，60～70分为及格，60分以下为不及格。

4.2.6　思考题

现用某专用机床加工一种箱体的两侧平面。加工方法是将箱体夹紧在可前后移动的滑台上，两侧平面用左右动力头铣削加工。其要求是：

1）加工前滑台应快速移动到加工位置，然后改为慢速进给，快进速度为慢进速度的20倍。滑台速度的改变是由齿轮变速机构和电磁铁来实现的，即电磁铁吸合时为快速，电磁铁释放时为慢速。

2）滑台从快速移动到慢速进给应自动变换，铣削完毕要自动停车，然后由人工操作滑台快速退回原位后自动停车。

3）具有短路、过载、欠电压及失电压保护。

本专用机床共有三台笼型异步电动机：滑台电动机M1的功率为1.1kW，需正反转；两台动力头电动机M2和M3的功率为4.5kW，只需要单向运转。试设计该机床的电气控制电路。

项目4相关知识点

知识点1　电气控制电路的设计内容、方法和原则

1. 电气控制电路设计的基本内容

电气控制电路设计包括电气原理图设计和电气工艺设计两部分。

（1）电气原理图设计内容

1）拟定电气设计任务书，明确设计要求。

2）选择电力拖动方案和控制方式。

3）确定电动机类型、型号、容量、转速。

4）设计电气控制原理图。

5）选择元器件，拟定元器件清单。

6）编写设计计算说明书。

电气原理图是电气控制电路设计的中心环节，是工艺设计和编制其他技术资料的依据。

（2）电气工艺设计内容

1）根据设计出的电气原理图和选定的元器件，设计电气设备的总体配置，绘制总装配图和总接线图。

2）绘制各组元器件的布置图与安装接线图，表明各元器件的安装方式和接线方式。

3）编写使用维护说明书。

2. 电气控制电路设计的基本方法

电气电路的一般设计顺序是：首先设计主电路，然后设计控制电路。继电器、接触器控制系统的控制电路常用的设计方法有经验设计法和逻辑设计法。

（1）经验设计法

经验设计法是根据机械设备的工艺要求和工作过程，将现有的典型环节集聚起来，根据经验加以补充和修改，综合成所需要的控制电路。有时候在找不到现成电路的情况下要进行部分电路或全部电路的自行设计。这种设计方法的主要缺点如下：

1）在发现试画出来的电路达不到要求时，往往用增加元器件或触点数量的方法加以解决，所以设计的电路往往不一定是最简单、最经济的。

2）设计中可能因为考虑不周发生差错，影响电路的可靠性或工作性能。

3）对于比较简单的控制电路，而且元器件也不多时，往往采用交流380V或220V电压供电，不附加控制电源变压器。此时动力电源电路中的过电压将直接引进控制电路，不利于控制电路中元器件的可靠工作。同时控制电路电压较高，也不利于维护与安全操作。

尽管如此，对于一些比较简单的控制电路仍可采用经验设计法，但对于一些比较复杂的控制电路则多用逻辑设计法。

（2）逻辑设计法

逻辑设计法是用真值表与逻辑代数式相结合的方法对控制电路进行综合分析，就是参照在控制要求中由设计人员给出的执行元件及主令电器的工作状态表，找出执行元件线圈同主令电器触点间的逻辑关系，将主令电器的触点作为逻辑自变量，执行元件线圈作为逻辑因变量，写出有关逻辑代数式，最后根据逻辑代数式画出对应电路。由于逻辑代数式可以通过有关计算法则进行运算和化简，所以，逻辑设计法往往能得到功能相同但简单优化的控制电路。

3. 电气控制电路设计的基本原则

（1）最大限度实现控制要求

要最大限度地实现生产机械和工艺对电气控制电路的要求。在设计之前，要调查清楚生产要求，对机械设备的工作性能、结构特点和实际加工情况有充分的了解。生产工艺要求一般是由机械设计人员提供的，常常是一般性的原则意见，这就需要电气设计人员深入现场对同类或接近的产品进行调查，收集资料，加以分析和综合，并在此基础上来考虑控制方式、起动、反向、制动及调速的要求，设置各种联锁及保护装置。

（2）力求简单经济

在满足生产工艺要求的前提下，力求使控制电路简单、经济。

1）尽量选用标准的、常用的或经过实践考验过的典型环节和基本控制电路。

2）尽量缩短连接导线的数量和长度。设计控制电路时，应合理安排各电器的位置，考虑到各个元器件之间的实际接线，要注意电气柜、操作台和位置开关之间的连接线。电器连接图的合理与不合理示例如图4-9所示，图4-9a中的接线是合理的，它将起动按钮和停止按钮直接相连，两个按钮之间的距离最短，导线连接最短，此时，只需要从电气柜内引出3根导线到操作台的按钮上。图4-9b中的接线不合理，因为按钮（起动、停止）装在操作台上，接触器装在电气柜内，照此图接线就需要由电气柜引出4根导线连接到操作台的按钮上。所以，一般都将起动按钮和停止按钮直接连接。

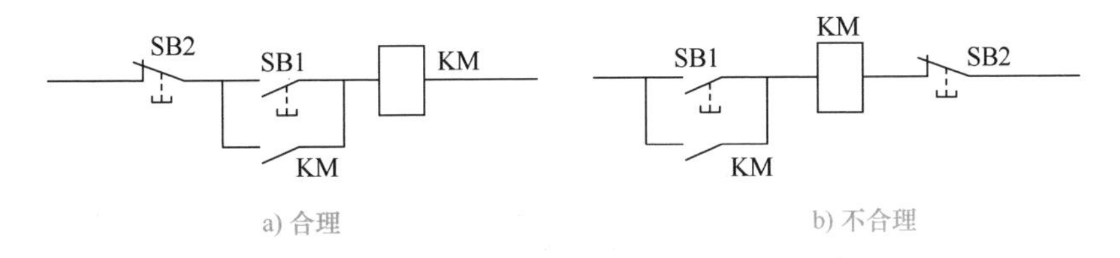

图4-9 电器连接图的合理与不合理示例

3）尽量减少电器的数量，采用标准件，并尽可能选用相同型号的电气元器件。

4）尽量减少不必要的触点，以简化电气控制电路。在满足动作要求的条件下，电气元器件越少其触点也越少，控制电路的故障率就越低，工作的可靠性就越高。同类触点的合并示例如图4-10所示，在获得同样功能的情况下，图4-10b比图4-10a在电路上少用了一对触点。但是在合并触点时应注意触点对额定电流值的限制。

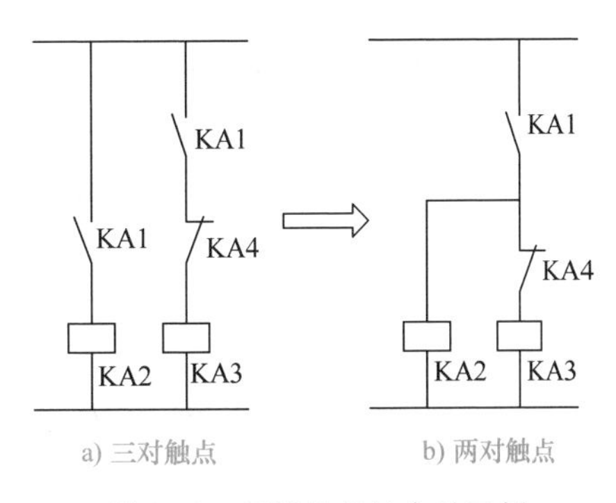

图4-10 同类触点的合并示例

5）尽量减少电气电路的电源种类。电源有交流和直流两大类，接触器和继电器等也有交、直流两大类，要尽量采用同一类电源。电压等级应符合标准等级，如交流电压一般为380V、220V、127V、110V、36V、24V、6.3V；直流电压为12V、24V、48V。

6）尽量减少电器不必要的通电时间。在电路工作时，除必要的电气元器件必须通电外，其余的电器尽量不通电以节约电能。

减少通电电器数量示例如图4-11所示。由图4-11a可知，KM2线圈得电后，时间继电器KT就失去了作用，不必继续通电。图4-11b的电路比较合理，在KM2线圈得电后，切断了KT线圈的电源，节约了电能，并延长了该电路的寿命。

（3）保证电气控制电路工作的可靠性

保证电气控制电路工作的可靠性，最主要的是选择可靠的元器件。同时，在设计电气控制电路时要注意以下几点：

1）正确连接电器的线圈。在交流控制电路中不能串联接入两个电器的线圈，即使外加电压是两个线圈额定电压之和，也不允许，如图 4-12 所示。因此，若要求两个电器同时动作，其线圈应该并联连接。

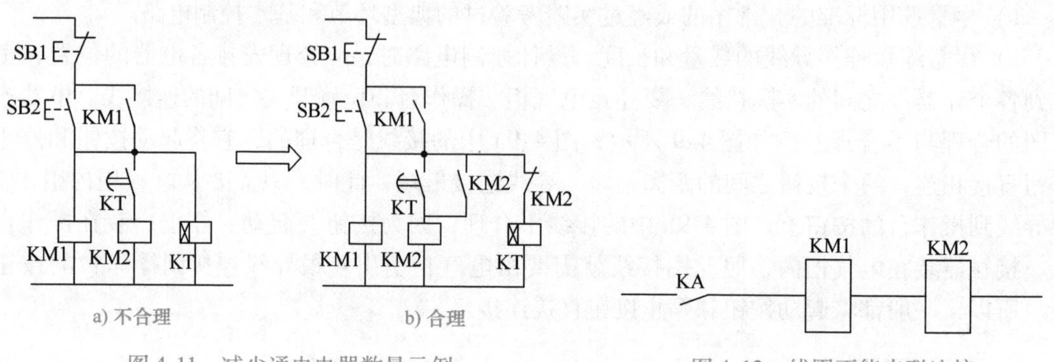

图 4-11　减少通电电器数量示例　　图 4-12　线圈不能串联连接

2）正确连接元器件的触点。图 4-13 所示为正确连接元器件的触点的情况。同一元器件的动合（常开）触点和动断（常闭）触点靠得很近，若分别接在不同电源的不同相上，如图 4-13a 所示，由于各相的电位不等，当触点断开时，会产生电弧，形成电源短路。

3）正确选择接触器的型号。在频繁操作的可逆电路中，正、反向接触器应选用适于频繁工作条件下的接触器，同时应有电气和机械的联锁。

4）在电路中应尽量避免许多电器依次动作才能接通另一个电器控制电路的连接。

5）避免“临界竞争和冒险现象”的产生。

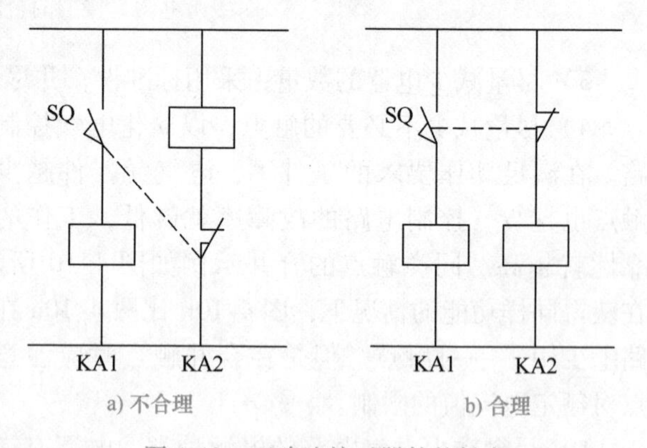

图 4-13　正确连接元器件的触点

图 4-14a 所示为一个产生这种现象的典型竞争电路。电路的本意是：按下 SB2 后，KM1、KT 线圈通电，电动机 M1 运转；延时时间到后，电动机 M1 停转而 M2 运转。正式运行时，会产生这样的奇特现象：有时候可以正常运行，有时候就不行。

原因在于图 4-14a 的设计不可靠，存在临界竞争现象。KT 延时到后，其延时动断（常闭）触点由于机械运动的原因而先断开，其延时动合（常开）触点后闭合。当延时动断（常闭）触点先断开后，KT 线圈随即断电，由于磁场不能突变为零和衔铁复位需要时间，故有时延时动合（常开）触点能及时闭合，有时会因受到某些干扰而失控。若将 KT 延时动断（常闭）触点换上 KM2 动断（常闭）触点，就绝对可靠了，如图 4-14b 所示。

6）采用正确的起动方法。根据现场电网的情况（如电网容量、电压、频率以及允许的冲击电流值等），决定电动机应该直接或间接（减压）起动。

7）防止出现寄生电路。图4-15所示为寄生电路。所谓寄生电路是指在电气控制电路动作过程中，意外接通的电路。若在控制电路中存在着寄生电路，将破坏电器和电路的工作循环，造成误动作。图4-15所示为一个具有指示灯和过载保护的电动机正反转控制电路。在正常工作时，能完成正反向起动、停止及信号的指示。但当热继电器FR动作后，电路就出现了寄生电路（如虚线所示），使KM1（或KM2）不能可靠释放，从而起不到过载保护作用。如果将指示灯与其相应接触器线圈并联，则可防止寄生电路。

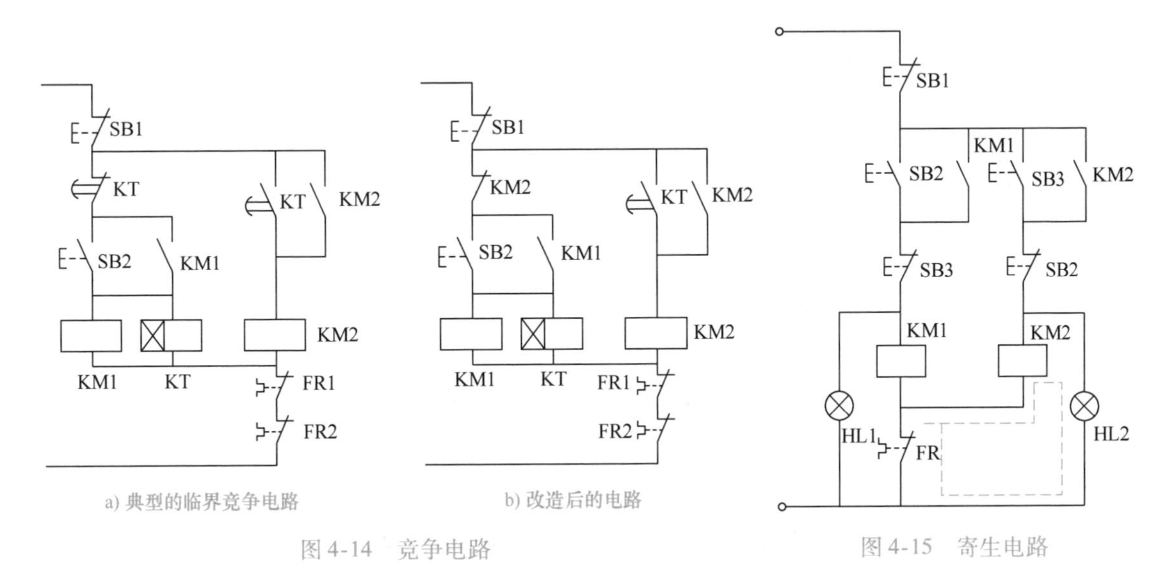

a) 典型的临界竞争电路　　b) 改造后的电路

图4-14　竞争电路

图4-15　寄生电路

（4）电气控制电路应具有必要的保护环节

电气控制电路在故障情况下，应能保证操作人员、电气设备、生产机械的安全，并能有效地防止故障的扩大。为此，在电气控制电路中应采取一定的保护措施。常用的保护措施有漏电、过载、短路、过电流、过电压、零电压、联锁与限位保护等。

1）短路保护。在主电路采用三相四线制或变压器采用中性点接地的三相三线制的供电电路中，三相短路保护是十分必要的。

图4-16所示为短路保护。图4-16a为采用熔断器做短路保护的电路。当主电动机容量较大时，在控制电路中必须单独设置短路保护熔断器FU2。当主电动机容量较小，控制电路不需另设FU2时，主电路中的熔断器也可作为控制电路的短路保护。

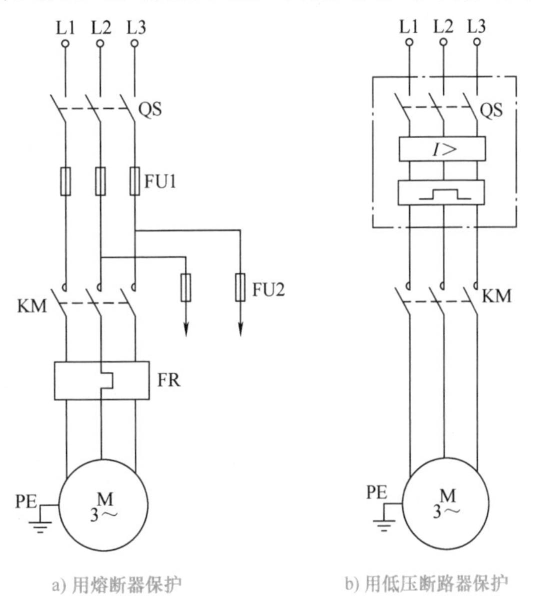

a) 用熔断器保护　　b) 用低压断路器保护

图4-16　短路保护

图4-16b为采用低压断路器做短路保护和过载保护的电路。其中过电流线圈具有反

时限特性，用作短路保护，热元件用作过载保护。电路发生故障时断路器动作，处理故障完毕后，只要重新合上开关，电路又能重新运行。

2）过电流保护。过电流保护如图4-17所示，当电动机起动时，时间继电器KT延时断开的动断（常闭）触点还未断开，故过电流继电器KI的线圈不接入电路，尽管此时起动电流很大，过电流继电器仍不动作；当起动结束后，KT的动断（常闭）触点经过延时已断开，将过电流继电器线圈接入电路，过电流继电器才开始保护。

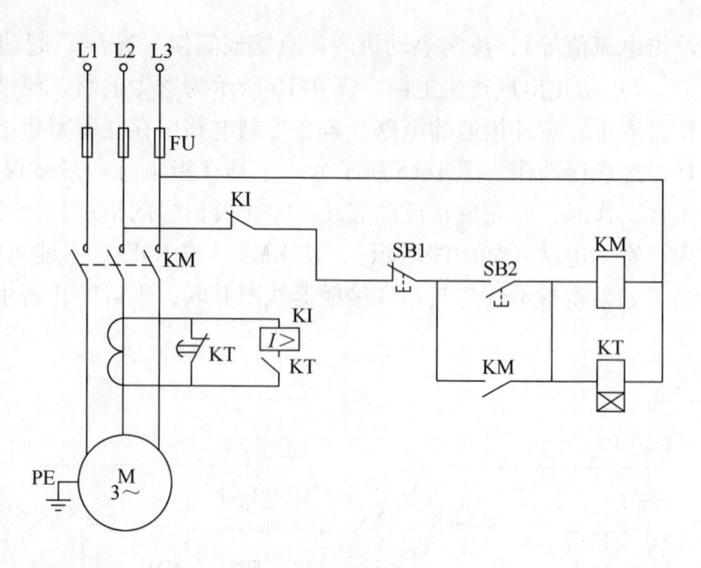

图4-17 过电流保护

3）过载保护。如果电动机长期超载运行，其绕组的温升将超过允许值，从而损坏电动机。此时应设置过载保护环节。这种保护多采用具有反时限特性的热继电器做保护环节，当电动机定子绕组为三角形联结时，应采用差动式带断相保护的热继电器。

知识点2 常用低压电器的选择方法

正确合理地选择低压电器是电气系统安全运行、可靠工作的保证。根据各类电器在电气控制系统中所处的不同位置、所起的不同作用，采用不同的选择方法。

1. 熔断器的选择

熔断器的类型应满足电路要求；熔断器的额定电压应大于或等于电路的额定电压；熔断器的额定电流应大于或等于所装熔体的额定电流。熔体的额定电流可以有以下几种选择：

1）对于阻性负载的保护，应使熔体的额定电流等于或稍大于电路的工作电流，即

$$I_{NR} \geqslant I$$

2）对于一台电动机的短路保护，考虑到电动机的起动冲击电流的影响，可按下式选择

$$I_{NR} = (1.5 \sim 2.5)\ I_N$$

3）对于多台电动机应按下式计算

$$I_{NR} \geqslant (1.5 \sim 2.5)\ I_{Nmax} + \sum I_N$$

式中，I_{NR}为熔体的额定电流（A）；I为电路的工作电流（A）；I_N为单台电动机的额定电流（A）；I_{Nmax}为最大一台电动机的额定电流（A）；$\sum I_N$为其余电动机的额定电流之和（A）。

使用熔断器时，对于螺旋式熔断器，将带色标的熔管一端插入瓷帽，再将瓷帽连同熔管一起拧入瓷套，负载端接到金属螺纹壳的上接线端，电源线接到瓷座的下接线端，并保证各处接触良好。

还应当考虑熔体材料，铅锡锌为低熔点材料，所制成的熔体不易熄弧，一般用在小电流电路中；银、铜、铝为高熔点材料，所制成的熔体容易熄弧，一般用在大电流电路中。当熔

体已熔断或已严重氧化，需要更换熔体时，还应注意使新换熔体和原来熔体的规格保持一致。

2. 接触器的选择

正确选择接触器，就是要使所选用的接触器的技术数据能满足控制电路对它提出的要求，选择接触器可按下列步骤进行：

1）根据接触器的任务，确定用哪一系列的接触器。

2）根据接触器所控制电路的额定电压确定接触器的额定电压。

3）根据被控制电路的额定电流及接触器安装的条件来确定接触器的额定电流。如接触器在长期工作制下使用时，其负载能力应适当降低。这是因为在长期工作制下，触点的氧化膜得不到清除，使接触电阻增大，因而必须降低电流值以保持触点的允许温升。

4）一般情况下，对于交流主电路应采用交流的控制电路。电磁线圈的额定电压要与所接的电源电压相符，且要考虑安全和工作的可靠性。交流电磁线圈的电压等级有36V、110V、127V、220V和380V等；直流电磁线圈的电压等级有24V、48V、110V、220V和440V等。

3. 时间继电器的选择

时间继电器的种类很多，选择时主要考虑控制电路提出的技术要求，如电源电压等级、电压种类（交流还是直流）以及触点的类型（瞬时触点还是延时触点）、数量、延时时间等。此外在满足技术要求的前提下尽可能选择结构简单、价格便宜的型号。

目前在工业上经常使用一些质优价廉的数字化时间继电器，其核心一般是单片机或高精度的数字电路，具有精度高、使用灵活、故障率低等优点，是时间继电器发展的主流。

4. 热继电器的选择

一般情况下，可选用两相结构的热继电器；对电网电压严重不平衡、工作环境恶劣或较少有人照管的电动机，可选用三相式结构的热继电器；对于三角形联结的电动机，为了进行断相保护，可选用带断相保护的热继电器。

工作时间较短、停歇时间较长的电动机，如机床的刀架或工作台快速移动所用的电动机及恒定负载下长期运行的电动机（如风扇、液压泵等），可不必设置热过载保护。

热继电器的具体选择如下：

1）被保护电动机的额定电流，一般选用热继电器额定电流的0.95~1.05倍。

2）根据需要的整定电流值选择热继电器热元件的编号和额定电流。选择时应使热元件的整定电流等于电动机的额定电流，同时整定电流应留有一定限度的上、下调整范围。在重载起动以及起动时间较长时，为防止热继电器误动作，可将热元件在起动期间短路。

选择低压电器时，要注意某些电器之间的区别。有的电器在一定条件下可以相互替代，如在通断电流较小的情况下，中间继电器可以代替接触器起动电动机；有的电器在电动机负载的情况下不能互相替代，如热继电器和熔断器，都是保护电器，都是串接于电路中对非额定电流实施保护，但是短路电流太大，热继电器由于热惯性不能马上动作，不能进行短路电流的保护，所以不能代替熔断器；而过载电流远小于短路电流，不足以使熔断器动作，但一定时间后将破坏电动机的绝缘，所以熔断器不能代替热继电器。

知识点3 电气设备施工设计的内容和设计步骤

电气设备施工设计的有关内容和设计步骤，包括电气设备的总体布置、绘制电气控制装置的电器布置图、电气控制装置的电器接线图、电气设备的内部接线图和外部接线图。

电气控制系统在完成电气控制电路设计、电气元器件选择后，就应该进行电气设备的施工设计。电气设备施工设计的依据是电气原理图和所选定的电气元器件明细表。

1. 设备总体布置

在进行电气设备的总体布置时，按照国标规定，首先要根据设备电气原理图和设备控制操作要求，决定采用哪些电气控制装置，如控制柜、操纵台或悬挂操纵箱等，然后确定设备电气装置的安放位置；尽可能把电气设备组装在一起，使其成为一台或几台控制装置。只有那些必须安装在特定位置的部件，如按钮、手动控制开关、位置开关、离合器、电动机等，才允许分散安装在设备的各处。

所有电气设备可以近距离安放，以便于检测、识别与更换。

电气设备的总体布置的原则如下。

1）功能类似的元器件尽量组合在一起：用于操作的各类按钮、开关、键盘和指示、检测、调节等元器件集中为控制面板组件；各种继电器、接触器、熔断器、照明变压器等控制电器集中为电气板组件；各类控制电源及整流、滤波器件集中为电源组件等。

2）尽可能减少组件之间的连线数量：接线关系密切的控制电器置于同一组件中，强弱电控制器尽量分离，以减少相互干扰。

3）力求整齐美观：外形尺寸、重量相近的电器组合在一起。电器在电气柜体内要做到布局合理和美观，柜体不能做得太大或太小。

4）电器在电气柜体内的安装要便于检修：为便于检查与调试，将需要经常调节、维护和易损元器件组合在一起，置于电气柜中容易触及的位置。

2. 设计电气柜

绘制电气控制装置的电器布置图时，电源开关最好安装在电气柜内右上方，其操作手柄应装在电气柜前面或侧面。电源开关上方最好不安装其他电器，否则，应把电源开关用绝缘材料盖住，以防电击；除了人工控制开关、信号和测量部件，电气柜的门上不得安装任何元器件。

由电源电压直接供电的电器最好装在一起，从而与控制电压供电的电器分开。

一般可通过实物排列来进行电气柜的设计。操纵台及悬挂操纵箱则可采用标准结构设计，也可根据要求选择，或适当进行补充加工和单独自行设计。

3. 绘制接线图

根据电气原理图与电器布置图，可进一步绘制电器接线图。

接线图的接线关系有两种画法：一是直接接线法，即直接画出两元器件之间的接线。它适用于电气系统简单、元器件少、接线关系简单的场合。二是符号标准接线法，即仅在元器件接线端处标注符号，以表明相互连接的关系。它适用于电气系统复杂、元器件多、接线关系较为复杂的场合。

4. 标注接线关系

设备内部接线图应标明分线盒进线与出线的接线关系。接线柱排上的线号应标清，以便配线施工；设备外部接线图表示设备外部的电动机或元器件的接线关系，它主要供用户单位安装配线用，应按电气设备的实际相应位置绘制，其要求与设备内部接线图相同。

项目5

PLC控制的电气控制电路的设计、安装与调试

项目目标

1）能设计 PLC 控制的电气电路的主电路和控制电路。

2）能根据电气原理图按工艺要求完成电气电路连接。

3）能编写 PLC 控制程序并下载调试，进行电路的检查和故障排除。

4）能对 HMI 的界面进行设计，关联变量并完成与 PLC 的通信。

5）用不同编程思路实现同一任务，培养举一反三、积极思考的工作习惯。

项目任务

对常用 PLC 控制的电气电路进行原理图设计，根据原理图按工艺要求完成电路连接，完成 HMI 界面的设计，进行 PLC 编程并下载，完成调试。

实训任务5.1　PLC控制的电动机正反转电气电路的设计、安装与调试

5.1.1　实训目标

1）能设计PLC控制的电动机正反转电气电路的主电路和控制电路。

2）能根据电气原理图按工艺要求完成电路连接。

3）能设计编写PLC控制程序并下载调试，进行电路的检查和故障排除。

5.1.2　实训内容

设计PLC控制的电动机正反转电气原理图，按工艺要求完成电路连接，编写PLC控制程序并下载调试。

5.1.3　实训工具、仪表及器材

1）工具：螺钉旋具（十字槽、一字槽），试电笔，剥线钳，压线钳，斜口钳，记号笔等。

2）仪表：万用表、绝缘电阻表。

3）器材：组合开关或低压断路器1个，熔断器4个，交流接触器（直流操作）2个，热继电器1个，普通按钮3个（红、绿、黄各1个），急停按钮1个，接线端子排1个，三相交流异步电动机1台，S7-1200 PLC 1台，直流24V开关电源1个，装有导轨及线槽的网孔板、号码管、冷压端子、直流24V指示灯、多芯软导线（黄、绿、红、蓝、黑）若干。

5.1.4　实训指导

1. 设计电气原理图

设计PLC控制的电动机正反转电气电路，包括主电路和控制电路，主电路包含低压断路器、熔断器、交流接触器（直流操作）、热继电器、三相交流异步电动机，控制电路包含开关电源、熔断器、PLC、按钮、指示灯。

要求：合上低压断路器，按下正转按钮，电动机正转运行，按下反转按钮，电动机反转运行，按下停止按钮，电动机停止，故障时或拍下急停按钮电动机应立即停止。上电时上电指示灯亮，运行时运行指示灯亮，故障时故障指示灯亮。电路需有完善的过载、短路等保护。

使用Eplan绘制的电气原理图如图5-1所示。

2. 检测元器件

在网孔板上配齐所需电器元件，并进行必要的检测。

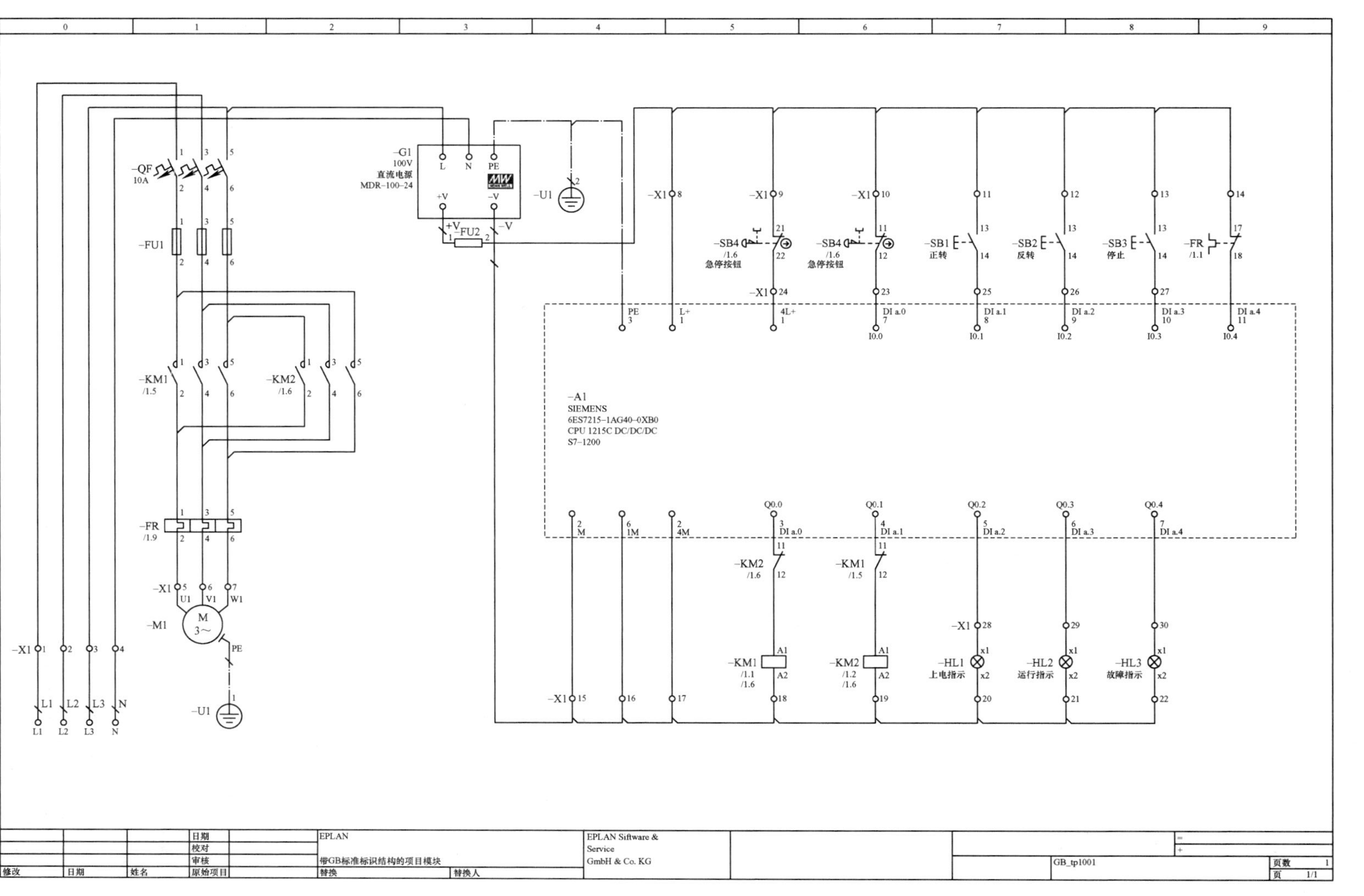

图 5-1 PLC 控制的电动机正反转电气原理图

在不通电的情况下，用万用表或目视检查各元器件触点的分合情况是否良好；用万用表检测熔断器是否完好；检查按钮中的螺钉是否完好，是否滑丝；检查接触器的线圈电压与电源电压是否相符等。

3. 安装与接线

（1）设计元器件布置图

根据图 5-1 绘制出元器件布置图，如图 5-2 所示。

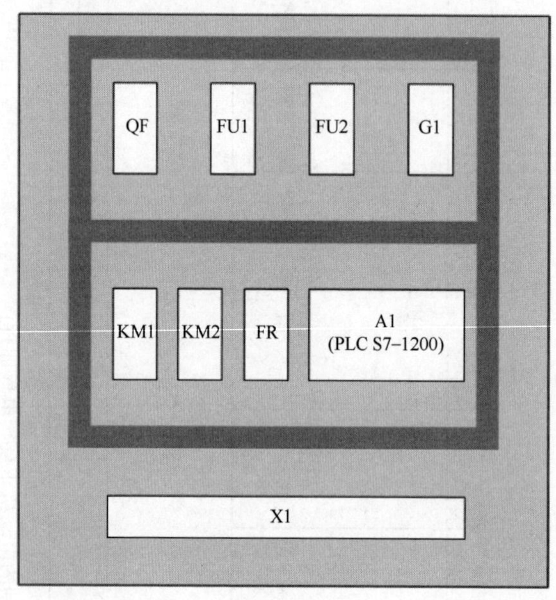

a) 网孔板布局　　b) 操作显示面板布局

图 5-2　PLC 控制的电动机正反转电路元器件布置图

在网孔板上进行元器件的布置与安装时，各元器件的安装位置应整齐、匀称，间距合理，便于元器件的更换。紧固各元器件时要用力得当。元件与线槽之间要留有合适的间距。

（2）接线

接线的工艺要求如下：

1）主电路三相导线要求用黄绿红三种颜色区分，中性线用蓝色线，控制电路信号线用黑色线。

2）连接的所有导线，必须压接冷压端子，同一接线端子不得连接超过两根导线，露铜不超过 2mm。

3）连接的所有导线两端必须套上写有正确编号的号码管，号码管长度符合要求，应为 6 ~ 12mm。

4）所有连接线垂直进线槽，盖上线槽盖。

5）外露较长导线需要包缠绕管。

6）电源端、PLC、三相异步电动机均应分别可靠接地。

根据原理图完成电路接线。

安装接线时注意事项：

1）接线时，用力不可过猛，以防螺钉打滑。

2）起动按钮（正转、反转按钮）必须接常开按钮；急停按钮必须接常闭按钮；停止按钮可以接常开按钮，也可以接常闭按钮。

3）热继电器的热元件应串接在主电路中，其常闭（或常开）触点应接入到PLC输入端，两者缺一不可，否则不能起到过载保护作用。

4）接入PLC的电源类型应符合要求，PLC的输出电源类型应与接触器线圈相匹配。

4. 编写PLC程序

用博途软件创建项目，组态硬件设备，分配I/O，填入表5-1中。

表5-1 PLC控制的电动机正反转电路I/O分配表

输入		输出	
名称	输入端子	名称	输出端子
正转按钮SB1		正转接触器线圈KM1	
反转按钮SB2		反转接触器线圈KM2	
停止按钮SB3		上电指示灯HL1	
急停按钮SB4		运行指示灯HL2	
过载保护		故障指示灯HL3	

编写PLC程序，满足以下控制要求：

1）合上低压断路器，上电指示灯HL1常亮。

2）按下正转按钮SB1，电动机正转运行，同时运行指示灯HL2亮。

3）按下反转按钮SB2，电动机切换成反转运行。

4）按下停止按钮SB3，电动机停止，同时运行指示灯HL2熄灭。

5）电动机运行过程中拍下急停按钮或者发生过载，电动机立即停止运行，运行指示灯HL2熄灭，同时故障指示灯HL3点亮。

5. 不通电测试、通电测试及故障排除

（1）不通电测试

1）按电气原理图或安装接线图从电源端开始，逐段核对接线及接线端子处是否正确，有无漏接、错接之处。检查导线接线端子是否符合要求，压接是否牢固。

2）用万用表检查电路的通断情况。检查时，应选用适当的电阻档，并进行校零，以防短路故障发生。

检查控制电路时，重点检查PLC的L+端与各M端之间是否有短路现象。

检查主电路时，可以用手压下接触器的衔铁来代替接触器得电吸合时的情况进行检查，依次测量从电源端到电动机出线端子上的每一相电路的电阻值，检查是否存在开路现象，并检查电源相线与相线、相线与中性线之间是否有短路现象。

3）用绝缘电阻表检查电路的绝缘电阻，应不小于0.5MΩ。

（2）通电测试

操作相应按钮，观察各电器动作情况。

1）合上低压断路器 QF，引入三相电源，上电指示灯 HL1 亮。

2）按下正转按钮 SB1，PLC 对应正转输出端子 LED 亮，正转接触器 KM1 线圈得电吸合并自锁，电动机正向起动运转，同时运行指示灯 HL2 亮。

3）按下反转按钮 SB2，PLC 对应反转输出端子 LED 亮，正转接触器 KM1 线圈失电，反转接触器 KM2 线圈得电吸合并自锁，电动机反向起动运转。

4）按下停止按钮 SB3，接触器线圈失电，电动机停止，同时运行指示灯 HL2 熄灭。

5）电机运行过程中按下急停按钮或者按下过载测试按钮，电动机应立即停止运行，运行指示灯 HL2 熄灭，同时故障指示灯 HL3 亮。此时按下正转或反转按钮，电动机都不能运行。

（3）故障排除

操作过程中，如果出现不正常现象，应立即断开电源，分析故障原因，仔细检查电路（用万用表），在实训老师认可的情况下才能再通电调试。

5.1.5　技能训练与成绩评定

1. 技能训练

1）在规定时间内设计完成 PLC 控制的电动机正反转电气电路原理图，并按工艺要求完成电路的安装接线。

2）填写 I/O 分配表，编写 PLC 程序，完成电路测试并通电调试。

3）遵守安全规程，做到文明生产。

2. 成绩评定

（1）原理图设计（20 分，评分标准见表 5-2）

表 5-2　原理图设计评分标准

内容	评分标准	配分	扣分	得分
图样	原理图大小比例适中，错误扣 2 分	2		
元器件选型	根据任务要求，选择元器件种类、规格型号，每处错误扣 0.5 分	1		
电气符号	电气符号正确，每处错误扣 0.5 分	2		
线号标注	主电路线标注（如 L1、L2、L3、L11、L21、L31 等），主电路线有颜色之分、标注线径。每处错误扣 0.5 分	3		
主电路设计	主电路设计正确，每处错误扣 1 分	5		
控制电路设计	控制电路设计正确，每处错误扣 1 分	5		
接地设置	接地设置正确（PLC、电动机、开关电源），每处错误扣 1 分	2		
合计		20		

（2）安装接线（30 分，评分标准见表 5-3）

（3）不通电测试（20 分，每错一处扣 5 分，扣完为止）

1）主电路测试。使用万用表电阻档，合上低压断路器 QF，压下接触器 KM1 衔铁，使 KM1 主触点闭合，测量从电源端到电动机出线端的每一相电路；压下接触器 KM2 衔铁，使 KM2 主触点闭合，测量从电源端到电动机出线端的每一相电路，将电阻值填入表 5-4 中。

2）控制电路测试。对控制电路检查时，重点检查 PLC 的 L+端与各 M 端之间是否有短路现象，将电阻值填入表 5-4 中。

表 5-3 安装接线评分标准

内容	评分标准	配分	扣分	得分
元器件布置与安装	本项 3 分，扣完为止。下同 按正确设计的电气原理图选装元器件，漏装或错装，每处扣 1 分	3		
元器件安装工艺	低压电器元件安装布局合理，PLC 在指定区域居中安装，接触器间距大小一致。有明显过紧或松动，不符合要求每处扣 1 分	2		
接线工艺	连接的所有导线，必须压接冷压端子（针形或 U 形），不符合要求酌情扣分：全部未压接，扣 3 分；部分压接时，压接量 20% 左右扣 2.5 分，压接量 50% 左右扣 1.5 分，压接量 80% 左右扣 0.5 分	3		
	同一接线端子超过两个线头、露铜超 2mm，每处扣 0.5 分	3		
号码管工艺	连接的所有导线两端必须套上写有编号的号码管且号码标识正确，不符合要求酌情扣分：全部未套扣 3 分，部分套上但套接量 20% 左右扣 2.5 分，套接量 50% 左右扣 1.5 分，套接量 80% 左右扣 0.5 分。号码标识未编号，扣 0.5 分；号码标识部分不正确，扣 0.5 分	3		
线槽工艺	所有连接线垂直进线槽，盖上线槽盖，部分不符合要求每处扣 1 分	3		
缠绕管工艺	外露较长导线需要包缠绕管，部分不符合要求酌情每处扣 1 分	2		
导线颜色工艺	连接电路导线颜色、线径等按任务要求区分，部分不符合要求酌情每处扣 0.5 分；具体要求：主电路三相导线要求用黄绿红三种颜色区分，中性线用蓝线，接地线用双色线区分；控制电路与主电路用颜色和线径加以区分	3		
保护接地	电源端、PLC、三相异步电动机均应分别可靠接地，接地每少一处扣 1 分	3		
整体美观度	根据工艺连线的整体美观度酌情给分。所有元器件安装居中、平整、固定完好，所有接线工整美观，给 5 分。根据现场酌情给分	5		
合计		30		

表 5-4 不通电测试记录

	主电路								控制电路
操作步骤	合上 QF、压下 KM1 衔铁			压下 KM2 衔铁			相间	L—N	L+端与各 M 端之间
电阻值	L1—U1	L2—V1	L3—W1	L1—W1	L2—V1	L3—U1			

（4）通电测试（30 分）

在使用万用表检测后，接入电源通电测试。按照顺序测试电路各项功能，每错一项扣 5 分，扣完为止。如出现功能不对的项目后，后面的功能均算错。测试结果填入表 5-5 中。

表 5-5 通电测试记录

操作步骤	合上 QF	按下 SB1	按下 SB2	按下 SB3	再次按下 SB1	按下 SB4	再次按下 SB1
电动机动作或接触器吸合情况							
指示灯状态（亮灭）							

5.1.6　思考题

1）图5-1中，使用了一个急停按钮的两个常闭触点，请说明其原因。

2）调试过程中，若电动机不运行，判断可能的故障范围，写出排除故障的方法。

实训任务5.2　PLC控制的电动机顺序起停电路的设计、安装与调试

5.2.1　实训目标

1）能设计PLC控制的电动机顺序起停电气电路（含主电路和控制电路等）。

2）能根据电气原理图按工艺要求完成电气电路连接。

3）能设计编写PLC控制程序并下载调试，进行电路的检查和故障排除。

5.2.2　实训内容

设计PLC控制的电动机顺序起停电气原理图，按工艺要求完成电路连接，编写PLC控制程序并下载调试。

5.2.3　实训工具、仪表及器材

1）工具：螺钉旋具（十字槽、一字槽），试电笔，剥线钳，压线钳，斜口钳，记号笔等。

2）仪表：万用表、绝缘电阻表。

3）器材：组合开关或低压断路器1个，熔断器4个，交流接触器（直流操作）2个，热继电器2个，普通按钮3个（红、绿、黄各1个），急停按钮1个，接线端子排1个，三相交流异步电动机2台，S7－1200 PLC 1台，直流24V开关电源1个，装有导轨及线槽的网孔板、号码管、冷压端子、直流24V指示灯、多芯软导线（黄、绿、红、蓝、黑）若干。

5.2.4　实训指导

1. 设计电气原理图

设计一个PLC控制的电动机顺序起停电气电路，包括主电路和控制电路，主电路包含低压断路器、熔断器、交流接触器（直流操作）、热继电器、三相交流异步电动机，控制电路包含开关电源、熔断器、PLC。

要求：合上低压断路器，按下起动按钮，电动机1起动运行，延时一段时间后，电动机2开始自动运行；按下停止按钮，电动机2先停止，延时一段时间后，电动机1也停止；故障时或按下急停按钮两台电动机应立即停止。上电时上电指示灯亮，运行时运行指示灯亮，故障时故障指示灯亮。电路需有完善的过载、短路等保护。

参考原理图如图5-3所示。

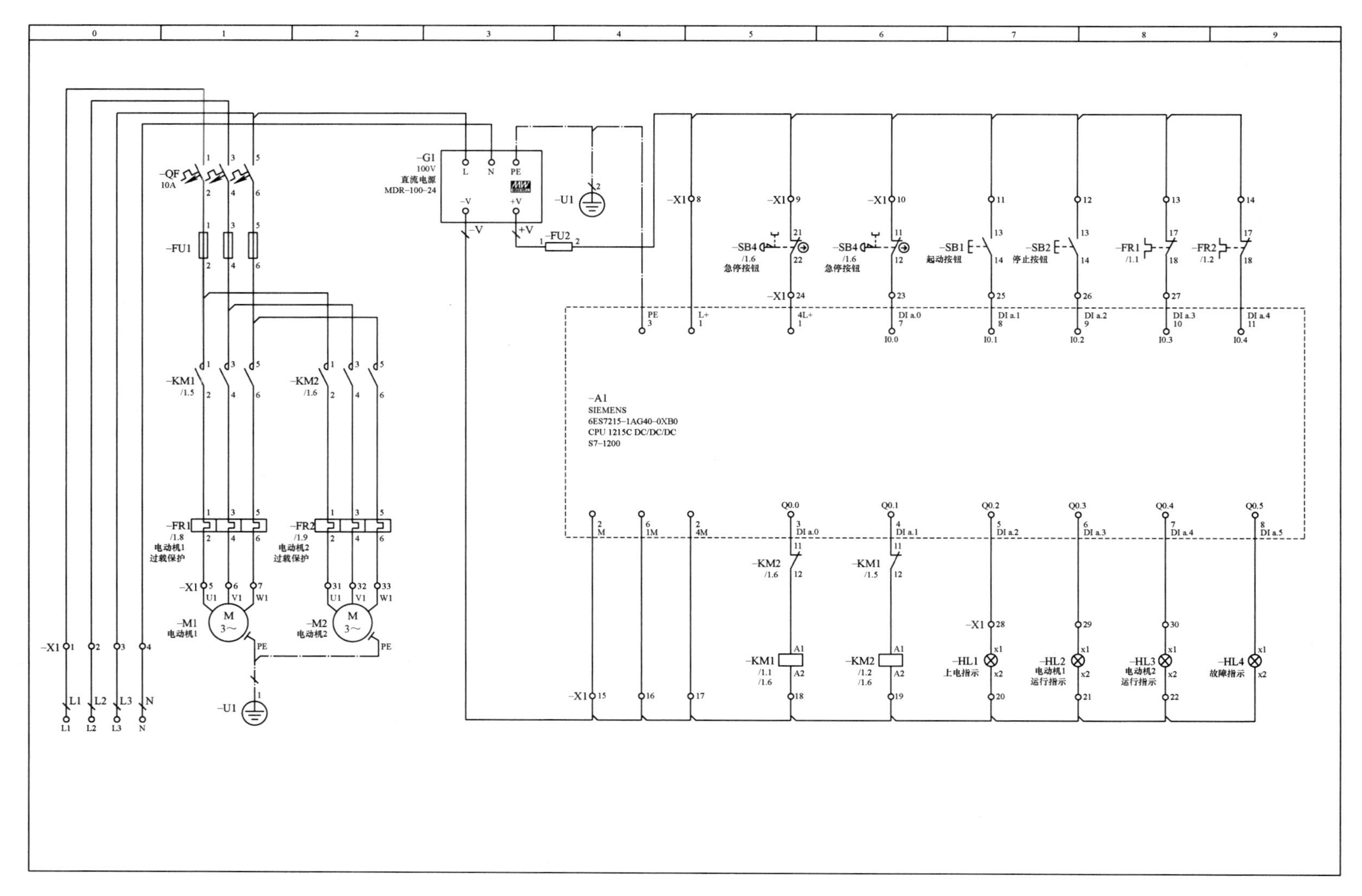

图 5-3　PLC 控制的电动机顺序起停电气原理图

2. 检测元器件

在网孔板上配齐所需元器件，并进行必要的检测。

在不通电的情况下，用万用表或目视检查各元器件触点的分合情况是否良好；用万用表检测熔断器是否完好；检查按钮中的螺钉是否完好，是否滑丝；检查接触器的线圈电压与电源电压是否相符等。

3. 安装与接线

根据图5-3绘制出元器件布置图，如图5-4所示。

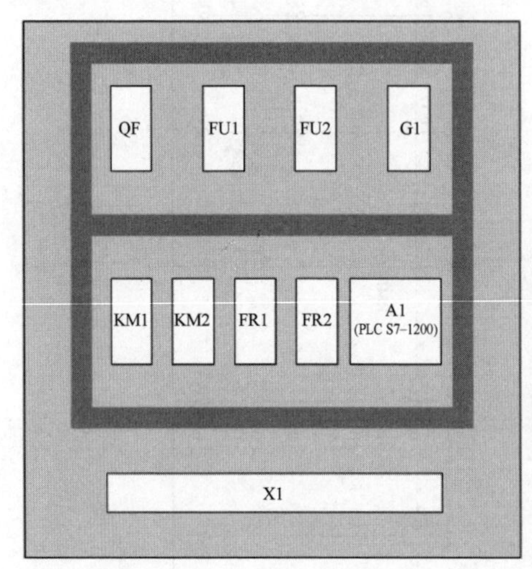

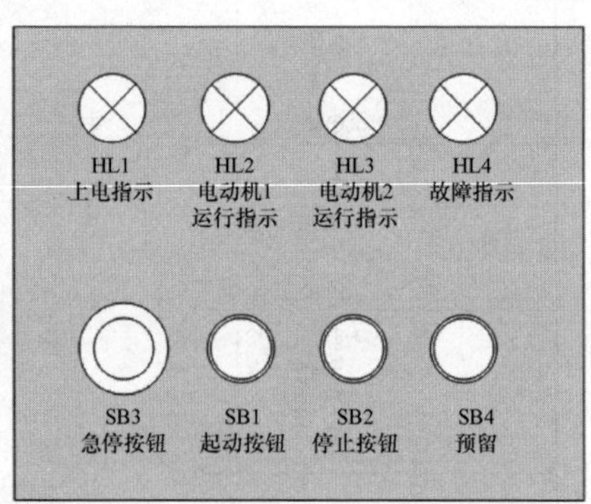

图5-4 PLC控制的电动机顺序起停电路元器件布置图

在网孔板上进行元器件的布置与安装时，各元器件的安装位置应整齐、匀称，间距合理，便于元器件的更换。紧固各元器件时要用力得当。元器件与线槽之间要留有合适的间距。

根据原理图完成电路接线。

接线的工艺要求和安装接线注意事项同实训任务5.1。

4. 编写PLC程序

用博途软件创建项目，组态硬件设备，分配I/O，填入表5-6中。

表5-6 PLC控制的电动机顺序起停电路I/O分配表

输入		输出	
名称	输入端子	名称	输出端子
起动按钮SB1		电动机1接触器线圈KM1	
停止按钮SB2		电动机2接触器线圈KM2	
急停按钮SB3		上电指示灯HL1	
过载保护1		电动机1运行指示灯HL2	
过载保护2		电动机2运行指示灯HL3	
		故障指示灯HL4	

编写 PLC 程序，满足以下控制要求：

1）合上低压断路器，上电指示灯 HL1 常亮。

2）按下起动按钮 SB1，电动机 1 运行，同时电动机 1 运行指示灯 HL2 亮。

3）延时一段时间（5s）后，电动机 2 运行，同时电动机 2 运行指示灯 HL3 亮。

4）按下停止按钮 SB2，电动机 2 先停止，电动机 2 运行指示灯 HL3 熄灭。

5）延时一段时间（5s）后，电动机 1 也停止，电动机 1 运行指示灯 HL2 熄灭。

6）电动机运行过程中按下急停按钮或者发生过载，两台电动机应立即停止运行，电动机运行指示灯 HL2 和 HL3 熄灭，同时故障指示灯 HL4 亮。

5. 不通电测试、通电测试及故障排除

（1）不通电测试

1）按电气原理图或安装接线图从电源端开始，逐段核对接线及接线端子处是否正确，有无漏接、错接之处。检查导线接线端子是否符合要求，压接是否牢固。

2）用万用表检查电路的通断情况。检查时，应选用适当的电阻档，并进行校零，以防短路故障发生。

检查控制电路时，重点检查 PLC 的 L + 端与各 M 端之间是否有短路现象。

检查主电路时，可以用手压下接触器的衔铁来代替接触器得电吸合时的情况进行检查，依次测量从电源端到电动机出线端的每一相电路的电阻值，检查是否存在开路现象，并检查电源相线与相线、相线与中性线之间是否有短路现象。

3）用绝缘电阻表检查电路的绝缘电阻，应不小于 0.5MΩ。

（2）通电测试

操作相应按钮，观察电器动作情况。

1）合上低压断路器 QF，引入三相电源，上电指示灯 HL1 亮。

2）按下起动按钮 SB1，PLC 对应电动机 1 输出端子 LED 点亮，电动机 1 接触器线圈 KM1 得电吸合并自锁，电动机 1 运行，同时电动机 1 运行指示灯 HL2 亮。

3）延时一段时间（5s）后，PLC 对应电动机 2 输出端子 LED 亮，电动机 2 接触器线圈 KM2 得电吸合并自锁，电动机 2 运行，同时电动机 2 运行指示灯 HL3 亮。

4）按下停止按钮 SB2，PLC 对应电动机 2 输出端子 LED 熄灭，电动机 2 接触器线圈 KM2 失电，电动机 2 停止，电动机 2 运行指示灯 HL3 熄灭。

5）延时一段时间（5s）后，PLC 对应电动机 1 输出端子 LED 熄灭，电动机 1 接触器线圈 KM1 失电，电动机 1 停止，电动机 1 运行指示灯 HL2 熄灭。

6）电动机运行过程中按下急停按钮或者按下过载测试按钮，电动机应立即停止运行，电动机运行指示灯 HL2 和 HL3 熄灭，同时故障指示灯 HL4 亮。

操作过程中，如果出现不正常现象，应立即断开电源，分析故障原因，仔细检查电路，在实训老师认可的情况下才能再通电调试。

5.2.5 技能训练与成绩评定

1. 技能训练

1）在规定时间内设计完成 PLC 控制的电动机顺序起停电气原理图，并按工艺要求完成

电路的安装接线。

2）填写I/O分配表，编写PLC程序，完成电路测试并通电调试。

3）遵守安全规程，做到文明生产。

2. 成绩评定

（1）原理图设计

20分，评分标准见表5-2。

（2）安装接线

30分，评分标准见表5-3。

（3）不通电测试（20分，每错一处扣5分，扣完为止）

1）主电路测试。使用万用表电阻档，合上低压断路器QF，压下接触器KM1衔铁，使KM1主触点闭合，测量从电源端到电动机出线端的每一相电路；压下接触器KM2衔铁，使KM2主触点闭合，测量从电源端到电动机出线端的每一相电路，将电阻值填入表5-7中。

2）控制电路测试。对控制电路检查时，重点检查PLC的L+端与各M端之间是否有短路现象，将电阻值填入表5-7中。

表5-7 不通电测试记录

操作步骤	主电路								控制电路
操作步骤	合上QF、压下KM1衔铁			压下KM2衔铁			相间	L—N	L+端与各M端之间
电阻值	M1			M2					
电阻值	L1－U1	L2－V1	L3－W1	L1－U1	L2－V1	L3－W1			
电阻值									

（4）通电测试（30分）

在使用万用表检测后，接入电源通电测试。按照顺序测试电路各项功能，每错一项扣5分，扣完为止。如出现功能不对的项目，后面的功能均算错。测试结果填入表5-8中。

表5-8 通电测试记录

操作步骤	合上QF	按下SB1	延时5s	按下SB2	延时5s	按下SB1	任意时刻按下SB3
电动机动作或接触器吸合情况							
指示灯状态（亮灭）							

5.2.6 思考题

1）顺序起停电路的应用场合有哪些？

2）实现延时控制的PLC指令有哪些？它们各适用于什么场合？

3）调试过程中若电动机2不运行，判断可能的故障范围，写出排除故障的方法。

实训任务5.3　PLC控制的电动机星-三角减压起动电路的设计、安装与调试

5.3.1　实训目标

1）能设计PLC控制的电动机星-三角减压起动电气电路（含主电路和控制电路等）。
2）能根据电气原理图按工艺要求完成电气电路连接。
3）能设计编写PLC控制程序。
4）能设计HMI画面并关联PLC变量。
5）能完成HMI与PLC的通信并下载调试，进行电路的检查和故障排除。

5.3.2　实训内容

设计PLC控制的电动机星-三角减压起动电气原理图，按工艺要求完成电路连接，编写PLC程序，设计HMI画面，用HMI控制电动机完成星-三角减压起动。

5.3.3　实训工具、仪表及器材

1）工具：螺钉旋具（十字槽、一字槽）、试电笔、剥线钳、压线钳、斜口钳、记号笔等。
2）仪表：万用表、绝缘电阻表。
3）器材：组合开关或低压断路器1个，熔断器4个，交流接触器3个（直流操作），热继电器1个，普通按钮3个（红、绿、黄各1个），急停按钮1个，接线端子排1个，三相交流异步电动机1台，S7-1200 PLC 1台，直流24V开关电源1个，HMI屏1个，装有导轨及线槽的网孔板、号码管、冷压端子、直流24V指示灯、多芯软导线（黄、绿、红、蓝、黑）若干。

5.3.4　实训指导

1. 设计电气原理图

设计一个PLC控制的电动机星-三角减压起动电气电路，包括主电路和控制电路，主电路包含低压断路器、熔断器、直流接触器、热继电器、三相交流异步电动机，控制电路包含开关电源、熔断器、PLC、按钮、指示灯。

要求：合上低压断路器，按下起动按钮，电动机以星形联结减压起动，延时一段时间后，电动机转成三角形联结全压运行；按下停止按钮，电动机停止；故障或按下急停按钮时电动机应立即停止。上电时上电指示灯亮，起动时星形起动指示灯亮，运行时三角形运行指示灯亮，故障时故障指示灯亮。电路需有完善的过载、短路等保护。

电气原理图如图5-5所示。

2. 检测元器件

在网孔板上配齐所需元器件，并进行必要的检测。

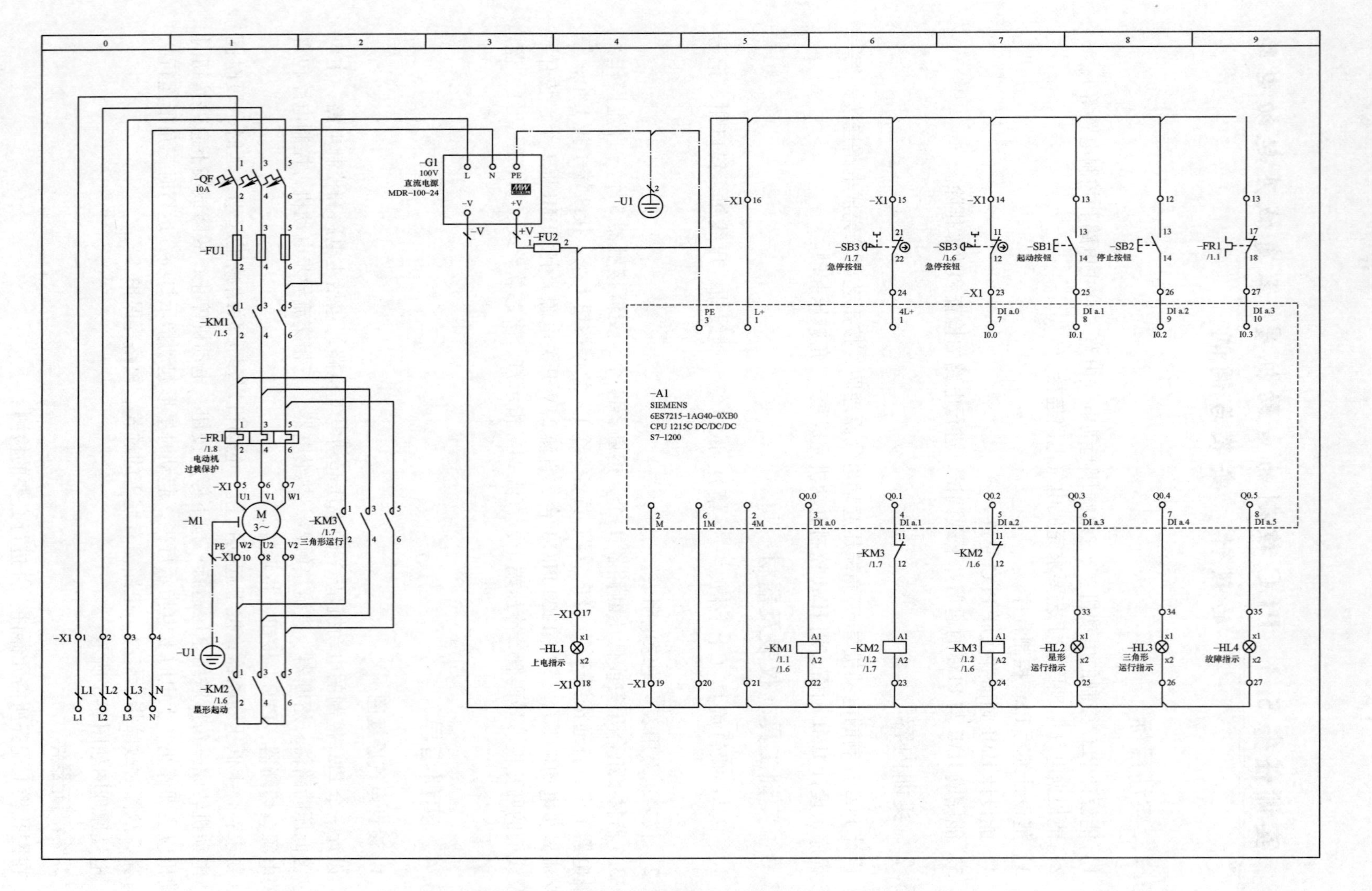

图 5-5　PLC 控制的电动机星-三角减压起动电气原理图

在不通电的情况下，用万用表或目视检查各元器件触点的分合情况是否良好；用万用表检测熔断器是否完好；检查按钮中的螺钉是否完好，是否滑丝；检查接触器的线圈电压与电源电压是否相符等。

3. 安装与接线

(1) 设计元器件布置图

根据图5-5设计绘制出元器件布置图，如图5-6所示。

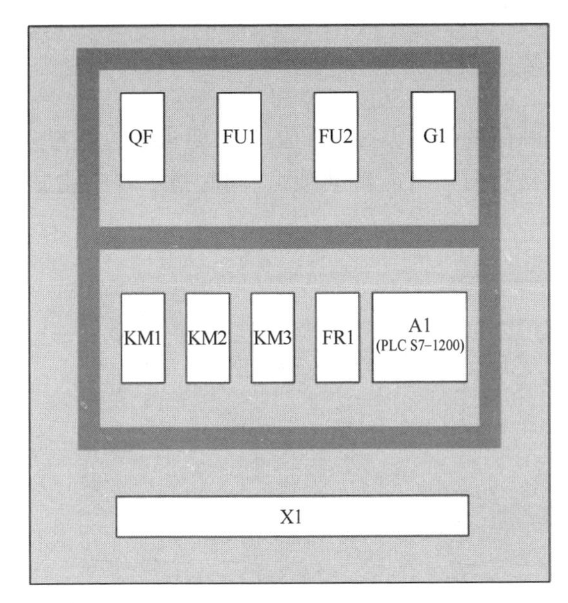

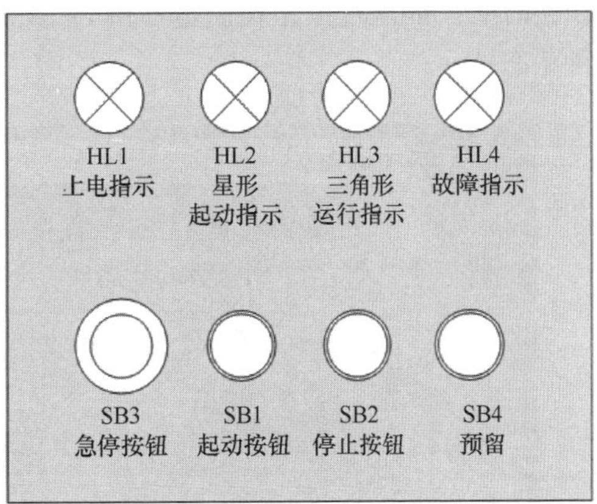

图5-6 PLC控制的电动机星-三角减压起动电路元器件布置图

在网孔板上进行元器件的布置与安装时，各元器件的安装位置应整齐、匀称，间距合理，便于元器件的更换。紧固各元器件时要用力得当。元器件与线槽之间要留有合适的间距。

(2) 接线

接线的工艺要求和安装接线注意事项同实训任务5.1。

4. 编写PLC程序

用博途软件创建项目，组态硬件设备，分配I/O，填入表5-9中。

表5-9 PLC控制的电动机星-三角减压起动电路I/O分配表

输入		输出	
功能	输入端子	功能	输出端子
起动按钮 SB1		电源接触器线圈 KM1	
停止按钮 SB2		星形接触器线圈 KM2	
急停按钮 SB3		三角形接触器线圈 KM3	
过载保护		上电指示灯 HL1	
		星形起动指示灯 HL2	
		三角形运行指示灯 HL3	
		故障指示灯 HL4	

编写 PLC 程序，满足以下控制要求：

1）合上低压断路器，上电指示灯 HL1 亮。

2）按下起动按钮 SB1，电动机星形联结减压起动，同时星形起动指示灯 HL2 亮。

3）延时一段时间（5s）后，电动机转成三角形联结全压运行，星形起动指示灯 HL2 熄灭，同时三角形运行指示灯 HL3 亮。

4）按下停止按钮 SB2，电动机停止，HL3 熄灭。

5）电动机运行过程中按下急停按钮或者发生过载，电动机立即停止运行，指示灯 HL2、HL3 熄灭，同时故障指示灯 HL4 亮。

5. HMI 组态

HMI 的参考组态画面如图 5-7 所示，完成画面的设计及变量的关联，要求能设置星-三角切换时间，能通过按钮控制电动机的运行（运行时须有旋转动画），同时指示灯应能显示各种状态。

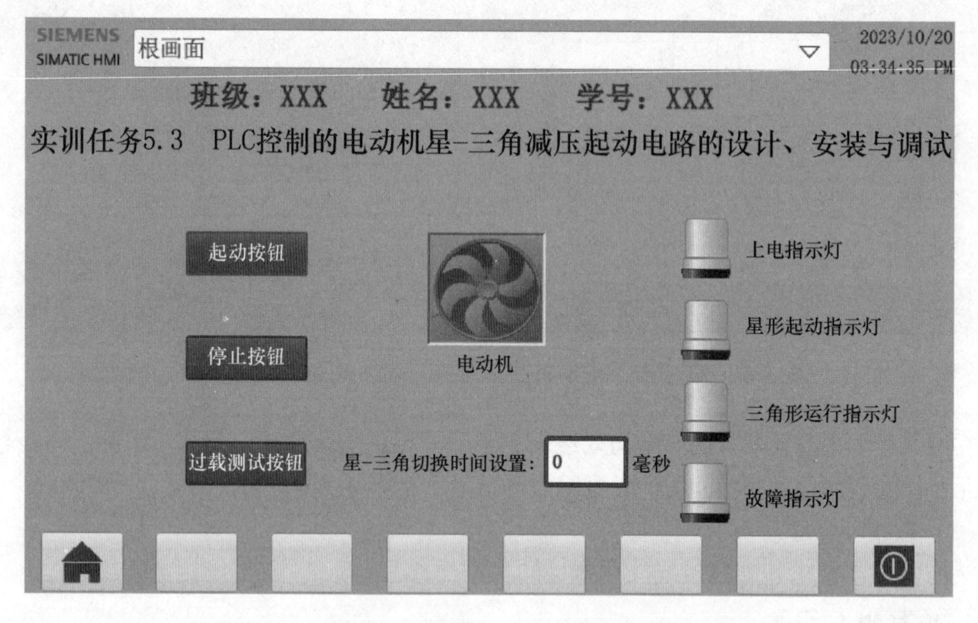

图 5-7 PLC 控制的电动机星-三角减压起动电路 HMI 画面

6. 不通电测试、通电测试及故障排除

（1）不通电测试

1）按电气原理图或安装接线图从电源端开始，逐段核对接线及接线端子处是否正确，有无漏接、错接之处。检查导线接线端子是否符合要求，压接是否牢固。

2）用万用表检查电路的通断情况。检查时，应选用适当的电阻档，并进行校零，以防短路故障发生。

检查主电路时，可以用手压下接触器的衔铁来代替接触器得电吸合时的情况进行检查，依次测量从电源端到电动机出线端的每一相电路的电阻值，检查是否存在开路现象，并检查电源相线与相线、相线与中性线之间是否有短路现象。

检查控制电路时，重点检查 PLC 的 L+端与各 M 端之间是否有短路现象。

3）用绝缘电阻表检查线路的绝缘电阻，应不小于 0.5MΩ。

（2）通电测试（按钮控制）

操作相应按钮，观察电器动作情况。

1）合上低压断路器 QF，引入三相电源，上电指示灯 HL1 亮。

2）按下起动按钮 SB1，PLC 对应电源接触器线圈和星形接触器线圈输出端子 LED 亮，电源接触器 KM1 线圈和星形接触器 KM2 线圈得电，电动机为星形联结减压起动，同时星形起动指示灯 HL2 亮。

3）延时一段时间（5s）后，PLC 对应星形接触器线圈输出端子 LED 熄灭，星形接触器 KM2 线圈失电，星形起动指示灯 HL2 熄灭；同时 PLC 对应三角形接触器线圈输出端子 LED 亮，三角形接触器 KM3 线圈得电，三角形运行指示灯 HL3 点亮，电动机切换成三角形联结全压运行。

4）按下停止按钮 SB2，PLC 对应电源接触器线圈和三角形接触器线圈输出端子 LED 熄灭，电源接触器 KM1 线圈和三角形接触器 KM3 线圈失电，电动机停止，三角形运行指示灯 HL3 熄灭。

5）电动机运行过程中按下急停按钮或者按下过载测试按钮，电动机立即停止运行，电动机运行指示灯熄灭，同时故障指示灯 HL4 亮。

（3）通电测试（HMI 控制）

1）合上低压断路器后，上电指示灯亮。

2）设置星-三角切换时间（单位：ms），按下触摸屏上的起动按钮，电动机动画显示电动机开始旋转，同时星形起动指示灯亮。

3）切换时间到达后，星形起动指示灯熄灭，三角形运行指示灯亮。

4）按下触摸屏中的停止按钮，电动机停止旋转，三角形运行指示灯熄灭。

5）电动机运行过程中按下过载测试按钮，电动机停止，运行指示灯熄灭，故障指示灯亮。

操作过程中，如果出现不正常现象，应立即断开电源，分析故障原因，仔细检查电路，在实训老师认可的情况下才能再通电测试。

5.3.5　技能训练与成绩评定

1. 技能训练

1）在规定时间内设计完成 PLC 控制的电动机星-三角减压起动电气原理图，并按工艺要求完成电路的安装接线。

2）填写 I/O 分配表，编写 PLC 程序，绘制 HMI 画面，关联变量，完成电路测试并通电测试。

3）遵守安全规程，做到文明生产。

2. 成绩评定

（1）原理图设计

20 分，评分标准见表 5-2。

（2）安装接线

20 分，评分标准见表 5-3。

（3）不通电测试（20 分，每错一处扣 5 分，扣完为止）

1）主电路测试。使用万用表电阻档，合上低压断路器 QF，压下接触器 KM1 衔铁，使 KM1 主触点闭合，测量从电源端到电动机出线端的每一相电路，将电阻值填入表 5-10 中。

2）控制电路测试。对控制电路检查时，重点检查 PLC 的 L + 端与各 M 端之间是否有短路现象，将电阻值填入表 5-10 中。

表 5-10　不通电测试记录

	主电路					控制电路
操作步骤	合上 QF、压下 KM1 衔铁			相间	L—N	L + 端与各 M 端之间
电阻值	L1 - U1	L2 - V1	L3 - W1			

（4）通电测试（40 分）

在使用万用表检测后，接入电源通电测试。通电测试过程分为两个环节，第一个环节由按钮控制，第二个环节由 HMI 控制，各占 20 分。

按照顺序测试电路各项功能，每错一项扣 5 分，扣完为止。如出现功能不对的项目，后面的功能均算错。第一个环节测试结果填入表 5-11 中，第二个环节测试结果填入表 5-12 中。

表 5-11　通电测试记录（按钮控制）

操作步骤	合上 QF	按下 SB1	延时 5s	按下 SB2	再次按下 SB1	任意时刻按下 SB3（急停）
电动机动作或 KM 吸合情况						
指示灯状态（亮灭）						

表 5-12　通电测试记录（HMI 控制）

操作步骤	合上 QF	设置星-三角切换时间 3s	按下 HMI 上起动按钮	延时 3s	按下 HMI 上停止按钮	再次按下起动按钮	任意时刻按下过载测试按钮
HMI 中电动机动作状态							
HMI 中指示灯状态（亮灭）							

5.3.6　思考题

1）星-三角减压起动电动机的六个接线端子为什么以 U1—V1—W1、W2—U2—V2 排序？

2）调试过程中若电动机不运行，判断可能的故障范围，写出排除故障的方法。

3）调试过程中若 HMI 画面中的电动机没有旋转的动画，该如何排除？

项目 5 相关知识点

知识点 1　S7－1200 系列 PLC

西门子的 PLC 广泛用于工业自动化生产，近年来推出了新一代 PLC 产品，如 S7－1200 系列和 S7－1500 系列。其中，S7－1200 系列 PLC 以其灵活性和高效性在中低端性能要求的自动化任务中表现出色，而 S7－1500 系列 PLC 则以其卓越性能胜任高端自动化任务。

本书中的实训任务采用的 PLC 为 S7－1200 系列，S7－1200 系列 PLC 设计紧凑、组态灵活，具有功能齐全的指令集，可以满足各种设备的控制需求。该 CPU 将微处理器、集成电源、输入/输出电路、内置 PROFINET、高速运动控制 I/O 以及板载模拟量输入组合到一个设计紧凑的外壳中，可安装在通用导轨上。CPU 根据用户程序逻辑监视输入并更改输出，用户程序可以包含布尔逻辑、计数、定时、复杂数学运算以及与其他智能设备的通信。本书中的实训任务均可采用 S7－1200 系列 PLC 来进行实践教学与学习。

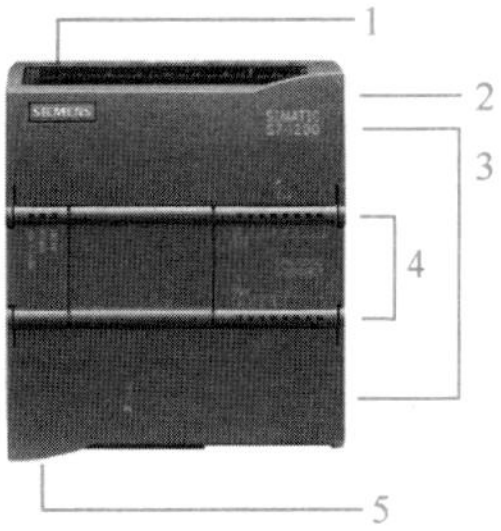

图 5-8　S7－1200 系列 PLC 外形与接口

1—电源接口　2—存储卡插槽（上部保护盖下面）　3—可拆卸用户接线连接器（保护盖下面）　4—板载 I/O 的状态 LED　5—PROFINET 连接器（CPU 的底部）

1. S7－1200 系列 PLC 安装准则

S7－1200 系列 PLC 外形与接口及外部接线（以 1215C 为例）如图 5-8 和图 5-9 所示，PLC 可以安装到导轨或面板上。布置时，必须将产生高电压和高电噪声的设备与 S7－1200 系列 PLC 等低压逻辑型设备隔离开，并布置在较凉爽区域。另外布线时，避免将低压信号线和通信电缆铺设在具有交流动力线和高能量快速开关直流线的槽中。应留出足够的空隙以便冷却和接线，为保证适当冷却，在设备上方和下方必须留出至少 25mm 的空隙。此外，模块前端与机柜内壁间至少应留出 25mm 的深度。

2. S7－1200 系列 PLC 接线方式

在对任何电气设备进行接地或者接线之前，应确保设备的电源已经断开。同时，还要确保已关闭所有相关设备的电源。

1）将电源连接到 CPU。S7－1200 系列 PLC 的 CPU 需要使用 24V 的直流电源。将线缆的电源线插入 L1 和 M 端，接地线插入接地端，如图 5-10 所示。拧紧端子螺钉后，即可将线缆插入电源插座。

2）连接 PROFINET 电缆。PROFINET 电缆是带有 RJ45 接口的标准 CAT5 以太网电缆，用于连接 CPU 与计算机或编程设备。将 PROFINET 电缆的一端插入 CPU，接口如图 5-11 所示。将电缆的另一端插入计算机或编程设备的以太网端口。

3）输入/输出接线。S7－1200 系列 PLC 各接线端子功能描述见表 5-13（以 1215C 为例）。其中，X10 的 1～3 为电源输入端子；X10 的 4～5 为传感器电源端子；DI 为数字量输入端子，DQ 为数字量输出端子。各端子接线参照图 5-9。

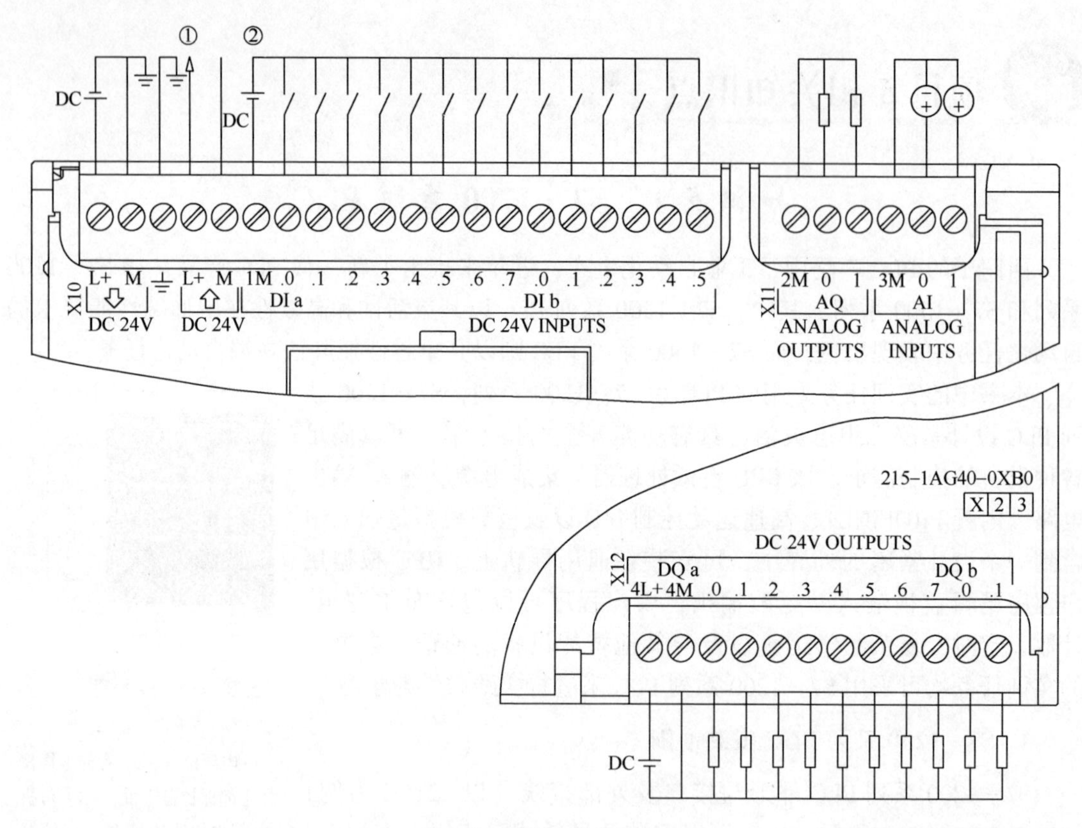

图 5-9　1215C 外部接线

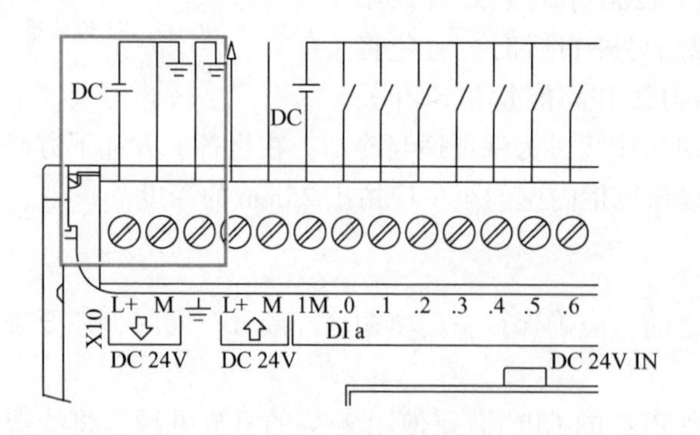

图 5-10　电源连接

图 5-11　PROFINET 电缆接口

表 5-13　S7-1200 系列 PLC 接线端子功能描述

引脚	X10	X11（镀金）	X12
1	L1/DC 24V	2M	4L +
2	M/DC 24V	AQ0	4M
3	功能性接地	AQ1	DQa. 0
4	L +/DC 24V 传感器输出	3M	DQa. 1
5	M/DC 24V 传感器输出	AI0	DQa. 2
6	1M	AI1	DQa. 3

（续）

引脚	X10	X11（镀金）	X12
7	DIa. 0	—	DQa. 4
8	DIa. 1	—	DQa. 5
9	DIa. 2	—	DQa. 6
10	DIa. 3	—	DQa. 7
11	DIa. 4	—	DQb. 0
12	DIa. 5	—	DQb. 1
13	DIa. 6	—	—
14	DIa. 7	—	—
15	DIb. 0	—	—
16	DIb. 1	—	—
17	DIb. 2	—	—
18	DIb. 3	—	—
19	DIb. 4	—	—
20	DIb. 5	—	—

3. S7 - 1200 CPU 工作模式

S7 - 1200 CPU 有三种工作模式，即 STOP 模式、STARTUP 模式和 RUN 模式。CPU 前面的状态 LED 指示当前工作模式，如图 5-12 所示。在 STOP 模式下，CPU 不执行程序，可以下载项目。在 STARTUP 模式下，执行一次启动 OB（如果存在）。在 STARTUP 模式下，CPU 不处理中断事件。在 RUN 模式下，程序循环 OB 重复执行。可能发生中断事件，并在 RUN 模式中的任意点执行相应的中断事件 OB。可在 RUN 模式下下载项目的某些部分。CPU 正前方的状态 LED（RUN/STOP）通过颜色变化显示 CPU 的当前运行模式，黄灯表示运行模式为 STOP（停止）；绿灯表示运行模式为 RUN（运行）；闪烁光信号表示运行模式为 STARTUP（启动）。另外还有两个附加 LED：ERROR（故障）用来显示故障，MAINT（维护）用来显示维护需求。

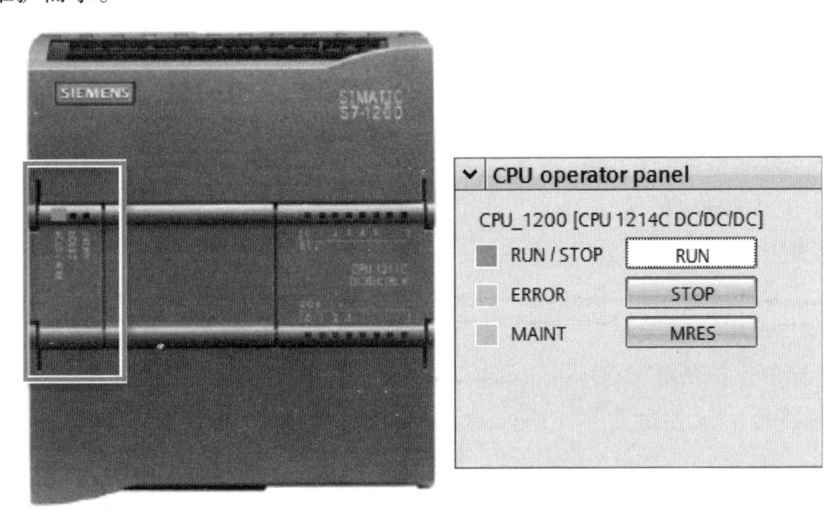

图 5-12 硬件与软件中的 CPU 操作面板

CPU 并不具备可用于更改运行模式的物理性开关，需要利用基本版 STEP7 软件（TIA Portal）中 CPU 操作面板上的按钮来改变运行模式（STOP 或 RUN），如图 5-12 所示。除此以外操作面板上还有一个 MRES（清零）按钮，用于执行清零和显示 CPU 的状态 LED。此界面需要在 STEP7 软件（TIA Portal）界面中才能找到。

4. STEP7 软件

S7－1200 系列 PLC 的使用以及任何功能的实现，都需要通过 STEP7 软件（TIA PORTAL）来实现。首先需要做的，就是通过软件进行硬件配置与软件下载。

（1）创建项目

在“启动”（Start）界面，单击“创建新项目”（Create new project）。输入项目名称并单击“创建”（Create）按钮，如图 5-13 所示。

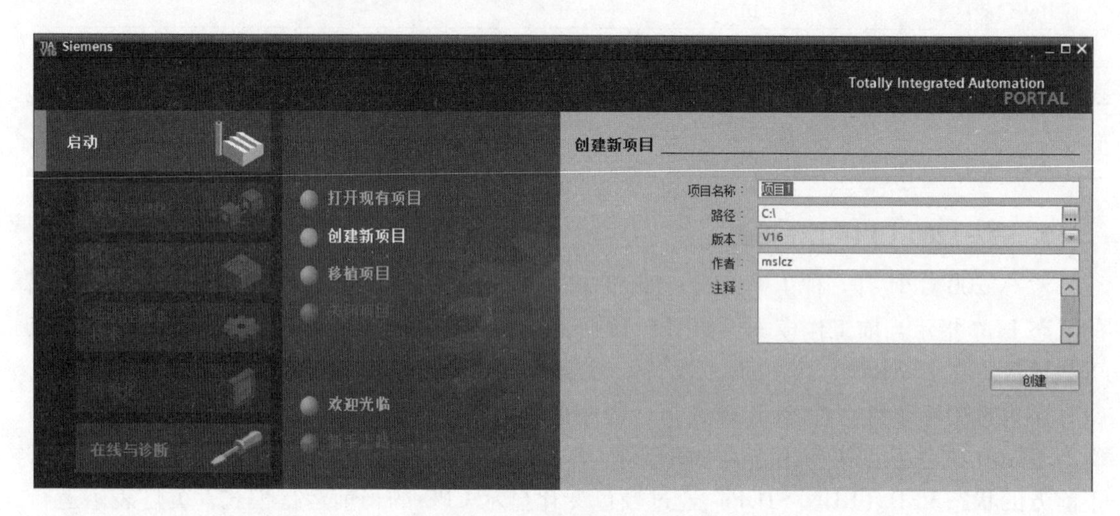

图 5-13 创建新项目

创建项目后，选择“设备和网络”（Devices & Networks）。单击“添加新设备”（Add new device），如图 5-14 所示。

图 5-14 添加新设备

此时，可以选择要添加到项目中的 CPU，如图 5-15 所示。

1）在“添加新设备”（Add new device）对话框中，单击“SIMATIC S7－1200”。

2）从列表中选择一个 CPU。

3）单击“添加”（Add）按钮，将所选 CPU 添加到项目中。

注意：“打开设备视图”（Open device view）选项被选中的情况下单击“添加”（Add）将打开项目视图的“设备配置”（Device configuration）。设备视图显示所添加的 CPU，如图 5-16所示。

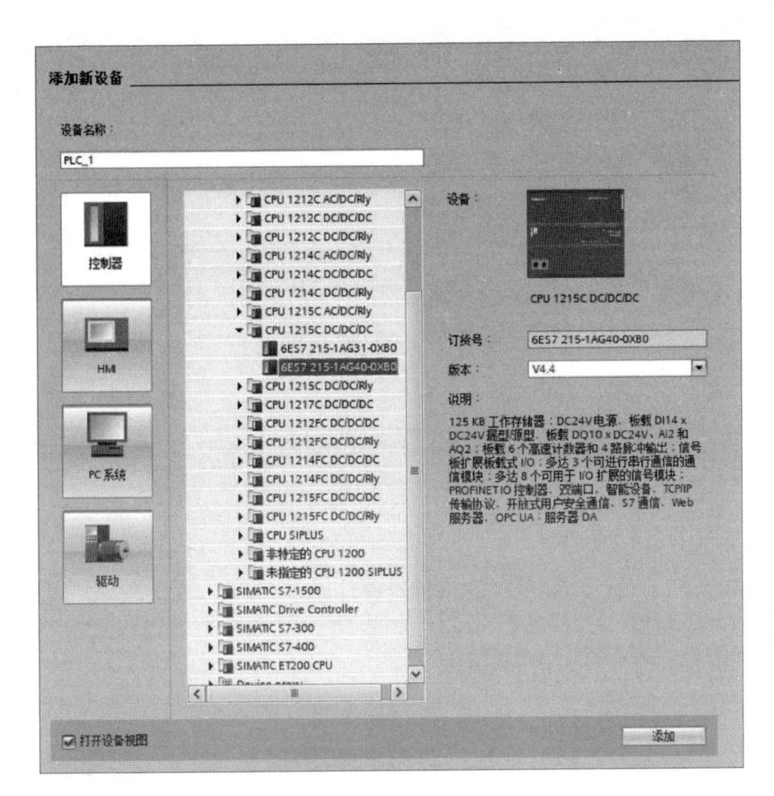

图 5-15　添加硬件

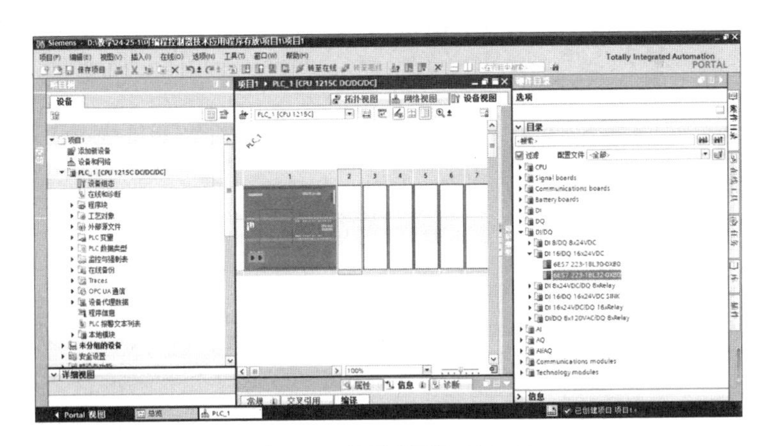

图 5-16　显示所添加的 CPU

在左侧的“硬件目录”中找到需要连接在 CPU 上的模块，将其拖拽到机架上或者双击导入。本项目 CPU 采用 1215C/DC/DC/DC（订货号：6ES7 215－1AG40－0XB0）。

4）组态 CPU 的运行。在左侧项目树中选择 PLC，在右侧的设备视图中，选中整个 CPU，在“PROFINET 接口”中，可以设置 PLC 的网络地址，如图 5-17 所示；在“DI 14/DQ 10”中，可以设置数字量输入/输出地址，在“系统和时钟存储器”中，可以设置是否启用系统和时钟存储器及其地址，如图 5-18 所示。

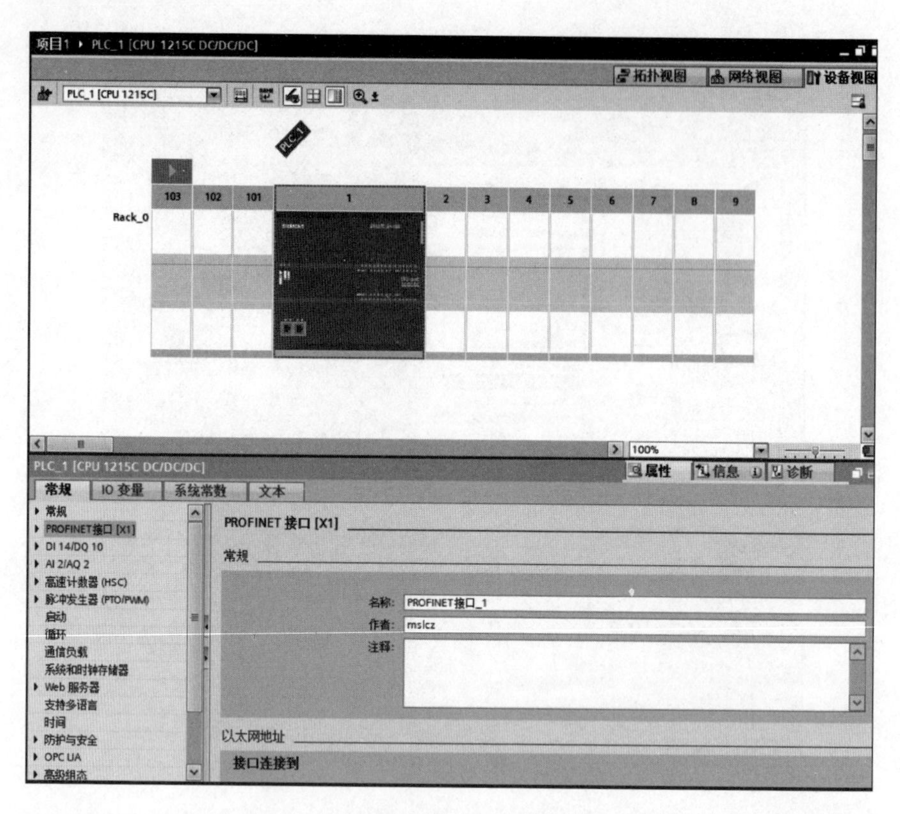

图 5-17 网络地址修改

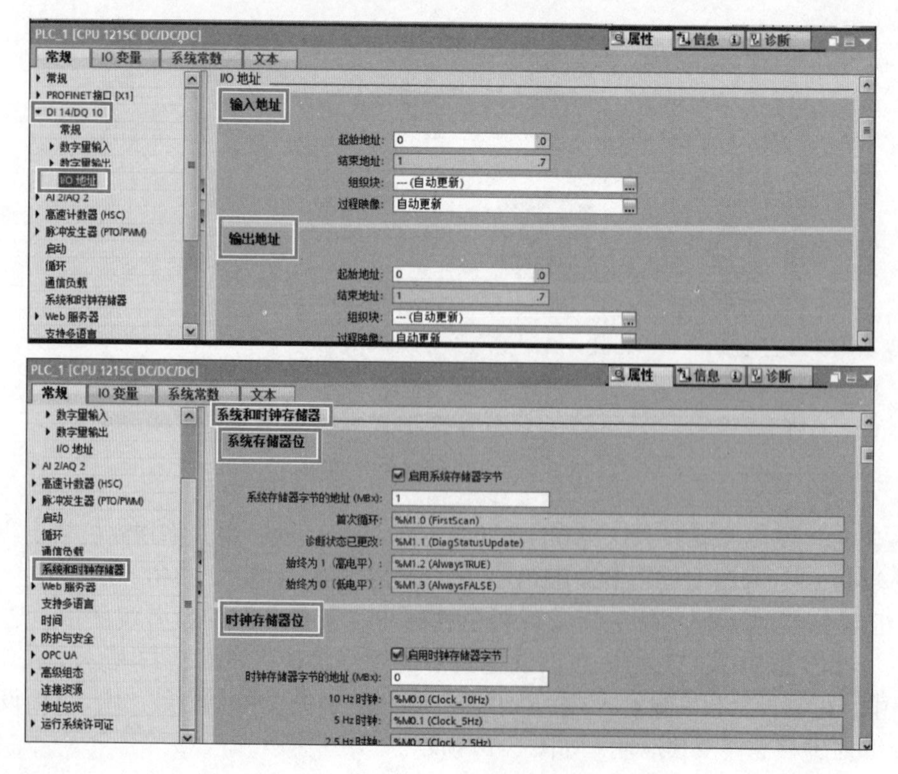

图 5-18 输入/输出地址、系统和时钟存储器设置

（2）编写程序

在左侧项目树中选择 PLC 的“程序块”，打开主程序（Main［OB1］），按照图 5-19 所示，在主程序中添加指令，编写程序。

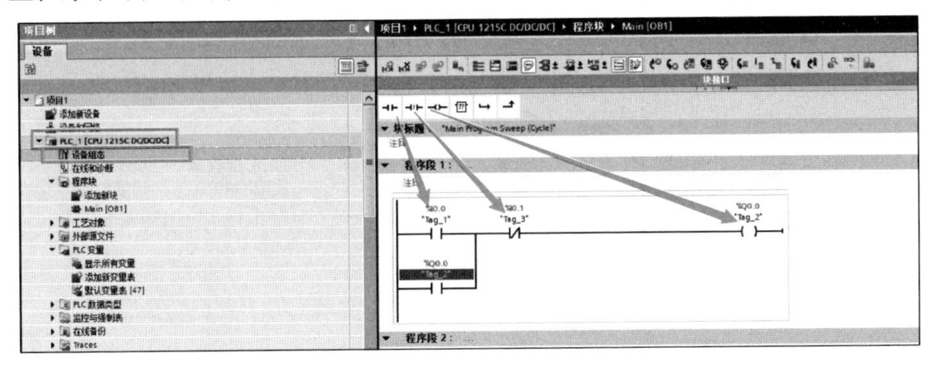

图 5-19　编写程序

（3）编译、下载程序

程序编写完后，选择“编辑”→“编译”菜单命令，完成对程序的编译，如无错误，则单击“下载”，将程序下载到 PLC 中，如图 5-20 所示。下载完成后，通过软件中的 CPU 操作面板，启动 CPU，完成硬件配置、程序编写、下载到 CPU。

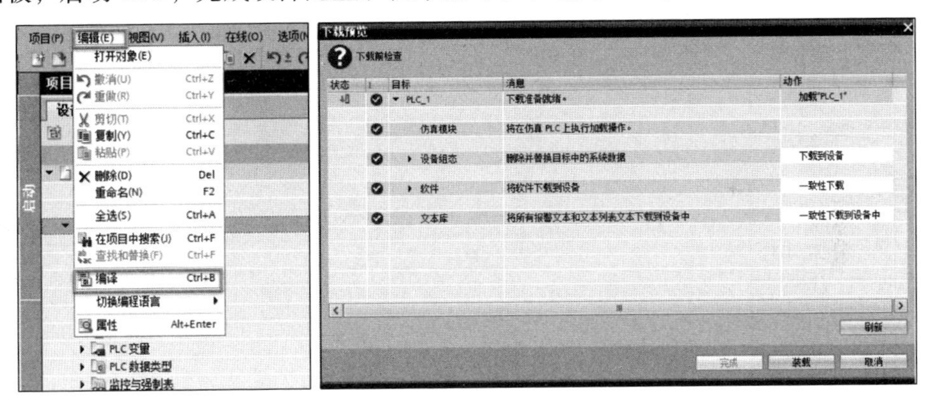

图 5-20　编译并下载程序

知识点 2　S7－1200 系列 PLC 指令

在实训中，创建用户程序时，可以选用线性结构来创建用户程序。线性程序按顺序逐条执行用于自动化任务的所有指令。通常，线性程序将所有程序指令都放入用于循环执行程序的 OB（OB1）中。

STEP7 为 S7－1200 提供以下标准编程语言：LAD（梯形图）、FBD（功能块图）及 SCL（结构化控制语言）。其中，LAD（梯形图）是一种图形编程语言，在本书的实训项目中，建议使用 LAD 语言；FBD（功能块图）是基于布尔代数中使用的图形逻辑符号的编程语言；SCL（结构化控制语言）是一种基于文本的高级编程语言。创建代码块时，应选择该块要使用的编程语言。

1. 基本指令介绍

西门子 S7－1200 系列 PLC 的指令系统分为基本指令、扩展指令、工艺指令及通信指令等，其中的基本指令是我们学习 S7－1200 系列 PLC 必须要学习和掌握的指令，包括位逻辑运算、定时器、计数器、比较操作、数学函数等 10 部分。为方便学习，这里仅以实训任务 5.3 为例，介绍本书所用到的相关指令。实训任务 5.3 的部分程序如图 5-21 所示。

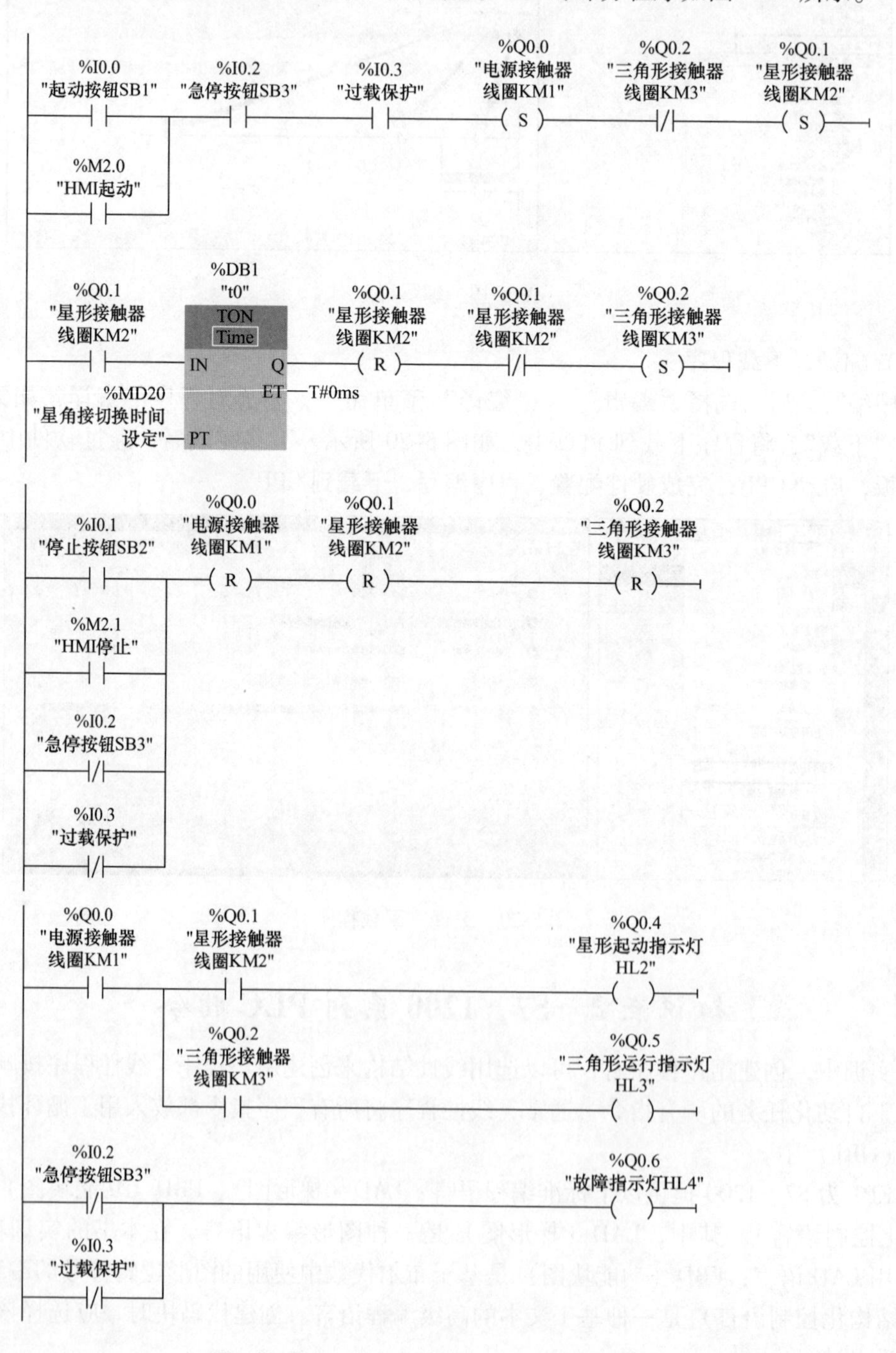

图 5-21　星-三角减压起动 PLC 控制参考程序

（1）位逻辑运算

常开触点和常闭触点的符号如图5-22所示。如果用户指定的输入位使用存储器标识符I（输入），则从过程映像寄存器中读取位值。控制过程中的物理触点信号会连接到PLC上的输入端子。CPU扫描已连接的输入信号并持续更新过程映像输入寄存器中的相应状态值。通过在I偏移量后追加“：P”，可指定立即读取物理输入（例如“%I3.4：P”）。对于立即读取，直接从物理输入读取位数据值，而非从过程映像寄存器中读取。立即读取不会更新过程映像寄存器。

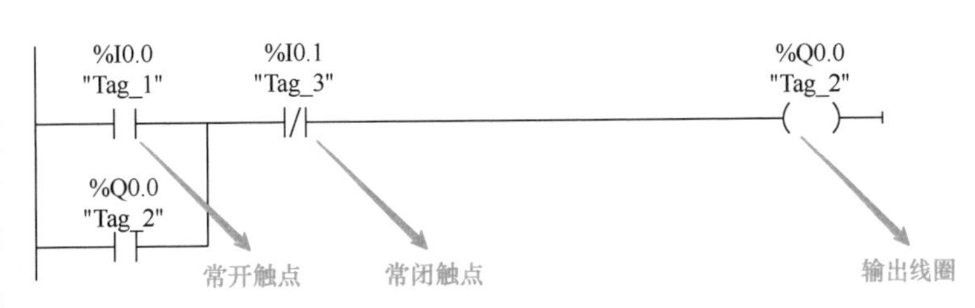

图5-22 常开触点、常闭触点与输出线圈

常开触点的激活取决于相关操作数的信号状态。当操作数的信号状态为“1”时，常开触点将关闭，同时输出的信号状态置位为输入的信号状态。当操作数的信号状态为“0”时，不会激活常开触点，同时该指令输出的信号状态复位为“0”。

常闭触点的激活取决于相关操作数的信号状态。当操作数的信号状态为“1”时，常闭触点将打开，同时该指令输出的信号状态复位为“0”。当操作数的信号状态为“0”时，不会启用常闭触点，同时将该输入的信号状态传输到输出。

可将触点相互连接并创建用户自己的组合逻辑。两个或多个常开触点或常闭触点串联时，将逐位进行“与”运算。串联时，所有触点都闭合后才产生信号流。两个或多个常开触点或常闭触点并联时，将逐位进行“或”运算。并联时，有一个触点闭合就会产生信号流。

输出线圈如图5-22中的“Q0.0”所示，如果程序中指定的输出位使用存储器标识符Q，则CPU接通或断开过程映像寄存器中的输出位，同时将指定的位设置为等于能流状态。控制执行器的输出信号连接到CPU的Q端子。在RUN模式下，CPU系统将连续扫描输入信号，并根据程序逻辑处理输入状态，通过在过程映像输出寄存器中设置新的输出状态值进行响应。在每个程序执行循环之后，CPU系统会将存储在过程映像寄存器中的新的输出状态响应传送到已连接的输出端子。

（2）定时器

使用定时器指令可创建编程的时间延时。用户程序中可以使用的定时器数仅受CPU存储器容量限制。每个定时器均使用16B的IEC_ Timer数据类型的DB结构来存储功能框或线圈指令顶部指定的定时器数据。STEP7会在插入指令时自动创建该DB。图5-23所示是TON定时器示例，当“%I0.0”操作数的信号状态从“0”变为“1”时，开始计时。超过PT参数预设的时间（5000ms）后，操作数“%Q0.0”的信号状态置位为“1”。只要操作数“%I0.0”的信号状态为“1”，操作数

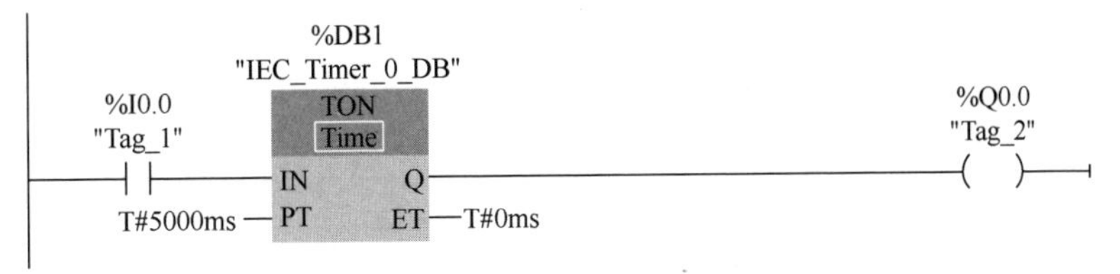

图5-23 TON定时器示例

“% Q0. 0”就会保持置位为“1”。当前时间值存储在“ET”操作数中。当操作数“% I0. 0”的信号状态从“1”变为“0”时，将复位操作数“% Q0. 0”。

2. 梯形图基本规则

电路图的元件（如常闭触点、常开触点和输出线圈）相互连接构成程序段。

要创建复杂的运算逻辑，可插入分支以创建并行电路的逻辑。并行分支向下打开或直接连接到电源线。用户可向上终止分支。LAD 向多种功能（如数学运算、定时器、计数器和移动）提供“功能框”指令，用户可以通过“帮助”系统来了解指令的使用方法。

STEP7 不限制 LAD 程序段中的指令（行和列）数，但必须注意，每个 LAD 程序段都必须使用线圈或功能框指令来终止，并且在编写程序时，对于 LAD 程序段应注意以下规则：

1）不能创建可能导致反向能流的分支，如图 5-24 所示。

2）不能创建可能导致短路的分支，如图 5-25 所示。

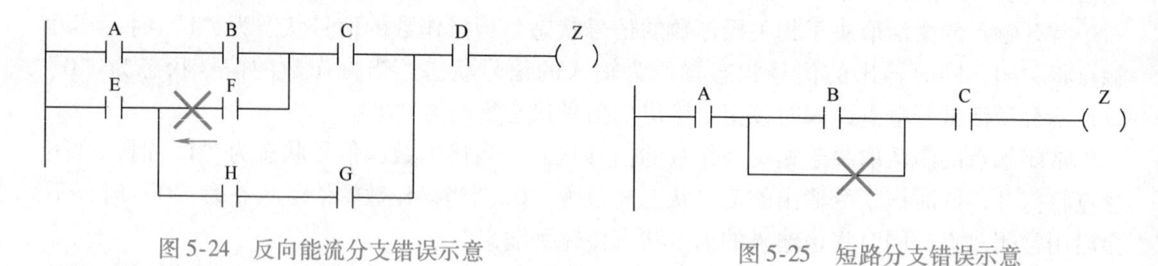

图 5-24　反向能流分支错误示意　　　　图 5-25　短路分支错误示意

知识点 3　使用 CAE 软件进行项目设计与生产数据生成

本书实训项目使用 EPLAN Education 2. 9（后简称 EPLAN）作为项目设计软件，进行项目电路设计，并生成生产数据。软件的界面与各区域功能如图 5-26 所示。

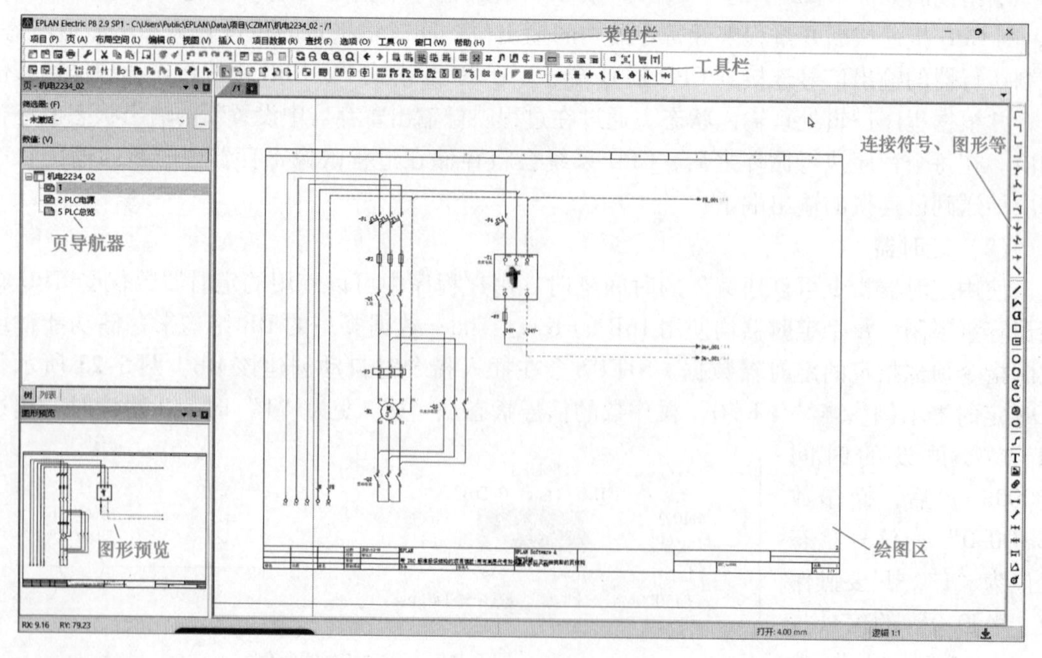

图 5-26　EPLAN 软件界面与各区域功能

在 EPLAN 中，新建项目采用“GB_ tpl001. ept”（即国标模板）进行实训项目的电路设计，如图 5-27 所示。随后新建一页“多线原理图（交互式)”，作为项目设计的图样载体。

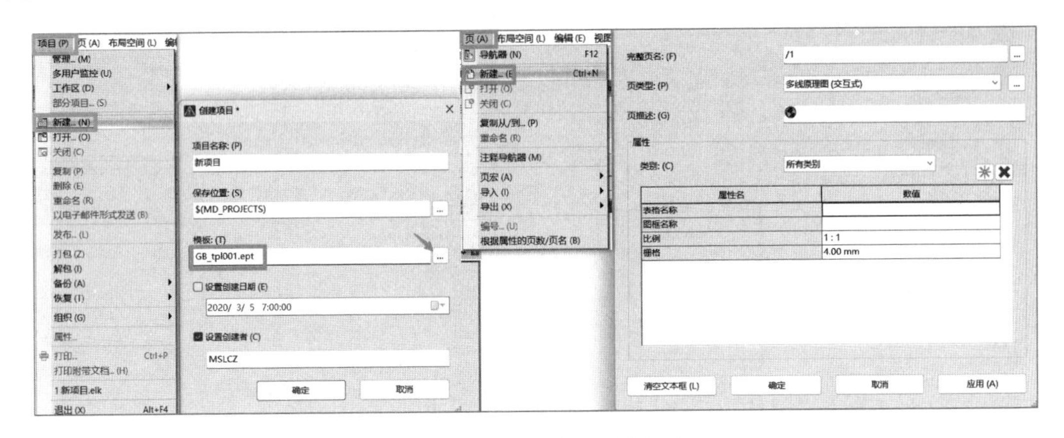

图 5-27 新建项目、新建页

选择“插入”→“符号”菜单命令，打开“符号选择”对话框，如图 5-28 所示，选择“GB_ symbol”（国标多线原理图符号)，在其中选择所需的电气符号，放入原理图中。放入原理图中后，如将电气符号的连接点对齐，导线会自动生成。

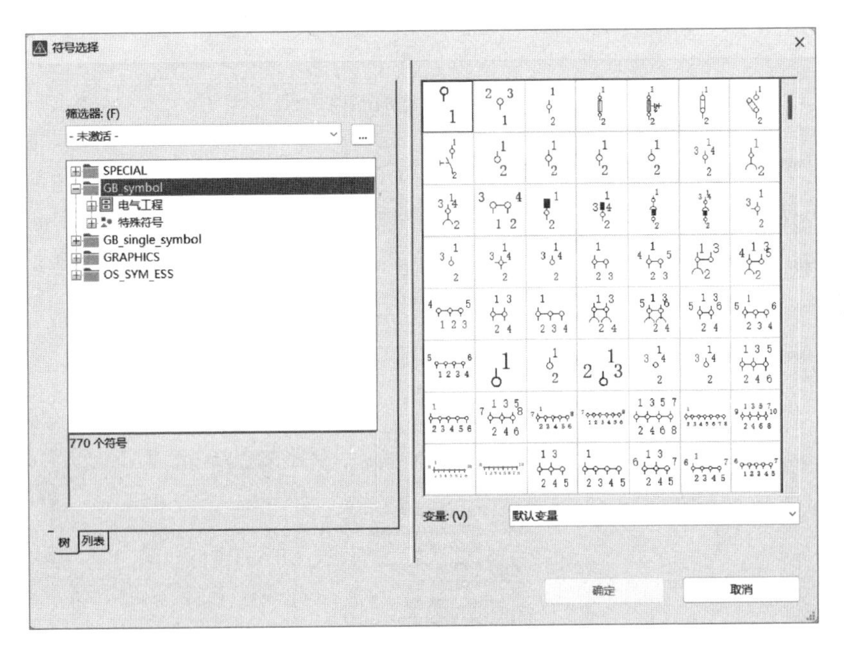

图 5-28 电气符号选择

在 EPLAN 中，各种功能、位置、设备的命名根据国家标准 GB/T 5094. 1—2018 设置了标识符，用“=”表示功能，用“+”表示安装位置，用“-”表示设备。故在本项目的电气原理图中，各个设备的设备名前都加上了“-”，如“-KM1”即为前续项目中的“KM1”。

在根据项目需求放置元器件时，一些特定厂家的设备可以由厂家提供的部件文件（edz 文件）导入，如本项目所用的 PLC，即可从西门子官网通过订货号下载其部件文件。选择“工具”→“部件”→“管理”菜单命令，打开部件管理对话框，选择“附加”→“导入”打开导入数据集对话框，导入下载的 PLC 部件文件（＊. edz），如图 5-29 所示。

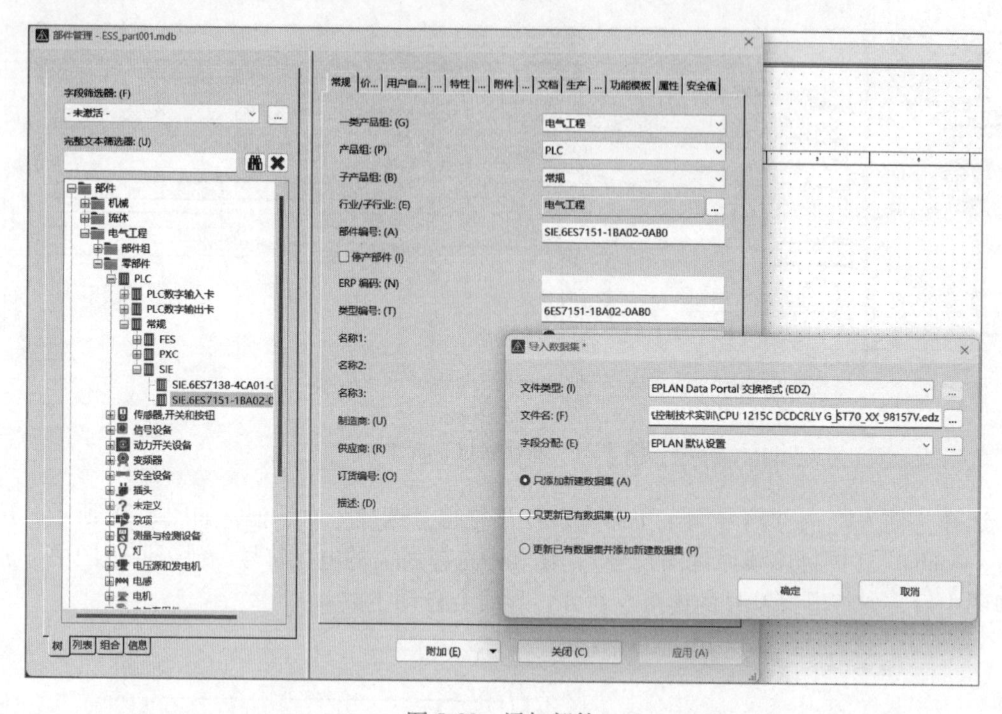

图 5-29　添加部件

完成项目中各个设备的添加与连接后，即可通过“工具”→“报表”→“生成”菜单命令打开报表对话框，可以选择设备连接图、端子图表、设备列表等多种形式的报表，并自动生成各类生产所需的数据，如图 5-30 所示。读者可下载本教程的项目实例，在软件中生成各类报表。

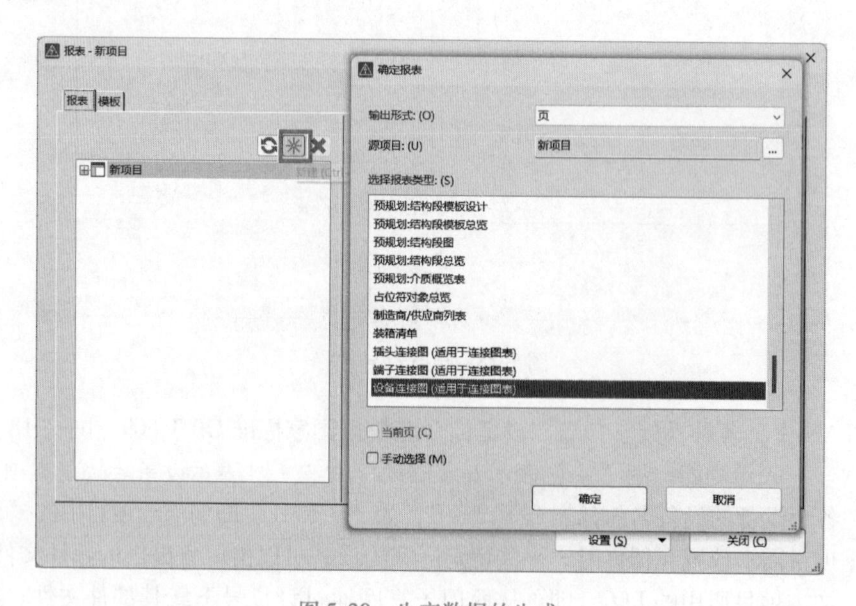

图 5-30　生产数据的生成

知识点4　触摸屏应用

在 STEP7 软件（TIA Portal）中，打开项目视图，选中设备和网络，可为项目添加触摸屏（HMI）设备。HMI 设备可通过硬件目录中的 HMI 列表添加。可通过设备和网络视图中 PLC 与 HMI 设备上的 PROFINET 接口将设备组网连接，如图 5-31所示。触摸屏（HMI）参考画面如图 5-32 所示，左侧是起动、停止、过载测试等功能按钮，右侧是反映程序运行状态的指示灯。按钮和灯应根据实训项目中的要求来设置。

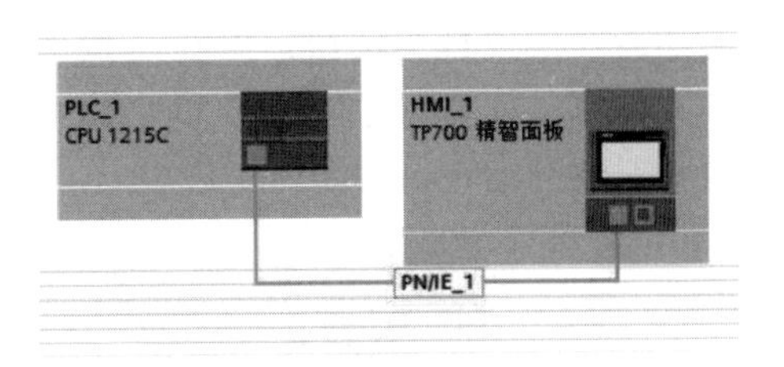

图 5-31　PLC 与 HMI 设备连接

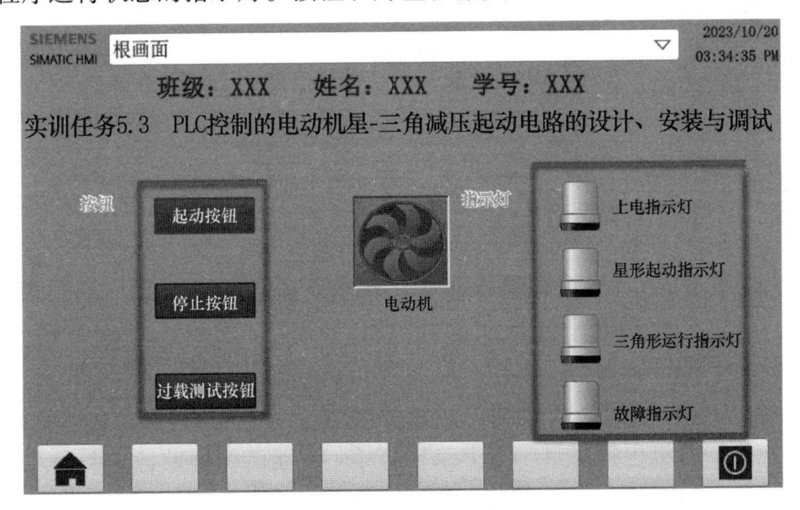

图 5-32　触摸屏参考画面

在 HMI 中创建变量，并将其与 PLC 中的变量连接，如图 5-33 所示。注意变量的数据类型需要相同，并注意各个变量的采集周期，如图 5-34 所示。

...U 1215C DC/DC/DC] ▸ PLC 变量 ▸ 默认变量表 [42]

PLC变量表

默认变量表

	名称	数据类型	地址
1	System_Byte	Byte	%MB1
2	FirstScan	Bool	%M1.0
3	DiagStatusUpdate	Bool	%M1.1
4	AlwaysTRUE	Bool	%M1.2
5	AlwaysFALSE	Bool	%M1.3
6	1#电动机起动	Bool	%I0.0

项目1 ▸ HMI_1 [TP700 Comfort] ▸ HMI 变量 ▸ 默认变量表 [7]

HMI变量表

默认变量表

名称	数据类型	连接	PLC 名称	PLC 变量
1#电动机停止	Bool	HMI_连接_1	PLC_1	1#电动机停止
1#电动机起动	Bool	HMI_连接_1	PLC_1	1#电动机起动
1#电动机红色	Bool	HMI_连接_1	PLC_1	1#电动机红色
1#电动机绿色	Bool	HMI_连接_1	PLC_1	1#电动机绿色
1#电动机过载	Bool	HMI_连接_1	PLC_1	1#电动机过载
1#电动机黄色	Bool	HMI_连接_1	PLC_1	1#电动机黄色

图 5-33　HMI 变量与 PLC 变量的连接

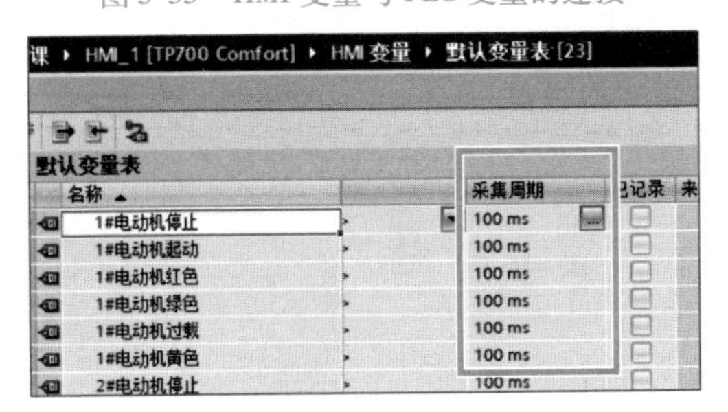

课 ▸ HMI_1 [TP700 Comfort] ▸ HMI 变量 ▸ 默认变量表 [23]

默认变量表

名称	采集周期
1#电动机停止	100 ms
1#电动机起动	100 ms
1#电动机红色	100 ms
1#电动机绿色	100 ms
1#电动机过载	100 ms
1#电动机黄色	100 ms
2#电动机停止	100 ms

图 5-34　HMI 变量的采集周期

在 HMI 选定的画面中，从工具箱中选择“元素”→“按钮”，可以插入一个按钮对象（输入）。在按钮的属性中选择事件标签页，可以定义“单击”“按下”“释放”等事件的功能。如需要模拟真实按钮，可在“按下”与“释放”事件中添加函数。对“按下”事件，设置置位位目标变量，如图 5-35 所示；对“释放”事件，设置复位位目标变量，这就实现了按钮对象的编辑与功能的实现。

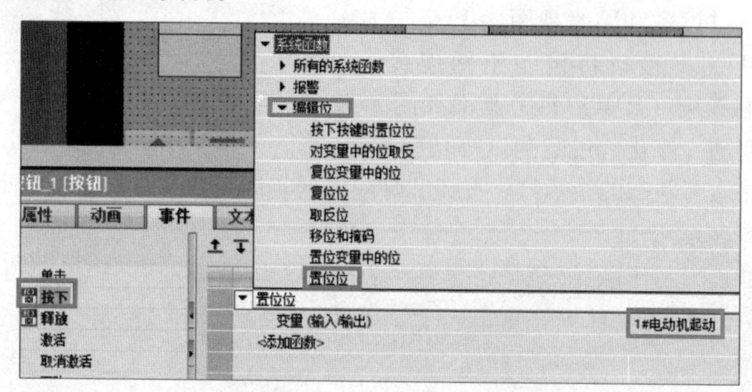

图 5-35　“按下”事件设置函数

在 HMI 选定的画面中，从工具箱中选择“基本对象”→“矩形”，可以插入一个矩形对象（输出）。在矩形的属性中选择动画标签页，通过“显示”添加新动画。选择“外观”，可以选取一个 HMI 变量，根据这个变量的值，让矩形呈现不同的外观，如图 5-36 所示，如指定变量值为“1”时，填充红色，变量值为“0”时，填充灰色，这样就使这个矩形等同于画面中的一盏红色指示灯，可形象地来指示变量的当前值，如图 5-37 所示。

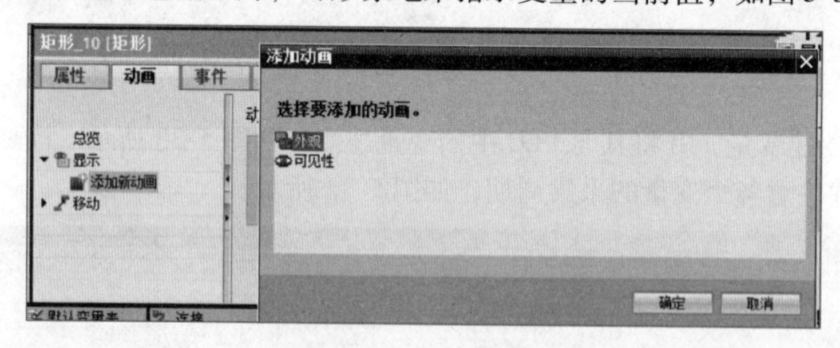

图 5-36　矩形动画设置

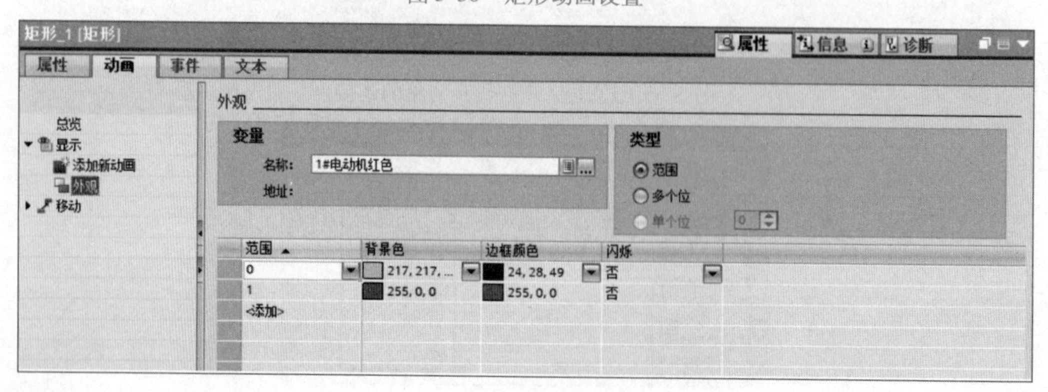

图 5-37　变量控制外观动画效果设置

附　录

附录 A　电气控制技术实训报告范例

附录 B　常用电气符号

附录A 电气控制技术实训报告范例

一、常用低压电器的拆装、检测与维修

常用元器件结构、参数、作用的认识。

____

____。

列举3~5种常用低压电器，简述它们的用途、结构、型号、电路符号和主要参数选择方法等。

二、按工艺要求接线，完成2~3个电力拖动基本电气控制电路的安装、接线与调试

（1）接线工艺要求

1）走线合理，做到横平竖直，整齐，各接线端子不能松动。

2）避免交叉线、架空线和叠线。

3）对螺栓式接线端子，导线连接时，应打钩圈，并按顺时针旋转。对瓦片式接线端子，导线连接时，直接插入接线端子固定即可。

4）导线变换走向要垂直，并做到高低一致或前后一致。

5）严禁损伤线芯和导线绝缘，接线端子上不能露太多铜丝。

6）每个接线端子上连接的导线根数一般以不超过两根为宜，并保证接线牢固。

7）进出线应合理汇集在端子板上。

（2）实验和排除故障

对所接电路进行断电检测和通电实验，并排除常见故障。

（3）电气原理图

附所接电路的电气原理图。

1）____

2）____

三、典型机床电气控制电路的故障检修练习

（1）看懂电气原理图

对照原理图看懂实际机床电气电路。

（2）检查排除故障

学会用万用表进行故障的检查排除（电阻法、电压法等）。

（3）机床电气排故考核

1）通过车床排故练习能够在30min内排除两个常见电气故障。

____

（描述你在考核过程中遇到的两个车床电气故障现象、故障原因以及查找故障点的过程）

2）通过铣床排故练习能够在40min内排除两个常见电气故障。

____

（描述你在考核过程中遇到的两个铣床电气故障现象、故障原因以及查找故障点的过程）

四、根据电气控制要求设计电气原理图，并进行安装接线和电路调试

1. 设计要求

____

（描述你在实训过程中所设计电路的控制要求）

2. 设计电气原理图

____

（描述你在实训过程中所设计电路的原理图，以及电路控制特点，有无创新之处）

五、实训小结与心得

____

____

____

____

（描述你在实训过程中的感受、获得的经验与教训等）

附录B　常用电气符号

名称	GB/T 4728—2018～2022 图形符号	GB/T 7159—1987 文字符号
直流电	⎓	
交流电	～	
正、负极	+ −	
导线	——	
三根导线		
导线连接		
端子	○	
端子板	1 2 3 4 5 6 7 8	XT
接地	⏚	E
可调压的单相自耦变压器		T
有铁心的双绕组变压器		T
三相自耦变压器		T
电流互感器		TA
电机扩大机		AR
串励直流电动机	M	M

（续）

名称	GB/T 4728—2018～2022 图形符号	GB/T 7159—1987 文字符号	名称	GB/T 4728—2018～2022 图形符号	GB/T 7159—1987 文字符号
并励直流电动机	M	M	断电延时型时间继电器线圈		KT
他励直流电动机	M	M	过电流继电器线圈	I＞	KI
永磁式直流测速发电机	TG	BR	欠电流继电器线圈	I＜	KI
三相笼型异步电动机	M 3～	M	过电压继电器线圈	U＞	KV
三相绕线转子异步电动机	M 3～	M	过电压继电器线圈	U＜	KV
接触器动合（常开）主触点		KM	可变（可调）电阻器		R
接触器动合（常开）辅助触点		KM	滑动触点电位器		RP
接触器动断（常闭）主触点		KM	电容器一般符号		C
			极性电容器	+	C
接触器动断（常闭）辅助触点		KM	电感器、线圈、绕组、扼流器		L
			带铁心的电感器		L
继电器动合（常开）辅助触点		KA	电抗器		L
继电器动断（常闭）辅助触点		KA	普通刀开关		Q
			普通三相刀开关		Q
通电延时型时间继电器线圈		KT	熔断器		FU

（续）

名称	GB/T 4728—2018～2022 图形符号	GB/T 7159—1987 文字符号	名称	GB/T 4728—2018～2022 图形符号	GB/T 7159—1987 文字符号
热继电器动合（常开）触点		FR	位置开关动断（常闭）触点		SQ
热继电器动断（常闭）触点		FR	压力继电器动断（常闭）触点		KP
按钮开关动合（常开）触点（起动按钮）		SB	速度继电器动合（常开）触点		KS
按钮开关动断（常闭）触点（停止按钮）		SB	接触器线圈		KM
延时闭合的动合（常开）触点		KT	继电器线圈		K
延时断开的动断（常闭）触点		KT	热继电器的热元件		FR
延时断开的动合（常开）触点		KT	电磁铁		YA
延时闭合的动断（常闭）触点		KT	电磁制动器		YB
接近开关动合（常开）触点		SQ	电磁离合器		YC
接近开关动断（常闭）触点		SQ	电磁阀		YV
			照明灯		EL
位置开关动合（常开）触点		SQ	指示灯、信号灯		HL

参考文献

[1] 刘秉安. 电工技能实训 [M]. 2版. 北京：机械工业出版社，2019.

[2] 苗玲玉，韩光坤，殷红. 电气控制技术 [M]. 3版. 北京：机械工业出版社，2021.

[3] 张运波，郑文. 工厂电气控制技术 [M]. 5版. 北京：高等教育出版社，2021.

[4] 朱文胜. 电工技能实训教程 [M]. 苏州：苏州大学出版社，2019.

[5] 熊征伟，章鸿. 机床电气控制技术 [M]. 北京：国防工业出版社，2019.

[6] 阮友德，阮雄锋. 电气控制技术与PLC [M]. 3版. 北京：人民邮电出版社，2020.

[7] 赵红顺. 电气控制技术与应用项目式教程 [M]. 2版. 北京：机械工业出版社，2020.

[8] 国家市场监督管理总局国家标准化管理委员会. 工业系统、装置与设备以及工业产品结构原则与参照代号　第1部分：基本规则：GB/T 5094.1—2018 [S]. 北京：中国标准出版社，2018.

[9] 王春峰，段向军. 可编程控制器应用技术项目式教程：西门子 S7-1200 [M]. 北京：电子工业出版社，2019.

[10] 覃政，吴爱国，匡健. EPLAN Electric P8 官方教程 [M]. 北京：机械工业出版社，2019.